5판 급식경영학

FOODSERVICE MANAGEMENT

5판

급식경영학

양일선 · 차진아 · 신서영 · 박문경 지음

교문사

머리말

21세기로 접어들면서 급식산업은 단체급식과 외식업의 시장규모가 급성장하면서 국내 서비스산업의 주요 부문으로 자리매김하였다. 국내 급식시장은 1980년대부터 본격적으로 형성되기 시작하여 1990년대 이후 성장을 거듭하면서 시스템을 정비하고 산업적 기반을 구축하였다. 성숙기로 진입한 2000년 이후부터는 치열한 경쟁 환경에 처하게 되면서 혁신적인 급식경영의 필요성이 대두되기 시작하였다.

급식산업은 이제 그간의 외형적 성장을 통해 구축한 급식 부문 기반을 바탕으로 식자재, 유통, 식품가공 등의 연관분야로 점차 그 외연을 확장해 가고 있다. 대량생산 체계의 효율만을 강조하던 것에서 벗어나 다양한 고객층에 맞춘 개별화, 전문화, 고급화에 부응할 수 있는 전략적 사고로 빠르게 전환되었다. 날로 치열해지는 경쟁 환경에서 살아남기 위해 차별화된 경영전략을 구축하는 것은 영리나 비영리를 막론하고 모든 급식조직의 필수 과제가 되었다.

돌이켜 보면 급식경영학 초판을 발행했던 2001년 당시 국내 급식산업은 일대 전환기에 놓여 있었다고 할 수 있다. 지난 20여년간 급식산업은 농수축산업, 식품제조업, 식재료 유통업, 관광업 등과 함께 외연을 확장하며 발전을 지속해왔다. 초판 발행 이후 판올림을 거듭하며 어느덧 5판에 이르고 보니 작으나마 산업의 발전에 기여를 하였다는 소회를 갖게되어 감사할 따름이다.

제5판의 전체적인 구성을 보면 총 3부로 각 부마다 3장씩 배치하여 총 9장으로 구성하였다. 먼저 1부에서는 급식경영의 이해를 돕고자 1장에서 급식경영의 기초와 함께 2장과 3장에서 급식산업, 급식경영시스템, 급식경영자에 대해 소개하여 기본 개념체계를 세울 수 있도록 하였다. 2부에서는 급식경영관리의 순환과정에 맞춰 4~6장에서 계획수립과 통제, 조직화, 지휘에 관한 이론체계를 구성하도록 하였다. 3부에서는 급식경영의 업무적 기능으로 7~9장에서 급식인적자원관리, 급식서비스 마케팅, 급식서비스 품질경영에 대해 다루었다.

본 교재는 출간 당시부터 급식산업 전문인 양성을 위한 교재로서는 물론이고 급식경영 현장에서 실무자들의 지침서로도 활용될 수 있기를 소망해왔다. 지난 3판과 4판부터는 급식경영학에 적용되는 기본 원리와 개념을 충실히 전달하면서도 최신의 산업동향을 풍부하게 소개함으로써 변화하는 트렌드에 대한 이해를 돕고자 하였다. 금번 재개정 작업을 하면서 새로운 사례들을 보강하고, 각 장 말미의 활동 부분에서도 본문에서 배운 급식경영 이론들이 현장에 어떻게 적용될 수 있을지 토론해 볼 수 있는 내용으로 구성하였다. 활발한 토론과 탐색을 통해 새로운 지평을 열어가는 탐구의 장이 펼쳐지길 바라 마지않는다.

급식경영학은 실용학문이어서 단순히 이론에만 그치는 것이 아니라 현장에서 적용되고 검증될 때 진정한 빛을 발하게 된다. 또한 경영학 분야의 이론과 성과를 도입하더라도 급식 실무에 적용되고 재해석되지 못한다면 의미가 없다. 그간 여러 연구와 프로젝트를 수행해 오면서 현장에 필요한 연구를 수행한다는 입장을 견지해 왔다. 그러한 측면에서 급식산업의 발전을 위해 현장에서 소임을 해나가고 계시는 업계의 모든 분들께 제5판 출판의 공로를 돌리고 싶다. 다소 민감할 수 있는 매출 및 현황 자료를 비롯하여 다양한 현장 사례들을 공개하여 제공해 주신 업계 관계자들께 지면을 빌어 감사를 드린다. 지난 30여 년간 급식산업이 꾸준히 성장해 왔기에 급식경영학도 함께 학문적 성과를 거둘 수 있었음을 고백하지 않을 수 없다.

제5판이 나오기까지 책의 부족한 부분을 지적해 주고 최신 자료 보완과 참고문헌 정리를 도와준 연세대학교 급식경영연구실의 모든 식구들에게 고마운 마음을 전하고 싶고, 학계와 업계에서 항상 후원을 아끼지 않는 모든 분들께도 지면을 빌어 감사의 인사를 드린다.

제5판 출간에 힘써 주신 교문사의 류원식 대표님을 비롯한 직원 여러분께도 감사를 드린다. 아울러 사랑하는 가족의 이해가 있었기에 오늘 집필의 결실을 맺을 수 있었다고 생각하며 사랑과 감사의 마음을 전하고 싶다. 끝으로 이 책의 시작에서 끝까지 출간을 주관하신 하나님께 감사와 영광을 돌린다.

2022년 3월

저자 일동

차 례

PART 1

급식경영의 이해

chapter 1 급식경영의 기초

급식경영학을 공부하는 사람들은 먼저 경영의 기본 개념과 원리를 이해할 필요가 있다. 급식경영의 대상이 되는 급식 및 외식기업 역시 일반 기업과 마찬가지로 경영 원리가 적용되는 조직이기 때문이다.

인류 역사의 초창기부터 발전해 온 경영 원리나 활동들이 경영학이라는 학문으로 본격적으로 정립되기 시작한 것은 20세기 초반의 일이다. 산업혁명 이후 1900년대에 이르러 공장 규모가 커지게 되자 경영주들은 기업의 성과를 높이고자 노력했고, 이는 근대 경영학의 토대가 되었다. 이후 수많은 이론들이 쏟아져 나오면서 현대 경영학의 체계를 갖추게 되었다. 본 장에서는 경영과 급식경영의 개념을 이해하고 급식기업이나 조직의 활동에 직·간접적인 영향을 주는 급식경영 환경과 함께 경영 이론들의 역사적 발전과정을 소개하고자 한다. 이러한 내용들은 급식관리자들에게 성공적인 급식조직 운영을 위해 필요한 학문적·실무적 개념체계를 제공할 것이다.

학습 목적

경영과 급식경영의 개념을 정립하고, 급식경영 환경의 유형을 이해한다. 또한 역사적으로 발전해 온 경영 이론에 대한 체계적인 이해를 통해 급식경영학에 적용되는 경영관리 이론의 기초를 설립한다.

학습 목표

1. 경영의 개념과 급식경영의 개념을 이해한다.
2. 급식경영 환경의 유형을 이해한다.
3. 경영 이론의 발전 단계를 나열한다.
4. 고전적 관리 이론들의 기본 개념을 이해한다.
5. 인간관계론과 행동과학 이론을 설명한다.
6. 시스템 이론과 상황 이론을 설명한다.
7. 경영의 신조류를 이해한다.

1 급식경영의 개념

경영의 정의

경영(management)이란 무엇인가? 영어사전에서 매니지먼트(management)는 '경영', '관리', '운영' 등으로 해석되는데, 이러한 용어들은 '기업을 경영한다', '식당을 관리한다', '급식소를 운영한다' 등과 같이 서로 비슷한 개념들로 일상생활에서 흔히 사용된다. Management의 어원은 불어의 'le main(손)', 혹은 이태리어의 'mannegiaire(정돈하다)'에서 유래하였다고 보는데, 모두 손으로 잘 다룬다는 의미를 내포하고 있다. 따라서 경영이란 조직을 다룬다는 뜻을 가지고 있다.

경영의 정의에 대해서는 그간 여러 학자들이 실로 다양한 견해를 제시하여 왔다. 경영학 초기단계의 경영학자인 폴렛(Follet)은 경영을 '사람들을 통하여 일이 이루어지도록 하는 기술'이라고 정의하였다. 이후 페이욜(Fayol)은 경영을 보다 동태적인 순환과정으로 보고 '경영이란 계획하고, 조직하고, 지시하고, 조정하고, 통제하는 과정'으로 규정하였다. 또한 저명한 경영 이론가 드러커(Drucker)는 '경영은 기업의 목표를 설정하고 방향을 제시하며 리더십을 발휘하고 경영자원을 사용하여 목표를 달성하는 과정'이라고 하였다(신민식 · 권중생, 2006). 이 외에도 보편적으로 사용되는 경영의 몇 가지 정의는 다음과 같다(Warner, 1994).

- 경영이란 사람을 통하여 목적을 달성하는 것이다(Management is accomplishment through people).
- 경영이란 조직의 목적과 목표를 달성하기 위하여 사용 가능한 재원을 최대한 효율적으로 활용하는 것이다(Management is making the best use of available resources to achieve organizational goals and objectives).
- 경영이란 조직체의 인적 · 물적 · 재정적 자원들을 계획, 조직, 지휘, 통제함으로써 여러 사람들의 협력을 통해 공동의 목적을 달성하는 과정이다(Management is the

process of achieving a common goal through group effort by planning, organizing, leading, and controlling an organization's human, physical, and financial resources).

이상과 같은 견해들을 종합하면 경영은 다음과 같이 정의 내릴 수 있다.

경영은 조직의 목표를 달성할 수 있도록 물적 · 인적 자원의 사용을 계획, 조직화, 지휘, 조정 및 통제하는 일련의 과정이다.

급식경영의 정의

흔히 경영은 이윤을 목적으로 하는 기업에서만 필요한 것으로 인식하기 쉽지만 실제로는 모든 형태의 조직에 필요한 개념이다. 모든 조직체는 그 나름대로의 목적과 목표가 있으며 이를 효율적으로 달성하는 과정이 바로 경영이란 점에서 볼 때, 영리를 추구하는 외식업체나 위탁급식업체는 물론이거니와 비영리로 운영되는 단체급식의 경우에도 경영은 필수적인 활동이다. 따라서 급식운영의 책임을 지고 있는 영양사나 급식관리자들이 이러한 경영의 개념과 기능을 이해하고 이를 급식경영에 적용할 수 있어야 한다.

앞서 정의한 경영의 개념을 근거로 급식경영의 정의를 내리면 다음과 같다.

급식경영은 급식조직의 목표를 달성할 수 있도록 물적 · 인적 자원의 사용을 계획, 조직화, 지휘, 조정 및 통제하는 일련의 과정이다.

또한 급식경영의 대상이 되는 자원으로는 다음 6가지 요소(6M)가 있다.

- 사람(Men) : 급식소에 필요한 노동력과 기술
- 원료(Materials) : 식재료, 공산품
- 자본(Money) : 급식조직 운영에 필요한 자본
- 방법(Methods) : 표준 조리법, 품질 통제 방법
- 기계(Machines) : 급식 기기나 설비
- 시장(Market) : 급식 서비스의 대상이 되는 고객

성공적인 경영의 기준

경영 활동의 성공여부를 평가하기 위해서는 효과성(effectiveness), 효율성(efficiency), 혁신성(innovation)의 세 가지 기준을 적용할 수 있다.

효과성과 **효율성**은 드러커(Drucker)가 주창한 개념이다. 효과성은 올바른 일을 하는 것(doing right things)이고, 효율성은 일을 올바르게 하는 것(doing things right)이다. 즉, 효과성은 얼마만큼 목표를 잘 달성하는가에 중점을 두는 반면, 효율성은 이러한 목표를 달성하는 데 자원을 얼마나 최소한 사용하는가에 중점을 둔다.

최근에 경영환경이 급변하면서 중요하게 대두되는 경영의 성공기준으로 혁신성이 있다. **혁신성**은 조직이 변화하는 환경 속에서 얼마나 빨리 새로운 기술, 지식을 습득하면서 자기 변신을 도모하는가를 나타내는 정도이다. 혁신성을 성취하기 위해서 경영자는 기업가 정신에 입각하여 외부환경의 변화를 지속적으로 예측하여 혁신적인 방향으로 조직을 이끌어 나아가야 한다. 요즈음과 같이 외부환경이 급변

효과성과 효율성

효과성이란 미리 설정해 놓은 목표를 어느 정도 달성하였느냐에 관한 것으로 유효성과도 같은 말이다. 목표에 가장 근접할수록 또는 그 이상으로 달성할수록 효과성이 높다고 할 수 있다. 예를 들어, 학교급식을 통하여 학생들의 심신 양성과 식습관 변화, 영양교육적 효과를 거두었다면 효과성이 높다고 말할 수 있다. 이에 비해 효율성은 투입에 대한 산출의 비율을 의미한다. 급식운영에 인력, 시간, 재료, 비용을 투입하여 더 많은 식사와 서비스를 제공하였다면 효율성이 높다고 말할 수 있다.

그렇다면, 급식관리자는 어떻게 효과성과 효율성을 모두 높일 수 있을 것인가? 효과성을 높이기 위해서는 급식조직에서 추구하는 목표를 확고히 하고 이를 달성하기 위해 모든 노력을 총동원하여야 한다. 효율성을 높이기 위해서는 최소한의 비용으로 최대의 산출을 만들어 내야 한다. 예를 들어, 급식관리자가 식수 판매량을 증대시키기 위해 고객의 기호도를 파악하여 개선된 메뉴를 개발하고 신개발 메뉴에 대해 고객 홍보와 시식회로 고객들에게 좋은 반응을 이끌어냈다면 효과적인 급식경영을 한 것이 된다. 또한, 메뉴 생산에 있어서 가격 경쟁으로 식재 구입 단가를 낮추고 조리법을 개선하여 인건비를 절감하였다면 이는 대단히 효율적인 급식경영 활동이라고 볼 수 있다.

이처럼 경영에 있어서는 어떻게 하면 보다 효과적으로 목표를 달성할 수 있을지, 어떻게 하면 보다 효율적으로 업무를 완수할 수 있을지 하는 문제에 대한 해답을 찾는 경영 마인드가 끊임없이 요구된다.

하는 시대에는 조직이 시장에서 경쟁력을 유지하기 위해서 지속적으로 신상품, 새로운 서비스를 시장에 출시하여야 하고 내부적으로도 새로운 작업 프로세스를 도입하여야 한다.

기업(enterprise) vs. 비즈니스(business)

기업(enterprise)의 개념은 학자에 따라 다르게 정의되고 있지만, 일반적으로 '이윤을 목적으로 제품이나 서비스를 영속적으로 생산 · 판매하는 협동적 조직시스템'으로 정의할 수 있다.

기업이란 용어에서 기(企)는 화살의 시위를 최대한으로 잡아당겨 쏘기 직전의 가장 긴장된 순간을 뜻한다. 그리고 업(業)은 곧 사업을 의미하는 것이므로 비즈니스를 향해서 위험과 갈등을 딛고 최선을 다하는 존재가 바로 기업이다. 기업을 뜻하는 enterprise에도 모험정신, 최상의 집중이라는 뜻이 담겨 있다. 또한, 기업은 환경과의 상호의존관계에서 생산요소를 투입하여 재화와 서비스를 생산하고 고객과의 거래를 통해 이윤의 극대화를 추구하는 기업 활동을 수행한다.

기업이 성공하기 위해서는 일반적으로 다음과 같은 요소를 갖추어야 한다.

첫째, 재무적인 성과를 달성해야 한다.

둘째, 기업의 제품이나 서비스를 구매할 고객의 욕구를 충족시켜야 한다.

셋째, 고객의 요구에 부합하는 적절한 품질과 서비스를 제공해야 한다.

넷째, 창조적이며 변화와 혁신을 모색해야 한다.

다섯째, 조직구성원들에게 다양한 자기계발이나 의사결정 과정에 참여의 기회를 제공하여 성장욕구를 충족시켜주어야 한다.

한편 **비즈니스(business)**는 제품과 서비스를 생산 · 판매하여 이윤을 창출하는 일체의 기업 활동이다. 모든 비즈니스의 중심에는 생산자와 구매자의 교환거래가 있다. 구매자는 돈을 지불하여 상품과 서비스를 얻고, 생산자는 그것을 판매하여 비즈니스 활동의 근본 동기가 되는 이윤을 얻는다. 이러한 비즈니스를 효율적으로 운영해 나가는 것이 경영활동이다.

경영활동의 대상은 영리조직뿐만 아니라 비영리조직(non-profit organization)도 포함된다. 이들은 기업주에게 이익을 남겨 주는 것이 주목적이 아니라 일반 국민이나 조직구성원에게 서비스를 제공하기 위해 만들어진 조직이다.

영리조직은 이윤을 많이 내기 위해서 또한 비영리조직은 공공 고객에게 최대의 편의를 제공하기 위해서 비즈니스가 잘 이루어져야 하며, 이러한 비즈니스를 효율적으로 운영하는 것을 경영이라고 할 수 있다.

2
급식경영 환경

급식경영 환경은 급식기업이나 조직의 활동에 직·간접적으로 관련된 내·외부의 상황을 의미한다. 급식기업이나 조직은 여러 환경요인과 상호작용하는 개방 시스템(open system)으로, 조직의 경영활동은 환경의 변화에 따라 영향을 받는다. 급식기업이나 조직은 음식 및 서비스 생산에 필요한 자원을 내·외부 환경으로부터 조달하고 조직에서 생산된 음식과 서비스를 다시 주위 환경에 공급한다.

조직과 환경은 마치 하나의 유기체처럼 상호작용하며 성장 발전한다. 급식경영 환경은 조직의 성장뿐만 아니라 경영성과를 결정하는 중요한 영향요인이다. 따라서 경영자는 계속해서 변화되는 경영환경을 인식하고 사전에 변화를 예측하면서 적극적으로 대처할 수 있는 통찰력과 판단력을 갖추어야 한다.

경영환경은 크게 **외부환경**(또는 시장환경)과 **내부환경**(또는 조직환경)으로 나뉜다. 내부환경 요인에는 기업 경영에 직접적인 영향을 미치는 요인들, 즉 조직문화, 경영자, 조직 구성원 등이 있다. 외부환경 요인에는 사회·문화적 환경, 기술적 환경, 경쟁적 환경, 법적·제도적 환경 등이 해당되며 기업의 활동에 간접적이지만 광범위하게 영향을 미친다. 여기서는 외부환경 요인들에 대해 설명하고자 한다.

사회·문화적 환경

사회·문화적 환경을 구성하는 요소에는 기업이나 조직의 활동 영역인 사회의 관습과 문화, 가치관, 생활양식, 인구통계학적 변인 등이 있다. 사회·문화적 환경은 구성원의 생각과 행위에 영향을 미칠 뿐만 아니라 다른 제반 환경요인들, 즉 경제적, 정치적, 법률적 환경은 물론 기술적 환경 등과 복합적으로 작용하며 상호 영향을 미치기도 한다.

인구통계학적 사회변화는 기업의 경영활동에 실로 많은 영향을 미친다. 예를 들어 핵가족과 싱글족, 노령인구 증가 등 사회구조의 변화는 가정식사 대용식(Home

Meal Replacement ; HMR) 시장의 성장 요인으로 작용하고 있다. 취업여성 증가, 고학력자 증가, 출산율 감소, 고령인구 증가 등과 같은 사회적 변화는 급식 및 외식 기업에게 신규 사업영역을 개척할 수 있는 동력이 된다.

소비 패턴이 빠르게 변화하고 더욱 다양해지는 고객들의 요구에 맞춰 서비스 전략을 자주 바꿔야 하는 기업들의 입장에서는 사회적 환경변화가 비용 발생 부담요인이 되기도 한다. 일부 급식업장에서는 점차 고급화되는 고객 니즈의 변화에 부응하기 위해 계열사 외식업체의 고급 메뉴를 동일하게 제공하는가 하면 건강 캠페인을 실시하기도 한다.

기업의 성장과 발전이 국가경제 발전과 사회의 구조를 규정할 만큼 기업의 사회적 위치가 중요해짐에 따라 기업의 사회적 책임(Corporate Social Responsibility ; CSR)에 대한 요구도 커지고 있다. 기업은 이윤 추구활동 이외에 사회에 긍성적 영향을 미치는 책임 있는 활동을 해야 한다는 것이다.

기술적 환경

급식산업을 둘러싼 기술적 환경은 식품가공과 포장, 저장, 유통을 포함하는 생산과정상의 기술과 매출분석시스템 등과 같은 운영 측면에서의 기술을 통칭하며 좀 더 폭넓게는 최종소비자들을 대상으로 한 마케팅 기술까지도 포함시킬 수 있다.

기업경영의 관점에서 **기술적 환경**은 가장 변화가 빠르면서도 많은 영향력을 미치는 환경요인 중 하나이다. 기술적 환경의 변화는 기업뿐만 아니라 사회 전 부분에 걸쳐 광범위하게 영향을 준다. 새로운 기술의 등장은 신제품 개발과 새로운 사업 기회를 가져오기도 하고 기존 제품이나 서비스를 진부한 것으로 만들어 버리기도 한다. 또한 전혀 관계없던 사업 영역들이 협력 또는 경쟁관계로 바뀌기도 한다.

푸드테크 기술의 발달로 급식산업의 변화는 더욱 빨라지고 있다. 생활 전반의 서비스들이 모바일 플랫폼으로 전환되면서 O2O(Online-to-Offline), B2B(Business-to-Business) 서비스의 성장은 급식산업 내 많은 기업들에게 새로운 시장 확대의 기회가 되고 있다. 대표적인 형태가 바로 B2B 식자재 시장이다. 기존 시장에서는 정보의 접근성이 떨어지던 B2B 식자재 시장에 IT 기술을 기반으로 유통 편의성과 효율성을 개선하며 시장에 반향을 불러일으키고 있는 것이다. 모바일 플랫폼을 구축하고 있는 품목의 예로는 축산물, 수산물을 비롯하여 농수산품, 공산품 등 다양하다. 식재료 업체와 급식소, 식당, 외식업체 간의 직거래로 유통과정을 획기적으로 축소시키고 모바일 결제 서비스 도입으로 경쟁력 확보에 나서고 있다. 소형 구내식당이나 어린이집 등을 겨냥하여 식단을 무료로 제공하고 식재 발주량 자동 산출 서비스를 연동하기도 한다. IT기술은 마케팅이나 생산은 물론이거니와 회계, 판매, 고객관리, 원가관리 등 과학적인 경영까지 가능하게 만들고 있다. 이처럼 급변하는 기술환경에 맞춰 고객과의 새로운 접점을 얼마나 빨리 찾아서 관리하느냐가 새로운 관건이 되고 있다.

모바일 B2B 식자재 주문 · 결제 서비스

기술의 발달은 경영 의사결정의 속도에도 영향을 미친다. 과거에는 조직의 규모가 커지면 조직 내 자료의 취합 및 분석에 많은 시간이 소요되고 의사결정도 늦어져 환경변화에 신속하게 대응하지 못한다는 문제점이 있었다. 하지만 이제는 업무 전산화와 경영정보시스템을 구축한 대기업의 의사결정이 오히려 중소기업보다 더 신속하게 이루어지기도 한다.

경쟁적 환경

경쟁적 환경이란 같은 사업 영역 내에서 동일하거나 유사한 제품과 서비스를 제공하고 있는 경쟁기업의 수나 영향력을 의미한다. 수요와 공급 간의 불균형, 즉 공급이 수요를 초과하면 경쟁이 발생한다. 경쟁자들은 급식기업이나 조직의 경영활동에 직접적인 영향을 미치게 되며 경쟁자들과의 차별화는 비용 증가를 수반하게 된다. 특정 산업 내에서의 경쟁적 환경은 기업들 간의 경쟁상황, 산업성장률, 진입장벽, 대체재 등에 따라 달라진다. 기존 경쟁기업의 수가 많고 시장점유율, 기업규모, 영업방식 등이 유사할수록 경쟁은 더욱 치열해진다. 성장률이 낮은 산업의 경우에는 상대기업이 점유하고 있는 시장을 빼앗아야 하기 때문에 성장률이 높은 산업에 비해 상대적으로 경쟁강도가 강하다고 할 수 있다. 또한 진입장벽이 낮은 산업일수록, 대체재의 수가 많거나 신규 대체재의 출현 가능성이 높을수록 경쟁은 치열해진다.

급식산업에서는 동종기업 간의 경쟁뿐만 아니라 수직, 수평적인 관계에서 파생

되는 외식, 식품산업과 유통산업 등 유사 업종 간의 경쟁도 점차 치열해지고 있으며, 기존의 경쟁구도에 새로운 경쟁자가 등장하기도 한다. 편의점에서 판매되는 간편식은 HMR 시장 확대의 주역이 되면서 유통업계와 외식업계와의 경쟁을 가속화시키고 있다. 편의점 내 도시락 및 간편식 매출 증가는 분식업계 매출 감소를 부채질하고 있는데, 거꾸로 업종 간의 경쟁관계를 역발상으로 활용하는 경우도 찾아볼 수 있다. 프랜차이즈 업체의 브랜드 인지도를 이용하여 편의점에 HMR 제품을 론칭하거나 편의점 내 숍인숍(shop in shop) 형태로 매장을 오픈하여 윈윈하는 전략을 모색하기도 한다.

경쟁구도에서 살아남기 위해 기업들은 브랜드 인지도를 높이고 차별화 전략을 구축하고자 마케팅에 주력하고 있다. 한편 메뉴 품질과 서비스의 질적 향상을 위해 신메뉴 개발과 직원 교육 · 훈련에 적극적으로 투자하고 있다. 경쟁적 환경은 변화의 속도가 매우 빠르기 때문에 경영자는 시장의 경쟁적 환경변화를 민첩하게 파악하고 조직에 어떠한 영향을 미치는지 면밀하게 파악할 수 있어야 한다.

법적·제도적 환경

법적 · 제도적 환경에는 각종 법률의 제정 및 개정, 규제의 완화 및 강화 등이 해당된다. 법과 제도는 기업의 활동에 대해 적용되는 기준이나 규칙들로서 각종 법규나 제도 변화에 따라 경영 방식과 범위가 달라지게 된다. 급식 조직 경영에 직접적인 영향을 주는 법령으로는 '식품위생법', '식품안전기본법', '학교급식법' 등이 있으며 최근 외식업과 관련하여 '동반성장', '골목상권보호', '중소기업적합업종' 등이 사회적인 관심사가 되면서 새로운 제도와 규제 등이 신설되고 있다. 경영자는 급식기업이나 조직을 경영함에 있어 가장 기본적으로 법과 제도의 내용을 정확하게 파악하고 있어야 한다.

| 사 | 례 |

급식기업의 사회적 책임

사회환경 변화나 법적 · 제도적 환경의 변화는 '기업의 사회적 책임(Corporate Social Responsibility)'에 대한 요청을 더욱 확산시키고 있다. 기업의 사회적 책임이란 기업이 사회에 대한 경제적, 법률적 의무를 포함하여 사회로부터 정당성을 인정받을 수 있는 기업활동을 해야 한다는 것이다. 최근에는 여기에서 한 발 더 나아가 기업의 이익을 사회에 환원하고 도움이 필요한 곳에 직접, 간접적 지원을 하는 사회공헌 활동으로 확대되고 있다. 글로벌 경영이 보편화되면서 기업의 사회적 책임은 지속가능한 경영의 필수적인 요소가 되고 있다. 기업의 사회적 책임성은 고객들이 갖는 기업이미지에 긍정적인 영향을 미치게 되며 이는 긍정적 구전이나 호의적인 행동의도로 연결된다.

■ 삼성웰스토리의 사회공헌 활동

삼성웰스토리는 지역아동센터를 이용하는 아동들의 영양관리와 건강증진을 위한 지원 아동영양지원사업, Well365를 펼치고 있다. 기업의 지원금은 각 지역아동센터의 급식 · 간식비, 주방용품 구매, 주방환경 개선 등에 쓰이고 있다. 2019년과 2020년에만 전국 18개 지역아동센터에 총 3억원의 지원금을 제공하였다.

삼성웰스토리에는 전사 차원의 사회공헌 캠페인을 운영하는 웰스토리 사회공헌단이 있다. 전 임직원은 1인 1봉사팀 소속을 원칙으로 월별로 희망 나눔 봉사, 피스 & 그린보트 어린이 선상학교, 봄맞이 농촌 일손돕기, Well365 셰어키친, 김장 나눔 등 다양한 활동을 계획하여 실천하고 있다.

Well365
내광교마을지역아동센터

Well365
꿈사랑방지역아동센터

3
경영 이론

경영 이론의 발전단계

경영학의 기원은 인류가 공동생활을 시작한 시대로 거슬러 올라간다. 고대 바빌로니아에서 시행되었던 세금징수용 보고와 감사제도는 오늘날 회계시스템의 원형이라고 할 수 있으며, 고대 이집트 문헌에서도 피라미드와 운하 건설에 인적·물적 자원을 계획하고 조직을 구성하였다는 내용을 찾을 수 있다. 구약성서에는 모세가 관리 범위를 정하였다고 기록되어 있으며, 고대 중국은 만리장성을 쌓기 위해 경영원리를 적용하였다고 한다. 우리나라에서도 조선시대 과거시험을 통한 관리의 선발제도나 오늘날의 경영철학과 상통하는 실학사상을 찾아볼 수 있다.

표 1-1 경영 이론의 발전단계

경영 이론	시 기	주요 내용	주요 이론과 사상가
고전적 관리 이론	1890년대~	조직의 능률과 관리 과정의 효율화를 위한 방법과 이론들로 구성됨.	• 과학적 관리법 : 테일러(Taylor), 간트(Gantt), 길브레스(Gilbreth) 부부, 포드(Ford) • 관리일반이론 : 페이욜(Fayol) • 관료이론 : 베버(Weber)
행동 이론	1930년대~	인간의 행동에 대한 종합적인 이해가 필요함.	• 인간관계론 : 메이요(Mayo) • 행동과학 : 맥그리거(McGregor), 아지리스(Argiris), 매슬로(Maslow)
시스템 이론	1950년대~	경영 조직을 시스템으로 간주함.	• 시스템이론 : 베르탈란피(Bertalanffy)
상황 이론	1960년대~	급변하는 경영 환경에서는 보편적인 원리보다는 상황에 따라 의사결정을 내려야 함.	• 상황이론 : 피들러(Fiedler)

근대 경영학은 영국의 산업혁명에서 나타난 공장식 생산제도에서 비롯되었다고 볼 수 있다. 테일러(F.W. Taylor)의 과학적 관리법과 함께 다양한 관리이론들이 출현하면서 생산성 향상에 크게 기여하였으며 19세기 말 고전적 관리이론이 탄생하는 기초가 되었다. 이후 경영학, 사회학, 심리학, 공학 등 여러 인접 학문분야의 성과들을 종합하면서 발전하여 현대 경영학의 체계를 갖추게 되었다. 일반적으로 경영 이론의 발전단계는 고전적 관리 이론, 행동 이론, 시스템 이론, 상황 이론의 네 단계로 크게 구분할 수 있다(표 1-1).

(1) 고전적 관리 이론

고전적 관리 이론(classical management theory)은 조직 전체의 능률을 증대시키는 데 초점을 두는 관리 이론으로 경영학의 출발점이 되었다. 여기에는 테일러의 과학적 관리법, 페이욜의 관리일반이론 및 베버의 관료 이론 등이 포함된다(표 1-2).

표 1-2 고전적 관리 이론의 주요 내용

주요이론	특 징	사상가	내용
과학적 관리 이론	과학적인 접근방법을 통한 작업방식을 강조	테일러	과학적 관리법의 창시자, 시간 및 동작연구를 기초로 한 작업연구, 과학적 관리 원칙(과업관리) 제시, 차별성과급제도 고안
		간트	테일러의 사상 확장, 간트 차트 창안, 과업상여급제 고안
		길브레스 부부	테일러의 사상 보완·발전시킴, 동작연구 완성, 직무표준 설정, Therblig(서브릭) 기호 고안
		포드	컨베이어 벨트 시스템 고안, 대량생산 계기 마련, 고임금/저가격 원칙 실현 노력(포드주의)
관리 일반 이론	조직의 규모나 형태에 관계없이 모든 사업 조직에 적용되는 보편적 관리 원칙 제시	페이욜	관리활동을 계획, 조직, 지휘, 조정, 통제로 구분, 14가지 관리원칙(분업의 원칙, 권한과 책임의 원칙, 명령일원화의 원칙, 계층조직의 원칙 등) 제시
관료 이론	관료조직을 원칙, 질서, 합법적 권위에 기초한 가장 효율적이고 이상적인 조직으로 제시	베버	관료 조직의 원칙(분업에 따른 권한과 책임의 규정, 표준적 규칙과 절차, 명확한 조직 내 위계질서, 공개채용, 직무별 의무와 책임 명시, 전문경영자의 필요성 등) 주장

19세기 후반에 이르러 산업이 급격히 발전하고 경영규모도 확대되어 공장 내의 작업 효율성 및 생산성 증가가 새로운 문제로 제기되면서 과학적 관리법이 대두되었다. **과학적 관리법**(scientific management)은 종업원의 능률을 개선시키기 위하여 작업과 작업장의 합리적 · 과학적 연구에 초점을 두는 관리 관점을 말한다. 과학적 관리의 발전에 가장 중요한 영향을 미친 사람은 테일러(F.W. Taylor)였으며, 이후 간트(H. Gantt), 길브레스 부부(F. and L. Gilbreth), 포드(H. Ford)에 의해 더욱 발전되었다. 과학적 관리법은 작업의 능률개선에 크게 기여하여 종업원의 생산성 증대와 생산비용 절감에 기여하였다. 그러나 인간의 노동을 지나치게 기계적으로 취급함으로써 작업자의 주체성이나 인간성이 무시되는 결과를 낳았으며, 노조의 존재를 부정함으로써 기업주의 독재를 조장하고 분배의 불공정성이 오히려 가중된다는 비난도 받았다.

테일러와 같은 시기에 프랑스 학자 페이욜(Fayol)은 최고경영자의 관점에서 조직을 관리하는 데 필요한 **관리일반이론**(administration theory)을 기술하였으며, 이는 오늘날 관리 이론의 기초가 되었다. **관료 이론**(bureaucracy)은 독일의 사회학자인 베버(Weber)가 주장한 이론으로 관료란 조직 내에서 정책을 수립하고 수행하는 핵심적인 관리자를 의미한다. 베버는 관료 조직을 원칙, 질서, 합법적 권위에 기초한 가장 효율적이고 이상적인 조직으로 보고, 이를 통해 행정의 문제점을 해결하고 생산성을 향상시킬 수 있다고 하였다.

(2) 행동 이론

고전적 관리 이론에서는 인간의 합리성과 경제적 동기를 전제로 하여 종업원의 통제를 통한 능률 증대에 관심을 두었으나 생산 능률이나 작업장에서의 인간의 문제를 해결하지 못하는 한계가 나타나게 되었다. 1930년대에 이르러 인간적인 측면을 강조하는 **행동 이론**(behavioral theory)이 등장하였으며, 이는 인간관계론과 행동과학 이론의 두 부류로 나누어진다(표 1-3).

인간관계론(human relations theory)의 발달에 직접적인 계기가 된 것은 호손 실험이었다. 이 실험은 시카고 근교 서부전기회사의 호손 공장에서 산업의 능률과 인간의 관계를 규명하기 위하여 1924년부터 약 8년에 걸쳐 이루어졌다. 호손 실험은 물리적 조건이 산업의 능률을 좌우한다는 당시의 가설을 뒤엎고 종업원의 사기나 조직 구성원의 만족과 같은 인적 요인들이 조직 성패를 좌우한다는 인간관계론

간트 차트와 네트워크 공정표(PERT/CPM)

간트 차트는 프로젝트 수행에 있어서 계획 내용과 실제 달성한 내용을 한눈에 비교 검토할 수 있도록 만든 표이다. 고안자의 이름을 딴 간트 차트는 오늘날 PERT(Program Evaluation and Review Technique)나 CPM(Critical Path Method)과 같은 네트워크 공정표(PERT/CM)의 시초가 되었다.

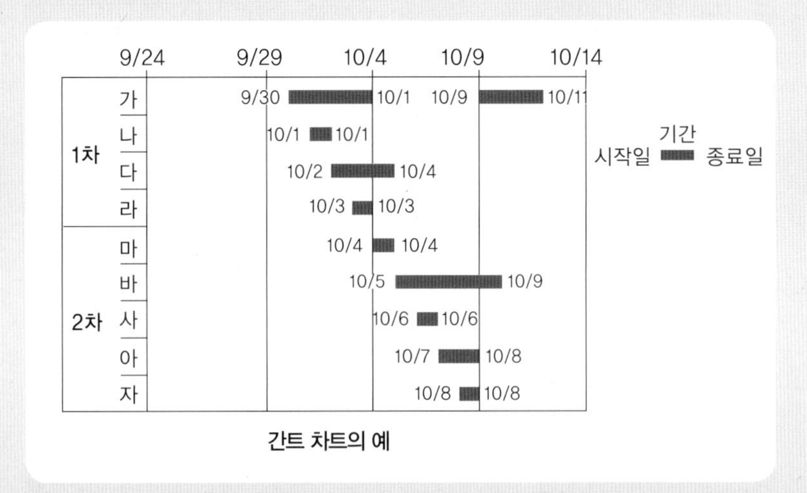

간트 차트의 예

네트워크 공정표에서는 프로젝트 진행에 필요한 각 활동들의 선후 관계를 동그라미와 화살표의 네트워크로 나타낸다. 동그라미 안에는 프로젝트 활동을 A, B, C 등으로 입력하고 화살표에는 작업 소요시간을 기입한다. 네트워크 도표를 작성하면 시간적으로 전혀 여유가 없는 경로나 프로젝트를 제시간에 완료하기 위한 핵심활동을 밝힐 수 있게 된다.

아래의 예에서는 A→B→D→F→G가 프로젝트의 핵심경로가 된다. 핵심경로가 지연될 경우 프로젝트 전체 일정에 차질을 빚으므로 프로젝트 관리자는 해당공정이 지연되지 않도록 유의해야 한다. 네트워크 공정표는 프로젝트 진행을 통제하고 제한된 자원을 합리적으로 할당하는 데 유용하게 활용된다.

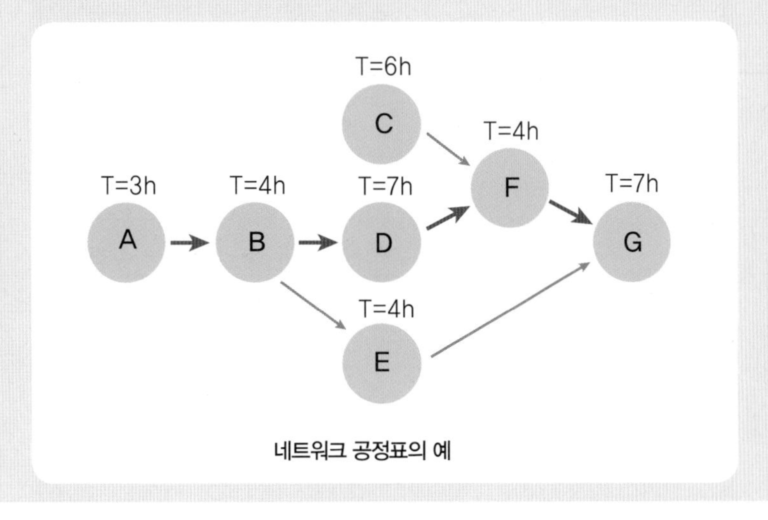

네트워크 공정표의 예

길브레스의 동작연구에 사용된 서블릭(therblig) 분석 기호

길브레스는 동작분석을 기호화한 동작연구(motion study)의 창시자이다. 그는 작업 연구를 하는 중에 인간이 행하는 동작은 모두 18가지의 기본적인 동작요소로 표현할 수 있다는 것을 발견하고 이를 서블릭(therblig) 기호로 표현하였다. 서블릭이란 가장 작게 세분화할 수 있는 인간의 동작(motion)들을 통칭하는 것으로 길브레스가 자신의 영문 이름을 거꾸로 조합하여 만든 용어이다. 길브레스가 고안한 서블릭 기호는 원래 18가지였으나 '발견(find) F' 동작이 '찾음(search)'이나 '선택(select)'의 종료 동작으로 볼 수 있다는 이유로 제거되어 현재는 17가지 기호가 사용되고 있다.

번호	명칭	기호		설명	색상	색별기호
1	찾음 (Search)	Sh		눈을 돌려 찾음	검정	
2	선택 (Select)	St		목적물을 시시	엷은 회색	
3	쥠 (Grasp)	G		쥐고자 하는 손 동작	짙은 적색	
4	빈손을 움직임 (Transport empty)	TE		빈 손을 이동	황록색	
5	손에 쥐고 움직임 (Transport loaded)	TL		물건을 가진 손을 이동	녹색	
6	갖고 있음 (Hold)	H		쥔 동작	황백색	
7	쥐고 있는 것을 놓음 (Release load)	RL		쥐고 있는 물건을 놓음	적색	
8	위치를 바로 잡음 (Position)	P		정해진 위치에 놓음	청색	
9	준비함 (Pro-position)	PP		주동작 'P'의 준비동작	엷은 청색	
10	검사 (Inspect)	I		렌즈로 조사	황갈색	
11	조립 (Assemble)	A		몇 개의 물건을 하나로 함	짙은 자주	
12	분해 (Disassemble)	DA		조립된 물건을 흐트림	엷은 자주	
13	사용 (Use)	U		도구를 사용	적자색	

(계속)

번호	명 칭	기호		설명	색상	색별기호
14	불가피한 지연 (Unavoidable delay)	UD	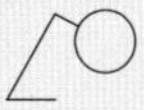	사람이 걸려 넘어짐	황토색	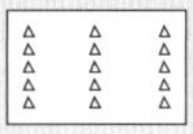
15	피할 수 있는 지연 (Avoidable delay)	AD	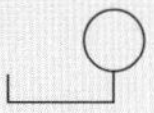	사람이 자기 뜻대로 잠을 잠	엷은 노랑	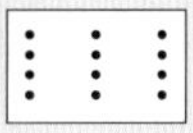
16	계획, 생각 (Plan)	Pn		사람이 머리에 손을 대고 생각	갈색	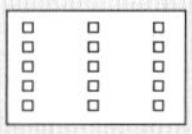
17	피로 회복을 위한 휴식(Rest)	R		사람이 의자에 허리를 걸치고 쉼	오렌지색	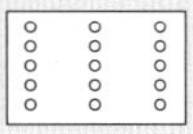

이 태동하는 계기가 되었다. 인간관계론은 인간 행동에 대한 보다 과학적인 접근을 시도하는 **행동과학**(behavioral science)의 토대가 되었다. 행동과학은 인간의 행동을 복잡한 대상이자 관리의 중요한 측면으로 보고 종업원의 동기부여를 강조하였으며 리더십 이론이나 직무만족, 직무설계에 대한 현대적 이해에 크게 기여하였다. 행동과학 이론을 발전시킨 주요 사상가들이 주장한 이론들은 6장에서 보다 자세히 공부하기로 한다.

표 1-3 행동 이론의 주요 내용

주요이론	특 징	사상가	내용
인간 관계론	인간과 인간의 행동에 영향을 미치는 다양한 요소의 중요성과 비공식조직 및 인적요인의 중요성 강조	메이요	호손 실험 : 산업의 능률과 인간의 관계를 규명하기 위해 이루어진 실험. 작업능률은 작업조건 등 물리적 조건보다 종업원의 사기나 만족이 더욱 중요하다는 결론
행동 과학	조직 내에서의 인간 행동에 영향을 미치는 요인을 체계화하려는 학문	맥그리거	XY 이론 : 인간의 본성에 따라 달라지는 작업자의 태도나 동기부여의 관계를 설명하기 위한 이론. X 이론은 인간 본성에 대한 부정적 견해, Y 이론은 긍정적 견해에 입각함.
		아지리스	성숙·미성숙 이론 : 한 인간이 미성숙한 어린이에서 성숙한 어른으로 성장하는 과정에서 7가지 성격상의 변화를 보인다고 주장. 관리자가 종업원들이 조직 내에서 성장하고 성숙할 수 있는 기회를 주어야 동기부여가 된다고 주장
		매슬로	인간은 생리, 안전, 소속, 존경, 자아실현의 욕구를 순차적으로 만족시키려 한다고 주장

(3) 시스템 이론

오늘날과 같이 급격하게 변화하는 환경 속에서 경영자는 작업 집단이나 개별조직에 국한되지 않고 조직 내 · 외부를 둘러싼 환경과 그 상호작용에 대해 폭넓게 접근해야 할 필요가 있다. 이러한 관점은 경영자의 의사결정 방식을 바꾸어 놓았으며 사회과학 분야에서도 시스템적 접근(systems approach)을 통한 시스템 이론을 도입하게 되었다(이원우 외, 1998).

시스템 이론(system theory)은 여러 학문 분야를 통합할 수 있는 공통적인 사고와 연구의 틀을 찾으려는 노력 끝에 발표된 이론으로, 상호 관련성이나 상호 의존성을 가진 부문들의 결합체를 하나의 시스템으로 파악하고자 하는 접근 방법이다. 급식시스템 모형 역시 이러한 시스템 이론을 급식경영학 분야에 도입한 것으로서 각 급식소 하부 시스템과 급식 조직 간의 유기적 관계, 급식소를 둘러싼 환경과의 영향 요인 등을 파악하는 데 필요한 개념 체계를 제시하고 있다.

과거 테일러주의가 조직과 환경의 상호관계를 생각하지 못한 폐쇄적이고 기계적인 사고 체계였다면 시스템 이론은 환경과 시스템 간의 역동적인 상호 관련성을 강조하는 개방적인 사고 체계를 제공하는 데 기여하였다. 급식시스템 이론에 대한 내용은 2장을 참고하길 바란다.

(4) 상황 이론

1960년대 중반부터 등장하기 시작한 **상황 이론** 혹은 **상황적합 이론**(**contingency theory, situational theory**)은 시스템 이론을 더욱 발전시켜 보다 현실적인 접근을 시도하는 경영학의 새로운 방법론이며, 1980년대 이후부터 본격적으로 전개되었다. 과거 고전적 관리 이론은 작업의 관리나 조직 설계에 있어서 엄격한 규칙이나 절차에 의해야 한다고 주장하였고, 행동 이론에서는 이에 대한 반론으로 구성원이 참여하고 자율적인 통제와 원활한 의사소통을 강조하는 행동적 관점을 중시하여 왔으나, 상황적 관점에서는 조직 설계나 관리, 문제해결에 있어서 최선의 방법이나 어떤 보편적인 규칙이란 없고 상황적인 변수나 결정요인에 따라 다른 관점을 적용해야 한다는 것이다. 상황 이론에 대한 자세한 내용은 6장에서 다룬다.

경영의 신조류

경영학에서는 복잡한 인간행동과 사회 변화에도 불구하고 모든 조직이나 기업에 적용될 수 있는 합리적인 경영방식을 찾아내는 것을 학문적 목표로 한다. 1970년대 이후 등장하였던 경영학 분야의 새로운 흐름들을 정리하면 표 1-4와 같다. 그간 **경영학 이론의 정글**(management theory jungle)이라 할 정도로 세계 각국에서 다양한 이론들이 쏟아져 나왔다. 하지만 시대와 나라에 따라 처한 환경과 행동양

표 1-4 경영의 신조류

<table>
<tr><th>구분</th><th colspan="2">주요내용</th></tr>
<tr><td>글로벌 경영</td><td colspan="2">제품과 서비스의 생산, 판매뿐만 아니라 구매, 연구개발, 인사관리 등의 경영활동이 한 나라 안에서 국한되지 않고 국경을 초월하여 이루어지며, 각국에 분산되어 있는 인력, 자본, 설비 등의 생산 요소를 지역별 비교 우위에 따라 전략적으로 활용함으로써 사업의 영역을 전 세계로 확장하는 경영방식</td></tr>
<tr><td rowspan="4">전략 경영</td><td colspan="2">기업이 장기적인 목표를 실현하기 위해 기본적인 목표와 방향을 설정하고 이를 달성하기 위한 각종 정책, 프로그램들을 수립하여 이를 통해 자원을 배분하는 경영 활동</td></tr>
<tr><td>핵심역량 전략</td><td>기업들이 보유한 핵심역량이 무엇인가를 찾아내어 여기에 집중투자를 하고, 다른 기능은 아웃소싱을 하든지 다른 기업과 제휴하는 방법을 모색하는 전략</td></tr>
<tr><td>리스트럭처링(restructuring)</td><td>기업의 경쟁력 강화와 비전 달성을 목표로 전사적인 차원에서 사업 구조를 재구축하는 기법</td></tr>
<tr><td>리엔지니어링(reengineering)</td><td>기업이 업무를 추진하는 방식을 과감하게 단축하고 신속하게 처리하기 위해 업무 방식을 재구축하는 기법</td></tr>
<tr><td rowspan="4">정보 경영</td><td colspan="2">기업의 경쟁력을 강화하기 위해 정보자원과 정보 기술을 효과적으로 이용하여 경영 활동을 수행하는 것</td></tr>
<tr><td>e-비즈니스(e-business)</td><td>물리적 공간이 아니라 컴퓨터 네트워크를 통해 디지털프로세스(digital process)로 이루어지는 비즈니스를 말함. 인터넷의 발전으로 조직체 내 인트라넷이나 엑스트라넷 등 전자 네트워크 구축이 활발해지고 있음.</td></tr>
<tr><td>e-커머스(e-commerce)</td><td>전자적으로 발생하는 비즈니스 거래로 전자상거래라고 함. B2C(business-to-consumer ; 기업과 소비자 간 거래), B2B(business-to-business ; 기업과 기업 간 거래), C2C(consumer-to-consumer ; 소비자와 소비자 간 거래)</td></tr>
<tr><td>ERP(Enterprise Resource Planning)</td><td>주문처리, 제품설계, 구매관리, 재고관리, 인적자원관리, 대금수령, 수요예측 등 기업의 주요기능을 통합시킨 전산시스템</td></tr>
<tr><td>지식 경영</td><td colspan="2">기업구성원 개인이나 각 부서가 갖고 있는 지식을 최대한 발굴하여 기업의 모든 경영활동에 그 지식을 사용하도록 하는 전략</td></tr>
<tr><td>윤리 경영</td><td colspan="2">기업이 법적 책임준수는 물론이고 법의 취지나 사회통념에 입각한 윤리적 기준에 입각하여 경영활동을 하는 것</td></tr>
</table>

식이 각기 다른 만큼 모든 상황에 적용되는 보편타당한 경영원칙을 개발한다는 것은 거의 불가능한 일이므로 경영이론의 접근에 있어서는 보편성과 특수성을 상호 보완적으로 이해하는 것이 필요하다.

| 사 | 례 |

단체급식업계에 부는 ESG 경영

코로나19의 시대를 지나면서 기업들은 기존의 성장중심 경영에서 지속가능 경영으로의 패러다임 전환의 필요성을 절실히 느끼고 있다. 사회적, 환경적 책임을 강조하는 ESG(Environ- ment, Social, Governance) 경영은 환경과 사회, 사람을 중요시하는 가치를 창출하는데 촛점을 두고 있다. 단체급식업계에서도 글로벌 스탠다드로 자리잡은 ESG 경영을 적극 도입하고 있다.

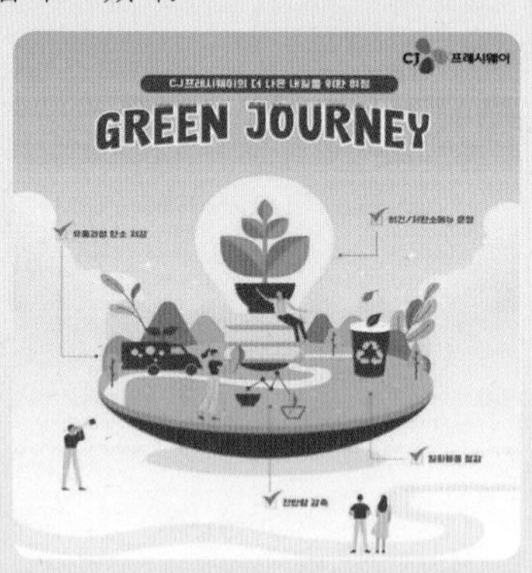

CJ프레시웨이는 단체급식과 카페 점포의 탄소 배출 및 폐기물 저감을 통한 환경보호 활동으로 '그린 저니(Green Journey)' 캠페인을 펼치고 있다. 식자재 배송 효율화, 저탄소 및 비건 메뉴 운영, 일회용품 사용 절감, 잔반량 감축 등을 주요 내용으로 하는 ESG 경영 활동의 일환이다. 식자재 배송 효율화는 각 급식점포의 식자재 배송거리를 줄여 유통 과정에서 발생하는 탄소 배출을 감축시키고 있다. 육류, 유제품을 사용하지 않는 저탄소 및 비건 메뉴를 개발해 단체급식과 카페 점포에서 판매를 확대하고 일회용품 사용과 잔반량을 줄이는 폐기물 저감 활동에도 나서고 있다.

현대그린푸드는 매장 내에서 발생하는 플라스틱 용기를 재활용하는 업사이클링을 진행하고 있다. 식사 후 버려지는 플라스틱 음식 용기가 급증하면서 사회적 문제로 대두되자 단체급식 사업장에서 사용되는 폐플라스틱 용기를 업사이클링(Up-cycling)해 수납 의자 등 친환경 상품으로 제작하기로 했다. 일회용 플라스틱 음식 용기는 페트병 등과 달리 음식물이 제대로 세척되지 않은 상태로 버려져 대부분 소각되거나 땅에 묻히게 된다. 관계자는 "연간 3만여 개의 폐플라스틱 용기를 활용하면 매년 약 2t의 이산화탄소 배출량 감소로 30년산 소나무 333그루를 심는 것과 맞먹는 수준"이라고 말했다. 단체급식 사업장에서 탄소 배출량을 줄이기 위한 다양한 노력도 진행하고 있다. 전국 500여 개 단체급식 사업장을 대상으로 매달 2회 채식위주 저탄소 메뉴를 제공 중이다. 저탄소 메뉴는 과일 · 채소 등 식물성 식품으로 구성돼 동물성 식단에 비해 온실가스 배출량을 최대 80% 줄이는 효과가 있다.

자료 : 식품외식경제 www.foodbank.co.kr

| 활 | 동 |

급식기업은 지속가능한 세상을 만드는데 어떻게 기여해야 할까?

오늘날 지구환경의 변화는 개인의 삶은 물론이고 기업 또는 국가의 존립에 이르기까지 광범위하고 심각한 위협이 되고 있다. 2015년 유엔(UN)은 국제사회가 함께 협력하여 달성해야 하는 '지속가능한 발전목표(SDGs)'를 제시한 바 있다. 모든 생명의 생존에 있어 필수 자원인 안전하고 깨끗한 식수를 보장하고, 온실 가스 배출을 줄여 기후 변화에 대처하며 세계 빈곤을 종식시키는 것 등 17가지 종류의 지속가능한 발전목표들을 제시하고 있다. 지속가능성은 미래 세대의 삶에 매우 중대한 영향을 미친다. 미래 세대의 수요를 충족시키는 역량을 위협하지 않으면서 현재의 수요를 충족시키는 지속가능한 발전을 위해 복지, 환경, 생태 및 글로벌 경제 보존에 노력을 기울여야 한다.

삼성웰스토리는 유엔 SDGs 17개 목표와 지속가능 경영활동을 연계하는 전략을 도입하였다. 2018년 기존의 경영철학과 비전체계를 통합하여 경제 · 사회 · 환경의 3가지 분야에서 지속가능경영을 내재화하는 체계적 전략을 수립하고, 고객, 소비자, 임직원, 협력사, 지역사회, 미래세대 등 6대 이해관계자를 대상으로 11대 가치를 중점관리 영역으로 설정한 바 있다. 건강한 삶의 질을 높여 인류의 행복에 공헌한다는 미션 하에 지속가능경영 전략을 전개함으로서 인류의 지속가능한 발전에 기여하는 '글로벌 식음기업' 비전을 수립하였다.

자료 : 삼성웰스토리 지속가능보고서(2021)

1. 지속가능한 발전목표를 고려해볼 때 급식기업의 지속가능경영을 위해 어떠한 측면이 고려되어야 하는지 논의해 보자.

2. 지속가능경영전략을 도입하고 있는 급식기업의 사례를 찾아보자.

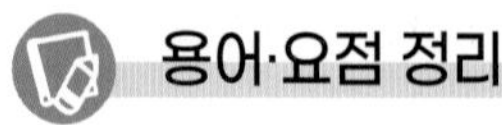

용어·요점 정리

- **경영** : 조직의 목표를 달성할 수 있도록 물적 · 인적 자원의 사용을 계획, 조직화, 지휘, 조정 및 통제하는 일련의 과정
- **급식경영** : 급식조직의 목표를 달성할 수 있도록 물적 · 인적 자원의 사용을 계획, 조직화, 지휘, 조정 및 통제하는 일련의 과정
- **급식경영의 6M** : 사람, 원료, 자본, 방법, 기계, 시장
- **성공적인 경영의 기준** : 효과성, 효율성, 혁신성
- **급식경영 환경** : 급식기업이나 조직의 활동에 직 · 간접적으로 관련된 내 · 외부의 상황
- **경영관리 이론의 발전과정** : 고전적 관리 이론, 행동 이론, 시스템 이론, 상황 이론
- **고전적 관리 이론** : 테일러의 과학적 관리법, 페이욜의 관리 일반 이론, 베버의 관료 이론
- **과학적 관리법** : 테일러가 창시하였으며, 작업의 능률을 높이기 위해 과학적인 연구를 토대로 하여 작업과 작업장을 개선하고자 하는 관리기법
- **관리 일반 이론** : 페이욜이 주장한 이론으로서 경영자의 관점에서 본 조직 관리 이론으로, 모든 기업에 적용되는 보편적인 14가지 관리 원칙과 관리 기능(계획 · 조직 · 지휘 · 조정 · 통제)에 대한 이론
- **관료 이론** : 원칙, 질서, 합법적 권위에 기초한 이상적인 관료조직을 구성함으로써 생산성을 향상할 수 있다고 보는 이론
- **행동 이론** : 인적인 측면을 강조하는 경영 이론으로서 인간관계론적 접근과 행동과학적 접근의 두 가지로 분류
- **인간관계론** : 생산의 능률에 있어서 물적 요소보다는 인적 요소가 더 중요하다고 생각하는 이론으로 호손 실험을 통해 인간관계론의 중요성 대두
- **호손 실험** : 조명 실험, 계전기 조립 실험, 면접 프로그램 및 배전기 권선 관찰 실험으로 진행되었으며, 작업의 능률에 있어 심리적인 요소가 더 중요하며 비공식조직이 조직 구성원의 행동에 영향을 미친다는 사실을 밝혀 낸 실험
- **행동과학** : 조직 내 인간의 행동을 연구하기 위해 종합 과학적으로 접근하고자 하는 학문 분야
- **시스템 이론** : 조직체는 폐쇄된 형태가 아닌 개방된 체계를 가지며 전체와 각 부문이 유기적으로 관련된 하나의 시스템으로 보는 이론으로 조직 전체적 관점에서 개방적인 관리 사고와 의사결정에 기여함
- **상황 이론** : 조직체의 관리나 문제해결 과정에 있어서 보편적으로 적용되는 원칙이란 없으며 상황과 환경 조건에 따라 적합한 목표와 전략을 세워야 한다고 보는 이론으로 다양한 관리 이론의 성과를 통합화한 이론

MEMO

chapter

2 급식산업과 급식시스템

급식산업은 1980년대부터 본격화되면서 그간 빠르게 성장해왔다. 이제는 연간 150조 원 대의 거대한 시장으로 성장하였고 단체급식 시장 역시 20조 원을 넘어섰다. 급식산업의 비약적인 성장과 함께 전문적인 경영의 필요성은 더욱 커지고 있다.

본 장에서는 먼저 급식산업의 개념, 체계적인 분류, 산업의 현황을 소개하고자 한다. 급식관련 분야에서 종사하는 사람들은 급식산업을 둘러싸고 있는 내부적, 외부적 환경변화에 대해 보다 민첩하게 대응해야 할 것이다. 또한 다양하고 복잡한 활동들로 구성된 급식조직에 대한 이해를 돕고자 시스템적 개념을 소개하고자 한다. 시스템 개념은 복잡다양한 각 부문의 활동들의 유기적인 관계를 이해할 수 있게 해주는 렌즈와도 같은 역할을 제공할 것이다.

학습 목적

급식산업의 개념 및 분류를 기초로 하여 급식산업의 현황과 전망을 파악하고, 급식시스템 모형을 이해함으로써 급식경영의 시스템적 사고체계를 확립한다.

학습 목표

1. 급식산업을 유형에 따라 분류한다.
2. 급식산업 각 부문의 현황을 설명한다.
3. 국내 위탁급식업계의 동향을 파악한다.
4. 시스템의 개념, 시스템적 접근의 중요성을 설명한다.
5. 기본시스템 모형과 확장시스템 모형의 구성요소를 열거한다.
6. 급식시스템 모형의 세부요소를 설명한다.
7. 개방시스템(open system)의 특징을 열거한다.

1
급식산업의 개요

급식산업의 개념

급식산업(foodservice industry)은 현대 산업사회의 핵가족화, 여성의 사회 진출 증대, 편의지향적 생활 추구 경향으로 인해 생겨난 신(新)서비스 산업이다. 급식산업은 크게는 **환대산업**(hospitality industry)에 속하는데, 환대산업이란 고객을 맞이하여 봉사함으로써 가치를 창출하는 서비스 산업으로 관광(tourism), 숙박(lodging), 레저(leisure) 산업과 푸드서비스(foodservice)가 여기에 속한다.

과거에 상업성 외식과 단체급식으로 양분되던 급식산업은 새로운 식생활 수요에 부응하는 음식상품의 등장으로 더욱 복잡한 양상을 띠고 있다. 외식과 내식의 구분을 모호하게 하는 테이크아웃(take-out)과 배달음식(home delivery)의 성행, 식품제조업과 외식업의 경계에 있는 **가정식사 대용식**(HMR)의 확대, 식재료와 음식의 경계에 있는 신선편의식품의 등장 등으로 산업의 범위가 확장되고 있다. 따라서 푸드서비스 산업은 외식, 급식, HMR 등과 함께 모든 음식상품서비스를 포괄하는 산업으로 보아야 한다.

급식산업의 시장규모는 소득 및 교육 수준 향상, 소비계층의 세대교체, 주 5일

그림 2-1 급식산업의 분류

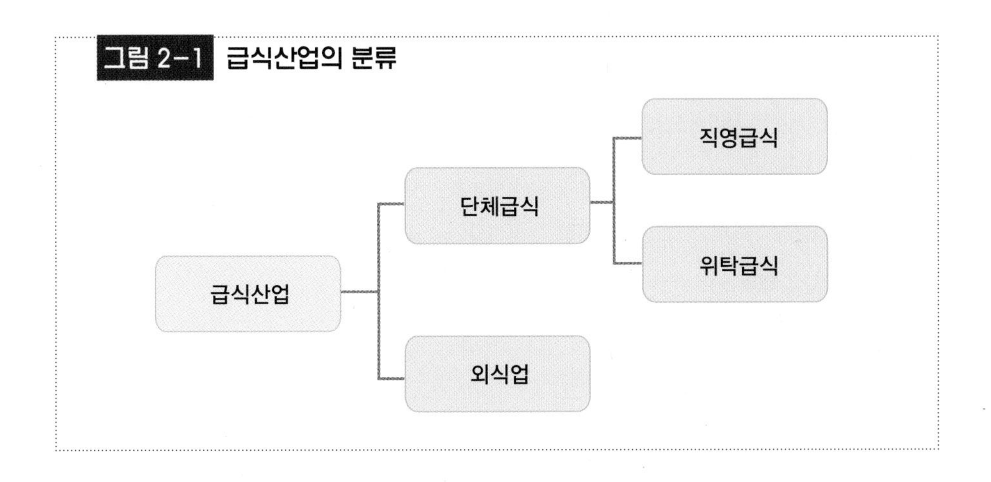

근무제 확산 등으로 인한 라이프스타일 및 사회환경 변화에 따라 꾸준히 성장해왔다. 최근 1인 가구 수의 증가와 간편식 소비증가 추세는 급식산업을 비롯한 식품산업, 식자재 유통 등 관련 산업들의 지속적인 성장을 예고하고 있다.

급식산업은 크게 단체급식과 외식업으로 분류하며 단체급식은 운영주체에 따라 직영급식과 위탁급식으로 나뉜다(그림 2-1, 표 2-1). 초·중·고등학교의 학교급식은 대부분 직영으로 운영되고 있으며 위탁급식은 오피스, 공공기관을 비롯한 산업체 급식의 대부분을 차지하고 있다. 1990년대 초반 18조 원이던 급식산업의 시장

표 2-1 급식산업(Foodservice industry)의 분류

■ 단체급식(Institutional/on-site foodservice)	
교육기관 급식	유치원, 초등하교, 중·고등하교, 대학교, 기숙사
산업체급식	사무실, 공장 및 부설 기숙사, 관공서, 연수원, 금융기관
의료기관 급식	병원·종합병원, 요양병원, 조산원, 산후조리원
사회복지시설 급식	종합사회복지관, 노인복지시설, 아동복지시설, 장애인복지시설, 정신보건시설, 부랑인·노숙인시설
어린이집 급식	국공립어린이집, 사회복지법인어린이집, 법인·단체 등 어린이집, 직장어린이집, 가정어린이집, 협동어린이집, 민간어린이집
선수촌 및 운동선수 급식	
군대 급식	
교정 시설 급식	교도소
■ 외식업(Commercial foodservice)	
음식점업(풀서비스 외식업)	한식 음식점(일반 음식점, 전문점), 외국식 음식점(중식, 일식, 서양식, 기타 외국식)
간이 음식점업(제한된 서비스 외식업)	제과점, 피자, 햄버거, 샌드위치점, 치킨 전문점, 김밥 및 기타 간이 음식점업
출장 및 이동 음식점업	출장음식 서비스, 이동 음식점
기관 구내식당업	기관 구내식당
호텔 및 숙박시설 식당	
스포츠 시설 및 휴양지 식당	
교통기관 식당	항공기 기내식, 열차식당
자동판매기	

규모(음식점업 매출액 통계자료 기준)는 2005년 46.3조 원, 2015년 108조 원, 2019년 144조 원으로 성장하였다. 위탁급식의 시장규모를 가늠할 수 있는 기관 구내식당업의 총매출액은 2019년 기준 10조5천억 원이었다(농림축산식품부 · 한국농수산식품유통공사, 2021).

단체급식(institutional/on-site foodservice)은 교육기관, 산업체의 사무실과 공장, 의료기관, 정부기관 또는 기타의 공공단체에서 운영하는 급식형태이다. 영리 목적보다는 학교나 기관, 단체에 소속된 구성원 및 근로자들의 복리후생을 위해 식사를 제공하며 고객의 영양 증대 및 건강 향상을 목적으로 한다. 식품위생법 제2조 11항에는 집단급식소를 '영리를 목적으로 하지 아니하면서 특정 다수인에게 계속하여 음식물을 공급하는 기숙사, 학교, 유치원, 어린이집, 병원, 사회복지시설 등의 급식시설'로 정의하고 있다.

위탁급식(contract-managed foodservice)은 급식 전체 또는 일부 업무를 계약에 의해 업체에 위탁하여 운영하는 형태이다. 위탁급식에서 급식대상은 단체급식과 같으나 영리를 목적으로 한다는 점에서 외식업과 유사한 특징을 지닌다. 국내 위탁급식은 1980년대 후반 등장한 이래 산업체급식을 중심으로 빠르게 성장하여 1990년대에는 중 · 고등학교나 대학교의 교육기관, 2000년대 이후는 병원, 실버타운 등으로 확산되었고, 2003년 4월 개정된 식품위생법 시행령에 식품접객업 중 위탁급식업종이 신설되면서 법적 · 제도적 장치가 마련되었다. 위탁급식 분야는 2006년 학교급식법 개정에 따른 학교급식 직영전환, 2012년 대기업 계열 위탁급식업체 공공기관 입찰 제한조치 등과 같은 제도적 변화로 인해 위탁급식 시장의 판도가 변화되면서 경쟁이 더욱 심화되고 있다.

외식업(commercial foodservice)은 일반 대중을 대상으로 영리 목적으로 운영되는 상업성 푸드서비스로 패스트푸드, 패밀리레스토랑, 대중음식점이 대표적인 형태다. 넓은 의미로 본다면 단체급식에서의 식사도 가정 내(內)가 아닌 가정 밖에서 이루어지는 외식(外食)의 일종으로 볼 수 있지만 일반적으로 외식업이라고 하면 단체급식을 제외한 영리 목적의 외식업을 의미한다.

미국레스토랑협회(National Restaurant Association ; NRA)의 분류에서는 commercial restaurant service와 noncommercial restaurant service 및 military restaurant service의 세 가지 유형으로 구분하고 있다(표 2-2). NRA에 의하면 2020년 미국 내 레스토랑 산업의 매출액은 6,590억 달러로 코로나19의 여파로 인해 예

표 2-2 미국 푸드서비스 산업의 분류

GROUP I. COMMERCIAL RESTAURANT SERVICES (상업성 레스토랑)
Eating places (일반음식점)
Fullservice restaurants (풀서비스 레스토랑)
Limited-service (quickservice) restaurants (제한된 서비스(퀵서비스) 레스토랑)
Cafeterias, grill-buffets and buffets (카페테리아, 뷔페)
Social caterers (출장음식)
Snack and nonalcoholic beverage bars (간식판매점)
Bars and taverns (바, 선술집)
Managed services (위탁급식)
Manufacturing and industrial plants (제조업체 및 산업체)
Commercial and office buildings (상업성 오피스 빌딩)
Hospitals and nursing homes (병원, 요양원)
Colleges and universities (대학)
Primary and secondary schools (학교)
In-transit restaurant services (airlines) (기내식)
Recreation and sports centers (오락 및 스포츠센터)
Lodging places (숙박시설 음식점)
Hotel restaurants (호텔 레스토랑)
Other accommodation restaurants (기타 숙박업소 레스토랑)
Retail-host restaurants (소매점(수퍼마켓, 편의점) 내 음식판매)
Recreation and sports (일반오락 및 스포츠시설)
Mobile caterers (이동식 식당)
Vending and nonstore retailers (자판기, 포장마차)
GROUP II. NONCOMMERCIAL RESTAURANT SERVICES (비상업성 레스토랑)
Employee restaurant services (산업체 급식)
Public and parochial elementary, secondary schools (공립 및 사립 학교 급식)
Colleges and universities (대학 급식)
Transportation (교통기관 급식)
Hospitals (병원 급식)
Nursing homes, homes for the aged, blind, orphansand the mentally and physically disabled (요양원)
Clubs, sporting and recreational camps (클럽, 스포츠 및 오락 캠프)
Community centers (지역사회 센터)
GROUP III. MILITARY RESTAURANT SERVICES (군대 레스토랑)
Officers' and NCO clubs (Open mess) (장교클럽)
Military exchanges (군대식당)

자료 : National Restaurant Association(2006)(www.restaurant.org)

측치로부터 무려 2,400억 달러나 낮아진 것으로 보고하였다. 코로나19 이전 레스토랑 산업의 예상 총매출 규모는 8,630억 달러(2019년 기준)로 매년 4% 수준의 성

가정간편식 시장의 급성장 추세

1인 가구 비율, 맞벌이 가구 증가에 따른 식사 행태 및 트렌드 변화로 가정간편식(HMR) 시장이 빠르게 성장하고 있다. 코로나19 발생 이후 언택트(비대면) 문화 확산, 사회적 거리두기 조치 등에 따라 외식소비는 크게 줄어든 반면 배달 · 테이크아웃과 가정간편식 수요가 크게 증가한 것으로 나타났다.

가정간편식(Home Meal Replacement: HMR)은 '완전조리 혹은 반조리 형태의 음식으로 구매 후 바로 먹거나 혹은 간단히 조리하여 먹을 수 있도록 판매되는 음식'을 뜻한다. 식품공전 기준에 의하면 가정간편식은 즉석섭취 · 편의식품류 범주에 해당되며 즉석섭취식품, 즉석조리식품, 신선편의식품, 간편조리세트(밀키트)로 분류되고 있다.

HMR 제품은 조리 정도에 따라 RTE(Ready to Eat: 별도의 조리 없이 구입 후 섭취), RTH(Ready to Heat: 단순 가열을 통해 섭취), RTC(Ready to Cook: RTH에 비해 장시간 가열이나 간단한 조리 요구), RTP(Ready to Prepare: 최소 손질된 제품을 일련의 조리과정 후 섭취) 등으로 나눈다. 즉석섭취식품과 신선편의식품은 구입 후 바로 섭취가능한 음식(RTE)으로 도시락, 반찬류, 세척절단 과일 등을 예로 들 수 있다. 즉석조리식품은 즉석밥, 레토르트 식품처럼 가열 후 먹을 수 있는 음식(RTH)이다. 간단한 조리 후에 먹을 수 있는 찌개, 볶음, 탕류는 RTC에 해당된다. 간편조리세트(밀키트)는 소분 세척한 신선 재료와 소스, 양념류를 모두 포함하여 패키지로 포장된 형태로 구입 후 간편하게 조리할 수 있게 손질된 RTP 제품이다.

일본에서는 음식의 소비유형을 외식, 내식, 중식으로 구분하는데, 중식이란 내식과 외식의 중간 형태라는 의미로 HMR은 중식에 해당된다. 미국, 유럽, 일본 등에서는 사회 트렌드 변화에 따라 HMR 제품이나 간편조리식(Ready Meal) 시장이 2000년대 초반부터 상당한 규모로 성장하였다.

국내에서도 HMR 시장은 1인 가구의 증가, 고령화 추세, 여성 사회활동의 증가와 같은 환경변화에 따라 식사준비 시간과 노력을 절감하려는 소비자 요구에 맞춰 빠르게 성장해왔다. 1인분만 따로 조리하거나 원재료로 구입하여 직접 조리하는 것보다는 조리된 완제품을 구입하는 것이 식사 준비에 드는 수고를 절약할 수 있기 때문이다. 한편 경제성장률 저하는 HMR 시장 확대의 또 다른 요인으로 작용하고 있다. HMR은 외식에 비해 상대적으로 가격경쟁력을 보유하고 있는데, 우리보다 앞서 경제성장률 저하를 겪었던 일본이나 유럽 등에서 나타났던 HMR 소비 증가 현상에 비추어볼 때 이는 이미 예견된 현상이다.

가정간편식의 국내 시장규모는 2015년 1조 6,823억 원에서 2018년 3조 2천억 원 수준으로 증가(90.5%)하였고, 수출액도 크게 증가하였다. 가정간편식 시장은 2022년까지 약 5조 원 수준으로 성장할 것으로 전망되고 있다.

자료 : 한국농촌경제연구원(2020). 가정간편식(HMR) 산업의 국내산 원료 사용실태와 개선방안.

장을 예고했던 것과 매우 큰 격차가 발생하였다(National Restaurant Association, 2021).

과거 급식산업은 영리추구의 여부에 따라 단체급식과 외식의 구분이 뚜렷하였다. 그러나 단체급식도 외식업 못지않게 고객 요구에 맞춘 질 좋은 음식 및 서비스를 제공하는 곳이 늘어나고 있다. 식사의 품질, 메뉴 선택, 시설 등 다양한 측면에서 상업성 외식의 개념을 접목하여 고객중심의 급식 서비스로 인식이 전환되고 있다. 1980년대만 해도 메뉴나 운영면에서 단체급식과 외식업은 매우 큰 차이를 보였지만 1990년대부터 본격적으로 확산된 위탁급식은 단체급식과 외식업의 간격을 줄이는 데 결정적인 역할을 하였다. 1인 가구, 맞벌이 증가 등 가구특성 변화에 따라 식사행태와 문화가 빠르게 변화하고 있다. 코로나19 팬데믹은 간편식이나 밀키트 시장 성장에 기폭제 역할을 하였다. **가정간편식(Home Meal Replacement; HMR)**, **레스토랑 간편식(Restaurant Meal Replacement; RMR)**, 포장 · 배달 음식, 신선편이(fresh cut) 농산물 등 새로운 형태의 식품외식시장 형성 및 상호 관련성이 더욱 커지고 있다.

급식산업의 현황

국내 식품의약품통계연보에 의하면 전국의 식품접객업소 수는 2019년 말 892,825개소, 단체급식소 수는 47,002개소, 위탁급식업소 수는 10,816개소에 이르고 있다(표 2-3). 단체급식 시설 수는 2000년 14,954개소였던 것에 비해 3배 이상 증가한 수치로 학교급식 전면 확대, 사회복지시설의 증가에 따른 결과라고 할 수 있다.

국내 단체급식은 학교급식 전면 확대 이후 직영급식으로의 전환, 위탁급식시장의 포화 및 경쟁력 심화, 의료기관의 영양서비스 질 관리 강화 등에 따라 양질의 음

표 2-3 연도별 식품접객업, 단체급식소, 위탁급식업 현황 (단위 : 개소)

구분	2011년	2012년	2013년	2014년	2015년	2016년	2017년	2018년	2019년
식품접객업	733,064	776,409	796,384	809,201	774,533	832,960	851,893	867,864	892,825
단체급식소	38,198	41,090	43,557	44,948	43,675	45,577	46,246	46,740	47,002
위탁급식업소	8,402	9,035	9,428	9,654	9,434	10,303	10,576	10,646	10,816

자료: 식품의약품안전처(2021), 2021년도 식품의약품통계연보

식과 서비스 제공을 통한 고객 만족도 증대가 지속적인 과제로 제기되고 있다.

외식업계 또한 소비자의 만족도 증대 및 브랜드 이미지 구축을 위해 다양한 브랜드의 전개, 전문화, 차별화된 메뉴 개발, 영양정보 공개, 환경 캠페인, 다양한 마케팅 전략 도입, 위생관리 수준 강화 등을 통해 질적 향상을 지속하고 있다.

국내 단체급식 시장규모는 2020년 기준 22조5천억으로 추산되고 있으며, 이 중 위탁급식 시장규모(기관구내식당업 매출액 통계자료 기준)는 10조5천억에 이르는 것으로 집계되고 있다(농림축산식품부 · 한국농수산식품유통공사, 2021)(그림 2-2). 국내 급식 위탁시장이 성숙기에 진입함에 따라 위탁급식업체들은 식자재 유통, 외식, 출장외식(catering) 사업 등으로 사업다각화를 진행하는 한편, 식당 설비 및 인테리어 사업, 컨세션(concession) 사업, 식품제조업 분야까지 사업영역을 확대하고 있다. 국내 주요 위탁급식 회사들의 매출액 및 사업장 현황은 표 2-4와 같다.

그림 2-2 위탁급식시장의 성장 추세

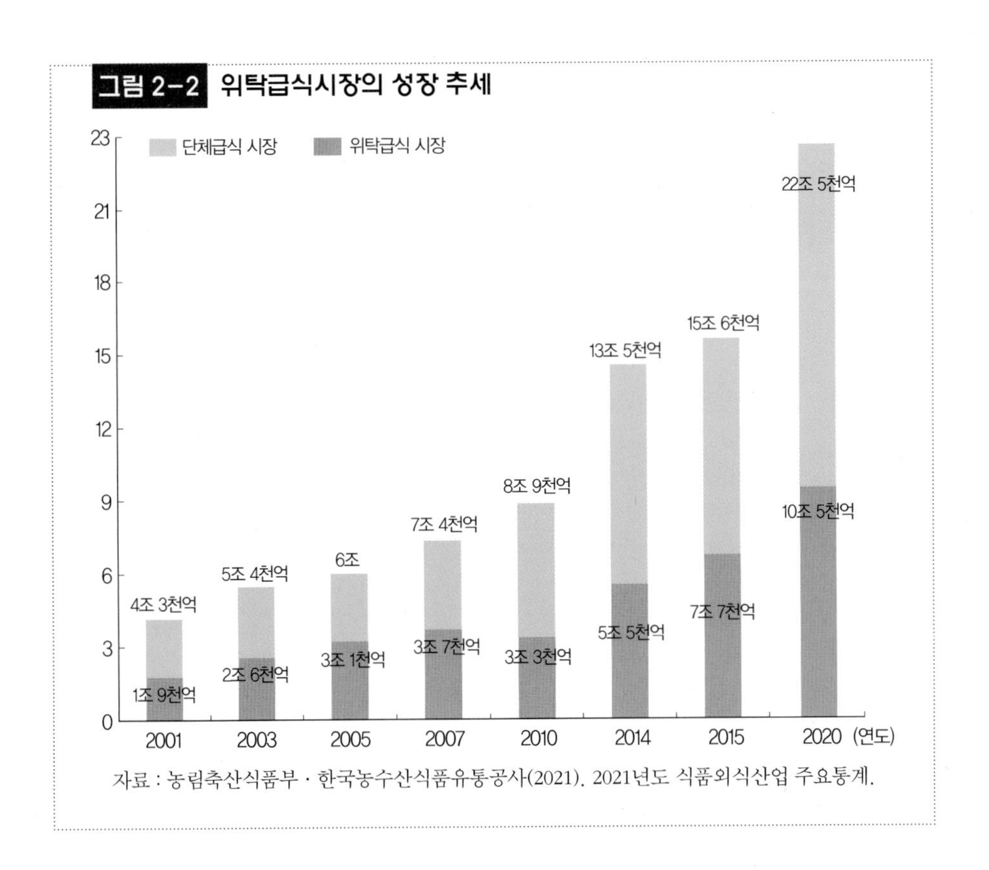

자료 : 농림축산식품부 · 한국농수산식품유통공사(2021). 2021년도 식품외식산업 주요통계.

표 2-4 국내 주요 위탁급식회사 현황

기업명	업장 수(개) (급식 업장)*	2019년 급식 부문 매출액(억 원)*	2020년 매출액*		
			매출액 (억 원)	부문별 매출액(억 원)	
				푸드서비스	식품, 식재 유통
삼성웰스토리	814(736)	12,197	19,701	11,984	7,717
아워홈	900(850)	7,658	15,037	8,135	8,117
현대그린푸드	637(570)	6,287	15,125	6,285	7,668
씨제이프레시웨이	635(550)	4,678	19,263	4,369	19,836
신세계푸드	747(338)	3,009	12,262	5,293	6,959
풀무원푸드앤컬처	450(380)	2,179	4,441	4,441	–
푸디스트**	320(320)	2,095	8,700	2,200	6,500
동원홈푸드	390(370)	1,217	13,425	1,194	12,266

* 위탁급식회사에서 운영 중인 급식 및 외식업장 수는 2021년 6월 기준이며, 괄호 안은 전체 업장 수 중 급식업장 수. 2019년 급식부문 매출액은 관련 보도자료 인용. 2020년 매출액은 식품산업통계정보의 식품기업 정보 공시자료 및 금융감독원 전자공시시스템에 공시된 개별 기업의 2020년 감사보고서 자료를 인용하였음. 각 사마다 사업영역군의 정의가 다를 수 있으나 크게 급식과 외식사업 매출액을 합계한 푸드서비스 부문과 식품, 식재 유통사업 부문으로 나누어 집계

** 푸디스트는 2020년 2월 한화호텔앤드리조트(주)의 위탁급식 및 식재재 유통 사업부분을 물적분할하여 설립

자료: 식품산업통계연보 www.aTFIS.or.kr, 금융감독원 감사보고서 dart.fss.or.kr

표 2-5 위탁급식시장의 동향 변화

구분	2000년대 이전	2000~2005년	2006~2010년	2010년 이후
단계	• 단체급식 시장 성장기	• 단체급식 시장 성숙기 진입	• 단체급식 시장 성숙기	• 단체급식 시장 성장 정체기 • 사업다각화를 통한 신규 식품 시장 진입기
시장 변화	• 공장, 오피스, 대학교 등을 주력으로 하여 위탁급식시장 성장의 토대 마련 • 대기업계열사 및 중소업체 간의 경쟁 치열 • 급식사업 중심의 경영 주류 • 외형 중심	• 기존 주력 시장의 한계로 신규 세분 시장으로 확대(병원, 노인급식) • 급식사업 외에 외식업, 식자재 유통 사업 확대 • 외국기업의 국내 시장 진출 확대 • 고부가가치 전문 기술시장	• 시장구조의 재편성(학교시장 감소 및 병원과 노인 급식시장 확대) • 국내 급식시장의 포화로 과도한 경쟁 • 국외 선진 식자재 기업과의 협력 • 국내 위탁급식기업의 외국 진출 • 사업영역의 다각화 : 특히 외식업, 출장외식업(catering) 및 식재사업과 식품제조사업의 확대	• 기존 급식시장 포화로 인한 신사업군 개발 주력 • 2012년 3월 자산 5조 원 이상 상호출자제한집단 소속 대기업의 공공기관 입찰 제한조치로 중견기업의 급식수주 확대, 급식시장 내 대기업 시장 점유율 감소 • 대기업 계열사 간 사업부문 통합 및 사업구조 재편

(계속)

구분	2000년대 이전	2000~2005년	2006~2010년	2010년 이후
시장 변화		• 업체간 인수합병 등으로 시장재편 활발	• 프리미엄 급식의 확대 및 푸드코트형 매장의 증가 : 외식 콘셉트를 도입한 급식 업장의 변모 • 국외 시장으로의 급식 확대	• B2B 영업 확대, B2B 전문사업부 신설 또는 B2B 브랜드 개발 • 급식기업의 B2C 식재 및 식품 시장 진출 시작 • 급식 매장 내 카페, 편의점 등의 고객 편의시설 구비 • 기존 외식기업의 급식사업으로 확대
동향	• 대량화, 획일화, 일반화 • 브랜드 유인력 미약 • 위생, 안전, 가격 중시	• 고급화, 다양성, 전문화 강화 • 브랜드 유인력 높음 • 건강관리, 환경, 식사의 질 중요시	• 2006년 학교급식 위생사고로 인한 위생 강화 • 다각화, 전문화, 신규시장의 확보 및 확대 • 브랜드 정체성 차별화 • 국민건강 증진, 토털 서비스의 확대	• 프리미엄 급식의 확대, 푸드코트형, 복합멀티형 급식장 등장 • 급식기업의 해외 진출 확대 및 글로벌 경영 확산 • 점포운영효율화 및 경영혁신활동 전개 • 식재가공센터, 물류센터의 지속적확충을통한유통거점망구축 • HACCP, 식품안전센터 등 전문역량 강화로 식품안전관리 선진화 • 친환경농산물, 로컬푸드 사용 증가 추세 • 건강식단(저나트륨 등) 및 환경캠페인 전개
세본 시장별 추세	• 저부가가치 시장 위주로 급식수주 경쟁가속화	• 산업체, 연수원 : 재계약시장을 중심으로 경쟁 • 대학교 : 대기업 간의 경쟁 • 병원 : 아웃소싱을 가장 먼저 단행한 병원의 성공적 평판으로 타 병원으로의 확산 • 노인급식 : 인구 고령화 추세로 신종 산업으로 부각	• 대학교 : 다양한 서비스 형태의 접목(카페테리아 형태의 발전으로 Food-court, Marche 등의 서비스 시도) • 산업체 : 노동부 및 한국산업안전공단 등 근로자 건강 증진을 위한 다양한 정책 추진으로 다양한 서비스의 확대가 요구 • 병원 : 병원급식의 식대급여화로 위탁급식은 지원금이 없어 급식서비스 품질 유지가 어려움 • 학교 : 학교급식 직영전환으로인해 학교급식시장의감소 • 노인급식 : 신규산업으로의 진입	• 산업체 : 건강식단 및 프리미엄 서비스 확산, 영양상담서비스 제공, 영양사 의무고용제 부활 등 • 병원 : 임상영양사제도 도입에 따라 병원급식부서 내 급식서비스와 임상서비스 업무 전문화 경향, 외국인 환자식단, 환자질환별 병원 급식메뉴 개발, 건강식단 콘텐츠 개발 등 • 학교 : 학교급식법 개정에 따른 중고등학교 직영전환 완료, 친환경 농산물 사용 확대, 무상급식 확대 등

2
급식경영시스템

시스템의 정의

시스템(system)이란 '공동의 목표를 달성하기 위해 상호 관련된 하부시스템(subsystem)의 집합'으로 정의된다. 시스템은 생물학은 물론이고 사회과학, 자연과학, 공학 등의 다양한 학문 분야에서 매우 광범위하게 적용되는 개념이다. 예를 들어, 우리가 일상생활에서 사용하고 있는 컴퓨터도 각 부문의 기능이 상호 관련되어 작용하는 일종의 시스템으로 이 중 어느 한 부분이라도 고장이 발생한다면 시스템 에러를 일으켜 작동을 멈추게 된다.

우리가 살고 있는 사회, 기업, 정부조직, 단체, 학교 등도 모두 시스템적 구조를 이루고 있다. 급식조직체 역시 급식소 내 하부시스템이나 세부 기능들이 급식의 목적을 달성하기 위해 상호작용하는 **급식시스템**이다. 급식관리자들은 급식조직체를 하나의 시스템으로 인식하고 각 부문간의 연관성이나 상호작용을 시스템적 시각으로 이해하고 접근해야 한다.

급식경영에 있어서 시스템의 개념을 적용하는 것은 급식경영관리자들의 의사결정이나 문제해결 과정에 많은 도움이 된다. 시스템적 개념에서는 조직을 부분이나 일회적 과정이 아닌 총체로서 접근해 가며 내적 또는 외적인 환경요소가 조직체나 관리 과정에 미치는 영향을 고려하기 때문이다.

급식시스템 모형

경영학의 발전과정에서 볼 때 시스템 개념의 중요성이 인정되기 시작한 것은 1950년대 말에서 1960년대 초부터이다. 급식경영학에서 시스템에 대해 연구하기 시작한 것은 1960년대 중반이며, 이 중 가장 널리 알려진 것은 스피어스(Spears)의 급식시스템 모형(foodservice system model)으로 급식조직을 시스템적으로 접근

그림 2-3 급식시스템 모형의 구성요소

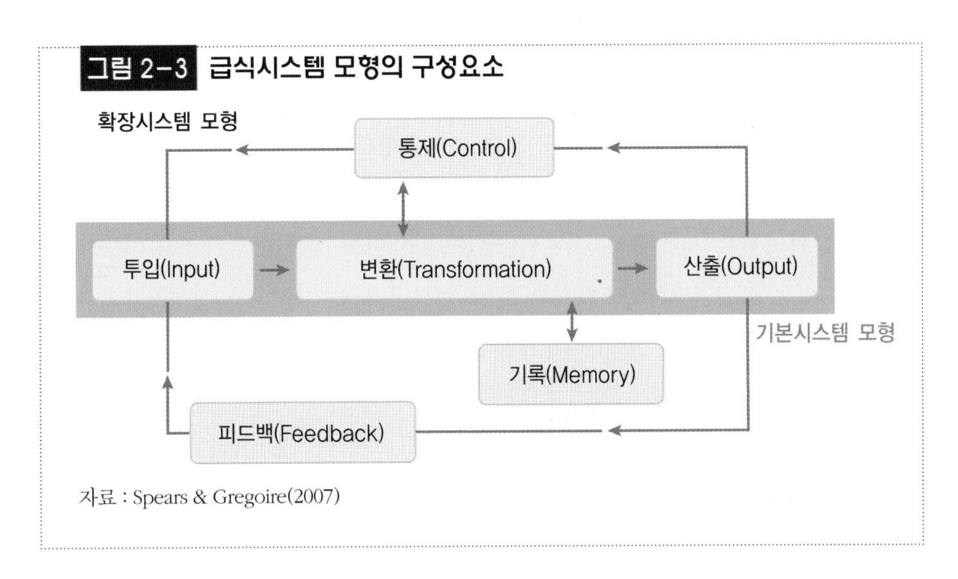

자료 : Spears & Gregoire(2007)

하여 이해하는 데 매우 중요한 개념이다(Spears & Gregoire, 2007).

급식시스템 모형은 기본 시스템 모형을 구성하는 세 가지 요소에 확장 시스템 모형을 구성하는 3가지 추가 요소로 구성되어 있다(그림 2-3).

기본 시스템 모형(basic systems model)은 투입(input), 변환(transformation), 산출(output)의 세 가지 요소로 구성되어 있다. 급식소를 포함한 모든 시스템의 활동은 외부 환경으로부터 다양한 자원들이 투입되고 내부의 변환을 거쳐 산출물을 만들어내는 투입-변환-산출의 메커니즘으로 나타낼 수 있다.

투입(input)이란 시스템의 운영을 위해 기본적으로 필요한 인적·물적자원들이다. **변환(transformation)**이란 투입을 산출로 만드는 모든 과정 및 활동을 의미하며, **산출(output)**이란 투입을 전환하여 만든 결과물로서 이를 통해 시스템의 기능이 달성된다.

확장 시스템 모형(expanded systems model)에는 기본 시스템 모형에 통제(control), 기록(memory), 피드백(feedback)의 세 가지 요소가 추가된다. **통제(control)**란 시스템의 길잡이 역할을 하는 내적·외적 통제 요소를 의미하며, **기록(memory)**이란 시스템 운영에 필요한 정보를 유지하는 것이고, **피드백(feedback)**이란 산출물에 의한 내적·외적 환경의 변화를 시스템이 계속 수용하는 과정을 의미한다.

급식시스템의 구성요소

그림 2-4는 스피어스(Spears)의 급식시스템 모형을 보다 상세히 나타낸 것이다. 투입, 변환, 산출, 통제, 기록, 피드백의 여섯 가지 요소로 구성된 급식시스템 모형에서 굵은 화살표는 시스템 내 원재료, 정보 등 자원의 이동을 나타낸다. 시스템을 둘러싸고 있는 화살표 사이의 간격은 개방 시스템이 외부 환경과 상호작용하며 환경의 영향을 받고 있음을 의미하며 양방향 화살표는 내적 · 외적 환경과의 상호작용을 나타낸다.

(1) 투 입

급식시스템의 투입 요소는 시스템의 목적을 달성하기 위해 필요한 모든 **인적, 원료, 시설** 및 **운영자원**들을 일컫는다(표 2-6). 조직의 목적과 계획에 따라 시스템의 투입요소는 달라지게 된다. 예를 들어, 일반적인 급식형태가 아닌 고급 레스토랑 수준의 프리미엄 급식소를 열기로 하였다면 이에 맞는 능력을 갖춘 조리사를 고용하고 필요한 식자재와 물품을 계획해야 하며 시설과 인테리어도 여기에 맞추어야 할 것이다.

(2) 변 환

변환에는 투입을 산출로 만드는 모든 활동이 관련되어 있다. 예를 들어, 식품의 구

표 2-6 급식시스템의 투입 요소

종류	내용
인적(human) 자원	• 노동력(labor) : 조리 인력, 관리 인력 • 기술(skill) : 조리 작업기술, 관리 기술, 특허
원료(materials) 자원	• 식재료(food) : 급식 원재료, 가공식품 • 물품(supplies) : 소모품, 비품
시설(facilities) 자원	• 장소(space) : 급식소, 조리장, 저장 공간 • 기기(equipment) : 급식기기 및 시설
운영(operational) 자원	• 자본(money) : 자산, 자본 등 • 시간(time) : 작업 및 업무시간 • 설비(utilities) : 전기, 가스, 상하수도 등 • 정보(information) : 급식 운영에 필요한 자료, 정보, 지식

매와 생산활동을 비롯하여 자원을 효율적으로 관리하는 활동 등이 여기에 포함된다.

그림 2-4의 급식시스템 모형에서 나타난 바와 같이 변환에는 **기능적 하부시스템**(functional subsystem), **경영관리 기능**(managerial functions), 그리고 **연결 과정**(linking process)이 있다. 이 세 부문들은 상호 관련되어 시스템의 결과를 산출하는 데 시너지 효과를 발휘하게 된다.

① 기능적 하부시스템

이는 급식 세부 기능, 즉 **구매**(procurement), **급식 생산**(production), **분배와 배식**(distribution and service), **위생과 유지**(sanitation and maintenance) 등의 하부

그림 2-4 급식시스템 모형(foodservice system model)

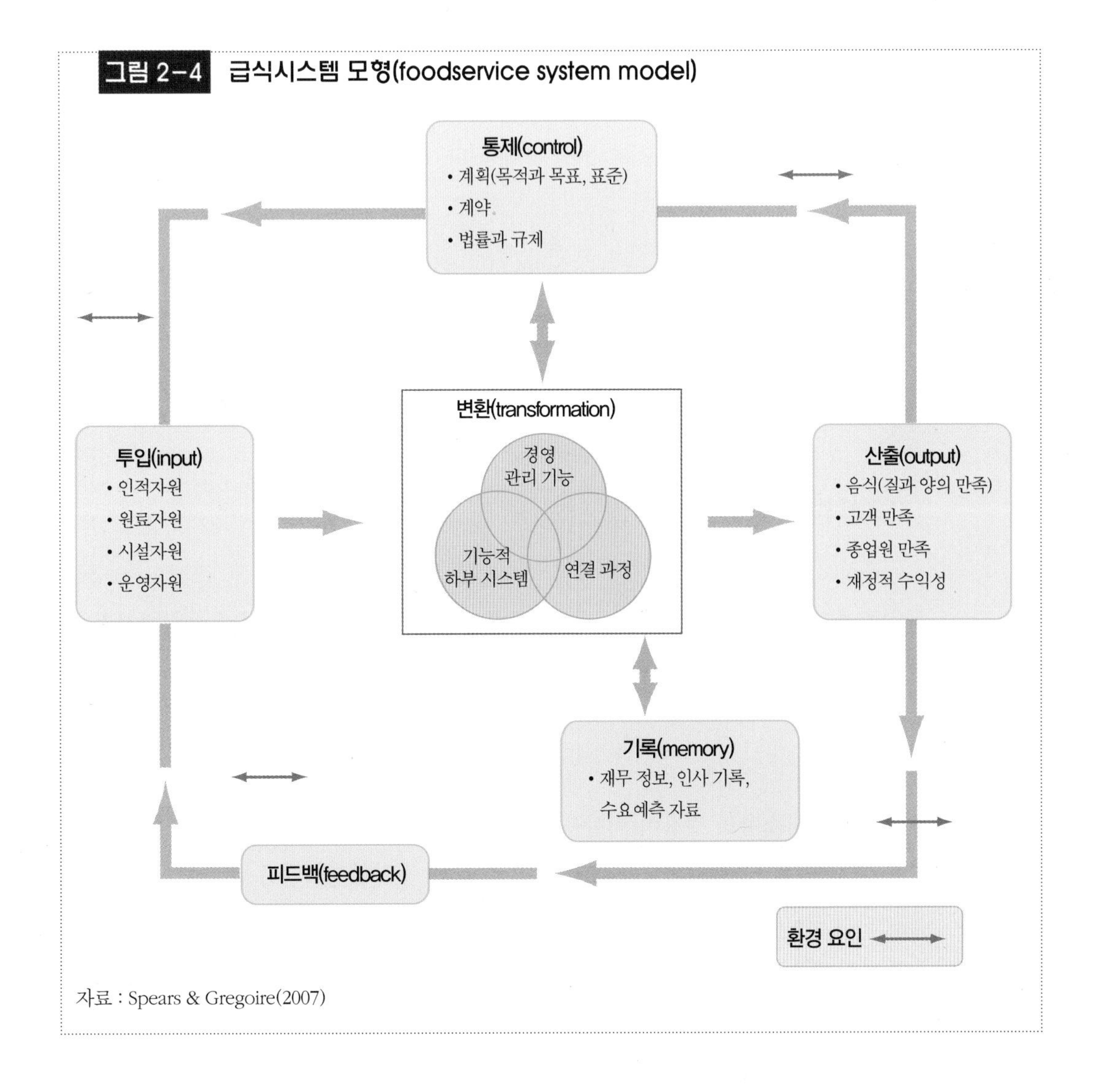

자료 : Spears & Gregoire(2007)

시스템을 의미한다.

전체 시스템을 구성하는 각 기능적 하부시스템의 특성이나 활동 내용은 급식체계나 유형에 따라 달라진다. 예를 들어, 최고급 레스토랑은 패스트푸드점과는 전혀 다른 매우 정교한 조리 생산 체계가 필요하다. 또한 병원에서 각 병동별로 환자들에게 음식을 분배하는 배식서비스는 적온 급식을 위한 기기와 배식 체계를 갖추어야 한다.

② 경영관리 기능

전체 시스템의 목표를 달성하려면 하부 시스템들에 대한 **계획수립**(planning), **조직화**(organizing), **지휘**(leading), **조정**(coordinating), **통제**(controlling)하는 관리활동이 필요하다. 예를 들어, 급식경영관리자가 위생품질 향상을 목표로 한다면 위생관리 프로그램을 계획하고 위생 훈련을 실시하고 이를 지시하며 위생 평가를 통해 통제하는 일련의 관리 활동을 하게 된다.

③ 연결 과정

연결 과정이란 시스템 내에서 일어나는 수많은 활동들을 효과적으로 통합하는 데 필수적인 기능이다. 다양한 상황에 맞게 적절한 **의사결정**(decision making)을 하거나 **의사소통**(communication)을 통해 조직 내의 정보를 전달하는 일, 그리고 시스템 내 다양한 활동들을 조정하는 **균형유지**(balance) 활동이 여기에 해당된다.

(3) 산출

급식시스템의 산출 요소에 해당되는 것으로는 **양적 · 질적**으로 고객의 요구를 충족시키는 **음식**, **고객 만족** 및 **종업원 만족**을 들 수 있으며, 경영면에서 **재정적 수익성**(accountability)도 산출의 한 요소가 된다.

(4) 통제

통제는 시스템의 길잡이 역할을 한다. **내부 통제 요소**는 조직의 목적, 목표와 같은 다양한 계획들이다. 예를 들어 TQM과 같은 품질경영기법은 급식소 내 모든 활동을 통제하는 강력한 도구로 사용된다. 또한 메뉴는 투입과 변환을 통제하는 대표적인 요소라고 할 수 있다.

외부 통제 요소로는 정부나 행정기관의 법규나 규제 등으로 단체급식소에 적용되는 식품위생법규나 HACCP제도, 학교급식에서의 영양기준량 등을 들 수 있다. 고용 계약이나 구매 계약, 그리고 급식위탁 계약 등도 또 다른 통제 요소의 예이다. 통제 요소는 시스템 내에서 다음과 같은 기능을 수행한다.

- 조직 목적 달성에 맞게 효과적이고도 효율적으로 조직의 재원을 활용할 수 있게 해 준다.
- 급식소가 법적인 제약이나 규제 내에서 기능을 할 수 있도록 보호해 준다.
- 운영 평가 시 기준이 된다.

(5) 기 록

기록 요소는 시스템 운영에 필요한 정보나 과거 기록을 계속적으로 저장하고 보관하는 것이다. 과거 자료에 대한 분석을 통해 관리자들은 과거의 실수를 되풀이하지 않도록 미래의 계획을 세울 수 있다. 컴퓨터 기술의 발달로 기록 능력도 혁신적으로 증가되었으며 자료 보관을 위해 종이문서를 쌓아 두는 대신 컴퓨터를 이용한 디지털 기록장치를 사용함으로써 대용량의 문서와 기록들을 보다 빠르게 찾고 활용할 수 있게 되었다.

(6) 피드백

피드백은 내적 · 외적 환경 정보를 시스템이 계속 수용하도록 하는 과정으로 시스템이 환경 변화에 적응하도록 도움을 준다. 예를 들어, 급식경영관리자들은 고객의 의견이나 잔반, 비용, 음식의 기호도 등으로부터 귀중한 피드백을 받는다. 효과적인 피드백 메카니즘이 없으면 시스템은 폐쇄적이게 되고 결국 도태될 수밖에 없게 된다.

시스템의 특징

시스템은 폐쇄시스템(closed system)과 개방시스템(open system)으로 구분된

칸(Khan)의 급식시스템 모형

스피어스 외에 다른 급식경영학자들이 제안한 급식시스템 모형 중 가장 대표적인 것은 칸(Mohmood A. Khan)의 모형이다. 그림에서 보는 바와 같이 칸이 제안한 급식시스템 모형에서는 '조직의 목적'과 '고객의 요구'가 출발점이 된다. 고객들에게 영양적이며 질 높은 음식을 제공하는 것이 급식조직의 목적이며, 이는 고객의 요구에 따라 설정된다. 이에 따라 식단이 계획되고 작성된 메뉴는 급식시스템 내 모든 활동의 중심이 되는 것이다. 실제로 급식의 운영은 '메뉴에서 시작해서 메뉴로 끝난다'고 할 수 있다. 메뉴는 시설 · 설비의 레이아웃과 기기의 선택, 음식생산, 서빙과 배식방법을 결정하게 된다. 또한 경영관리 기능은 급식시스템의 모든 요소에 영향을 미치고 있다. 칸은 경영관리 기능들을 계획수립(planning)에서 마케팅(marketing)에 이르는 10가지 관리기능으로 정의하였다.

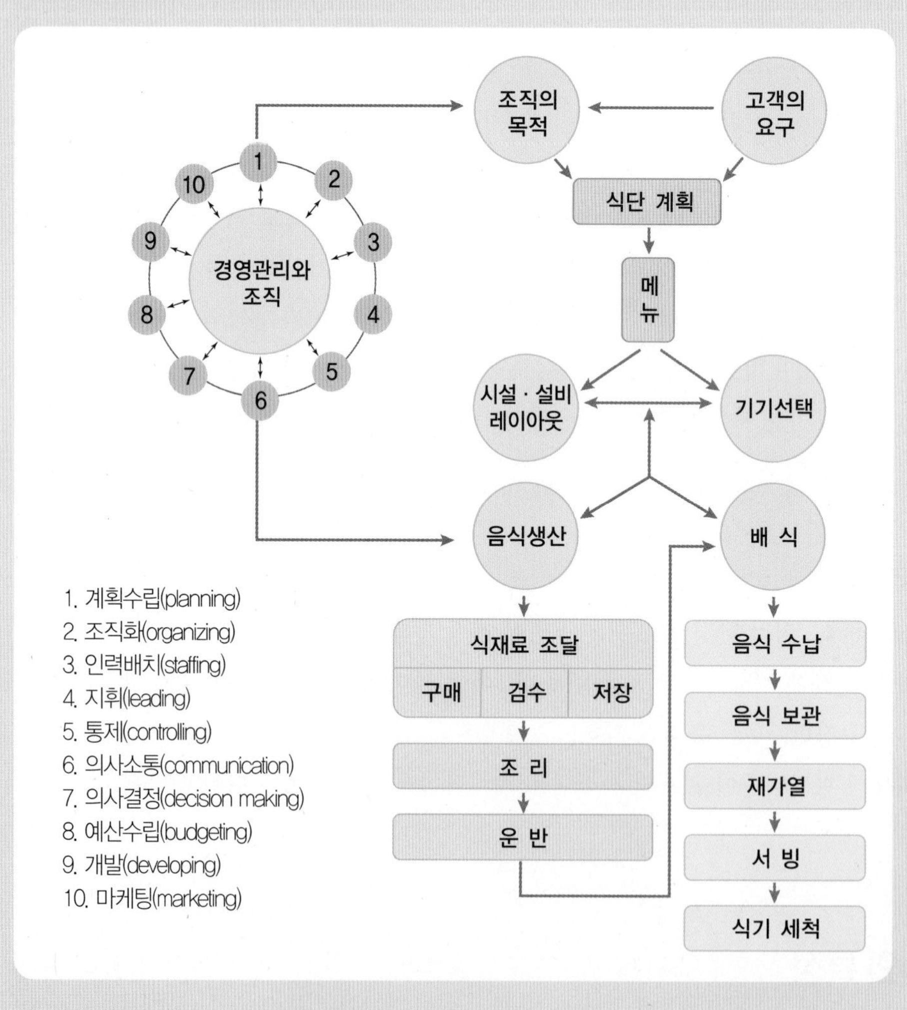

자료 : Khan(1991)

다. 예를 들어 기계장치는 주위 환경과 단절된 폐쇄 시스템이지만 생물체나 기업체, 조직 등은 끊임없이 주위 환경과 상호작용하는 개방시스템으로 다음과 같은 특징을 갖는다.

(1) 상호 의존성

상호 의존성(interdependency and interrelatedness of parts)은 시스템의 각 부문들 간의 상호작용과 관련성을 의미한다. 시스템의 각 부문은 다른 부서와의 연관을 통해 운영된다. 만약 구매팀과 생산팀, 판매팀과 마케팅팀 등 각 부서들 간에 서로 효과적인 정보 교환이나 상호 협력이 없다면 부서나 조직의 목적을 제대로 달성할 수 없을 것이다. 효과적인 상호작용은 시스템 각 부문의 통합을 통해 전체적인 상승효과(synergistic effect)를 거두는 데 기여하게 된다.

(2) 역동적인 안정성

시스템은 내적, 외적 환경에 끝없이 반응하고 적응하면서 계속 동적인 평형 상태, 즉 **역동적인 안정성**(dynamic equilibrium)을 유지해야 한다. 조직체가 지속되려면 시스템에 영향을 주는 사회적 · 정치적 · 경제적 제반 환경 변화에 대응할 수 있어야 한다.

급식조직이 생존하기 위해 새로운 환경에 적응하는 과정에서 변화는 필수적이며, 급식경영관리자는 지속적으로 식재료, 인력, 물품 등의 비용과 공급 상황을 평가하는 일뿐만 아니라 신기술을 개발해야 한다.

(3) 합목적성

합목적성(equifinality)이란 시스템 내 서로 다른 투입 요소나 변환 과정을 거치더라도 결국 산출되는 결과는 같거나 유사한 것을 의미한다. 최근 급식산업에서는 생산성 향상이나 인력 절감을 위해 기존의 전통적인 방식의 시스템에서 벗어나 하부 시스템을 변형시킨 급식체계들이 등장하고 있다. 급식소의 시스템이 전통적 조리방법(전통적 급식체계 : conventional foodservice system)이 아닌 쿡칠(cook-chill) 방법(조리저장식 급식체계 : ready-prepared foodservice system의 하나)이라고 하더라도 고객에게 질 좋은 음식을 제공한다는 급식의 목적은 크게 다르지 않은데, 이것이 시스템이 갖는 합목적성의 개념이다.

(4) 경계의 침투성

하나의 급식조직은 주변 조직과 경계를 이루어 서로 상호작용을 통해 영향을 주고받는다. 여기서 **경계**란 시스템의 접점 지역을 의미하며, **침투성**(permeability of boundaries)이란 시스템이 환경과 상호작용이 가능하다는 것을 의미한다. 예를 들어, 병원 영양과는 병원 내 타 부서나 외부 의료기관, 정부의 보건관련 부처, 지역사회 등과 영향을 주고받게 된다.

(5) 시스템 간의 공유영역

공유영역(interface of systems and subsystems)이란 두 개의 서로 다른 시스템 또는 서로 다른 하부 시스템 사이에 상호작용이 일어나고 있는 영역을 의미한다. 그 예로서 납품업체와의 거래, 유통단계라든지 행정기관, 지역사회단체 등과의 유대관계를 들 수 있다. 때로는 시스템 간 또는 하부 시스템 간 공유영역에서 갈등 현상이 빚어질 수도 있으므로 관리자들은 각별한 주의를 기울여야 한다.

(6) 위계질서

한 시스템은 하위 단계의 하부 시스템으로 구성되는 동시에 상부 시스템의 한 부분이 되는 **위계질서**(hierarchy of the system)를 갖는다. 예를 들어, 병원의 급식부서는 조리, 배식, 창고, 세척 등의 다양한 하위 부문들로 구성되어 있으면서 또한 전체 병원의 다른 시스템, 즉 진료지원부서나 진료부서를 구성하고 있다. 학교급식 역시 전체 학교라는 조직체를 구성하고 있는 여러 부서 중 하나가 됨과 동시에 그 자체는 여러 하부 시스템으로 구성된다.

| 활 | 동 |

푸드와 테크의 만남, 밀키트(Meal Kit)시장의 미래

국내의 밀키트 시장은 2016년 일부 스타트업에서 시장을 개척하면서 시작되었다. 밀키트는 요리를 잘하지 못하는 사람들에게는 혁신과도 같은 상품이었다. 패키지 안에 손질된 식재료와 소스, 레시피까지 포함되어 있고 정량만큼 담겨진 재료만 넣으면 누구나 맛과 질이 보장된 요리를 할 수 있어 편리했다. 하지만 밀키트 열풍은 오래가지 못했다. 가격이 비싸고 출시되는 메뉴가 한정적이었기 때문이었다. 그런 밀키트가 다시 각광 받고 있다. 코로나19의 영향으로 시장규모가 증가했고 유통업계의 밀키트 매출이 크게 늘어난 것이다.

한국농촌경제연구원에 따르면 밀키트 시장은 2020년엔 전년대비 85% 증가한 1,882억 원을 기록했으며 2025년에는 7,253억 원에 이를 것으로 전망된다. 밀키트 시장이 활성화되는 이유로 새벽배송, 당일배송 등 배송 경쟁력이 강점인 온라인 유통 증가가 큰 몫을 하고 있다. 대형마트나 편의점을 통해 유통되는 비중은 점점 줄고 있다.

미국의 경우도 2015년 시작된 밀키트 시장은 빠르게 성장하여 2025년까지 142억 달러에 이를 것으로 전망하고 있다. 월마트는 2018년 3월 250개 매장에서 2000개 이상으로 밀키트 판매를 확장하고 있으며, 아마존프레쉬(Amazon Fresh) 등이 밀키트 배달 사업을 시작함으로써 기존의 밀키트 선두주자들에게 도전장을 내고 있다.

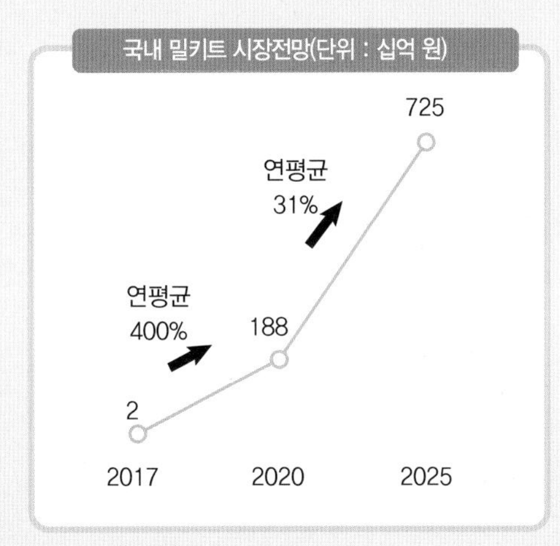

자료 : 유로모니터, Ready Meals in South Korea(2020.12.)

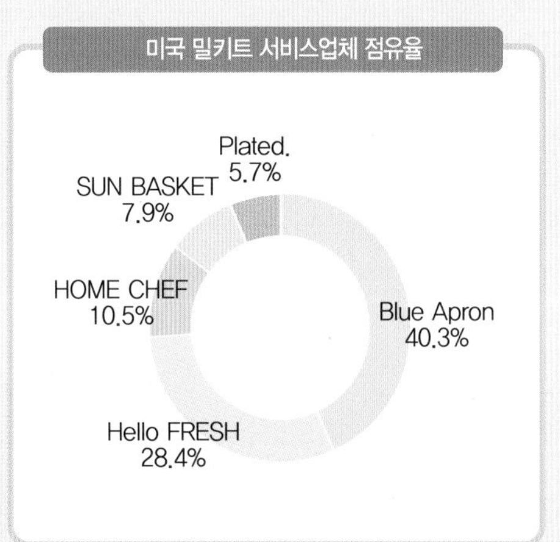

자료 : Second Measure

밀키트 시장에 뛰어드는 업체가 많아지자 각 기업에서는 자사의 강점을 내세우고 있다. 매주 특급호텔 출신 셰프들이 신메뉴 밀키트를 개발하여 내놓는가 하면 미슐랭 맛집의 레스토랑 메뉴를 밀키트로 출시하는 등 고급화 전략을 앞세운다. 미국의 경우 정기적인 구독 플랜을 제시하며 친환경, 글루텐프리, 채식, 저칼로리식 등 다양한 옵션을 선택할 수 있게 하고 영양학자들이 함께 협업하여 밀키트를 개발한다.

(계속)

향후 밀키트 시장의 확대를 위해서는 극복해야 할 과제도 많다. 주문이 들어오면 바로 만들어 배송하다보니 수요예측이 쉽지 않고 신선식품이어서 유통기한이 4~5일 이내로 짧아서 신선도를 유지하는게 어렵다. 냉동 밀키트에 필요한 급속 냉각기술 개발도 필요하며, 일회용 플라스틱 포장재의 과다 배출도 문제가 되고 있다.

자료 : 푸드아이콘-FOODICON. www.foodicon.co.kr. (2021.5.25.)
한국농수산식품유통공사 농식품수출정보. 미국 밀키트(Meal Kit) 시장 현황(2019.11.16.)

1. 국내외 밀키트 시장의 현황과 향후 성장 전망, 해결과제 등에 대해 논의해 보자.

2. 대표적인 식품기업, 식재유통회사, 급식 및 외식 기업 등에서 시중에 출시하고 있는 다양한 밀키트 제품에 대해 조사해 보고 그 현황을 파악해 보자.

3. 급식 및 외식기업에서 새로운 시장 기회를 포착하고자 할 때 기존의 시스템 내의 하부기능을 어떻게 확장하고 각 부문 간의 연결성을 활용해야 하는지 급식 시스템적 관점에서 논의해 보자.

용어·요점 정리

- **급식산업(foodservice industry)** : 현대의 식생활 양식의 변화에 따라 새롭게 등장한 산업분야로 음식과 이에 따르는 서비스를 판매 또는 제공함으로써 편익과 가치를 창출하는 산업
- **급식산업의 분류** : 급식산업은 크게 단체급식과 외식업으로 분류되며, 단체급식은 직영급식과 위탁급식으로 분류
- **국내 단체급식의 현황과 전망** : 학교급식 전면 확대, 위탁급식시장의 규모 증가, 의료기관의 영양서비스 질 관리 등이 이루어지고 있으며, 양질의 음식과 서비스 제공을 통한 고객만족도 증대가 과제임
- **시스템** : 공동의 목표를 달성하기 위해 상호 관련된 하부 시스템의 집합
- **시스템 개념의 중요성** : 조직체를 시스템으로 인식함으로써 관리자들의 의사결정이나 문제해결 과정에 많은 도움을 받을 수 있음
- **급식 시스템 모형** : 투입, 변환, 산출의 기본 시스템 모형에 통제, 기록, 피드백의 요소가 추가되어 확장된 시스템 모형을 이룸
- **투입** : 인적자원, 원료자원, 시설자원, 운영자원
- **변환 과정** : 기능적 하부시스템(구매, 생산, 분배·배식, 위생·유지 등의 급식운영 기능), 경영관리 기능(계획, 조직, 지휘, 조정, 통제), 연결 과정(의사결정, 의사소통, 균형유지)
- **산출** : 음식(질과 양의 만족), 고객 만족, 종업원 만족, 재정적 수익성
- **통제** : 내부 통제(조직의 목적, 목표와 같은 다양한 계획), 외부 통제(법규, 규제, 계약)
- **기록** : 시스템 운영에 필요한 정보와 기록 저장, 급식 업무 전산화
- **피드백** : 내적·외적 환경의 정보를 시스템에 계속 수용하도록 하는 과정

chapter

3 급식경영자

인간의 행위에서 가장 중요한 것 중 하나는 경영관리 활동이다. 인간이 개인으로는 달성할 수 없는 목표를 이루기 위해 집단을 형성한 이래로 경영관리는 개인의 노력을 조정하는 기본적인 활동이 되어 왔다. 우리가 살고 있는 사회가 집단의 노력에 더 의존하게 되고 조직화된 집단의 규모가 더 커지게 됨에 따라 경영관리자의 임무는 더욱 중요해지고 있다. 본 장의 목적은 급식소를 비롯한 모든 형태의 조직에 경영자의 관리 활동이 얼마나 중요한 것인가를 인식하는 데 있다.

학습 목적

급식경영자의 역할, 관리계층과 각 계층에 필요한 관리 능력을 이해함으로써 급식경영자가 수행하여야 할 역할과 필요한 능력을 인식하도록 한다.

학습 목표

1. 경영관리의 계층에 대하여 설명한다.
2. 민츠버그(Mintzberg)의 경영관리자의 역할을 설명한다.
3. 카츠(Katz)의 경영관리 능력을 설명한다.
4. 경영관리 계층과 필요한 관리능력과의 관계를 설명한다.
5. 경영의 관리적 기능과 업무적 기능을 설명한다.

1
급식경영자의 유형

조직의 목적은 사람을 통해 달성될 수 있다. 급식경영관리자는 급식조직에 있어서 인적자원을 비롯한 조직 내의 제반 자원들에 대해 책임지고 있는 사람으로 기업의 성장을 가능하게 한다.

흔히 기업체의 경영진이나 조직 내의 최고 책임자들만이 관리자라는 생각을 하기 쉬우나 조직에는 다양한 직무와 책임을 가진 여러 가지 유형의 관리자들이 있다. 조직 내의 책임 및 역할 범위에 따라 분류하면 일반 관리자와 기능적 관리자로 나누며, 관리 계층에 따라서는 상위 경영층, 중간 관리층, 하급 관리층으로 나눌 수 있다.

일반 관리자(general manager)는 급식점 내 혹은 급식 부서에서의 모든 활동에 대해 책임을 지는 관리자이다. 예를 들어 레스토랑의 총지배인이나 급식점의 점장은 그곳에서 발생하는 모든 일에 대한 책임 범위를 가지는 일반 관리자에 해당된다. **기능적 관리자**(functional manager)는 조직 내의 특정 부문이나 기능에 대해서 책임을 맡고 있는 관리자이다. 예를 들어, 병원 영양부서 내 치료식에 대해서만 책임을 지는 관리자는 여기에 해당된다.

급식경영관리 계층

대부분의 조직에서의 **경영관리 계층**(managerial level)은 그림 3-1에서 보는 바와 같이 세 가지로 나누어진다. 경영관리 계층은 흔히 피라미드 형태의 삼각형 구조를 가지고 있으며, **상위 경영층**(top managers), **중간 관리층**(middle managers), **하급 관리층** 또는 **일선 감독자**(first-line managers or supervisors)의 세 계층으로 구분된다. 예를 들어, 위탁급식회사에서 위탁급식회사의 사장, 이사는 상위 경영층에 속하고 지역 본부장 또는 지역의 총책임자는 중간 관리층에 해당되며, 각 급식점의 점장은 매일의 급식 운영이나 조리원들의 감독을 책임지는 하급 관리층에

그림 3-1 경영관리 계층

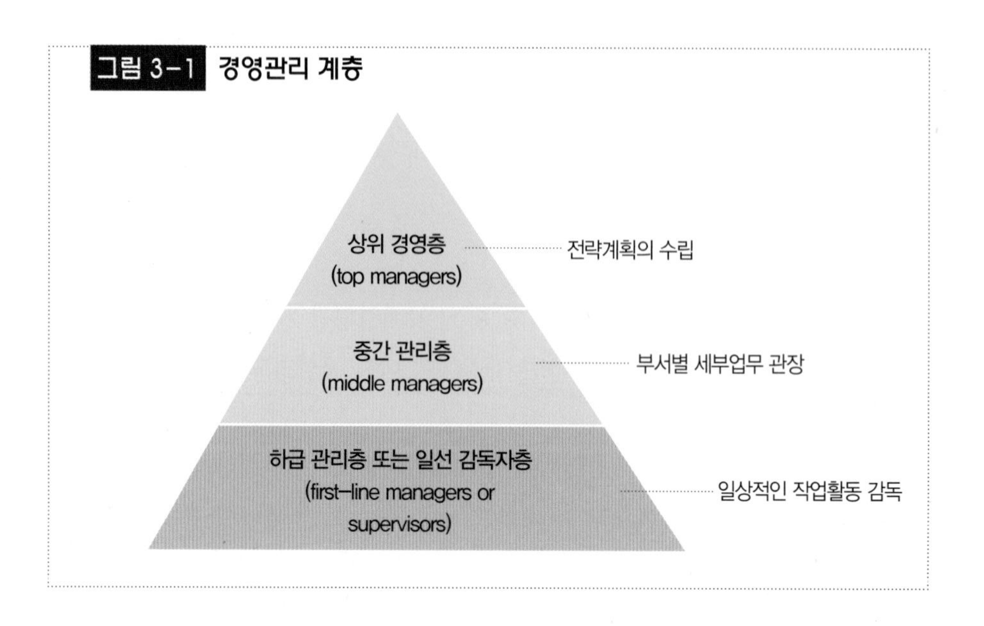

CEO와 CFO, CMO, CCO, CKO

상위 경영자들 중에서 회장이나 대표이사, 사장 등 기업의 모든 업무 분야를 총괄하고 책임지는 경영자를 최고경영자(Chief Executive Officer ; CEO)라고 한다. 최근에는 기업의 최고경영층으로 최고재무경영자(Chief Financial Officer ; CFO), 최고마케팅경영자(Chief Marketing Officer ; CMO), 최고고객경영자(Chief Customer Officer ; CCO), 최고지식경영자(Chief Knowledge Officer ; CKO) 등과 같이 다양한 상위 경영자들이 늘어가고 있다.

해당된다.

경영관리자를 지칭하는 용어도 **감독자**(supervisors), **관리자**(managers), **경영자**(executives), **운영진**(administrators) 등의 여러 가지가 있는데, 때로는 상위 계층을 경영자 또는 운영진, 중간 계층을 관리자, 하위 계층을 감독자로 부르기도 한다.

(1) 상위 경영층

상위 경영층은 조직의 최상위층에 위치한 경영자이다. 조직 전체에 대해 궁극적인 책임을 지고 있는 사장, 전무, 상무, 이사 등으로 흔히 말하는 회사의 중역이 이 계층에 속한다.

상위 경영층은 조직의 미래를 구상하고 조직의 전반적인 관리를 책임지며 전략

계획을 수립하고 조직을 둘러싼 제반 환경과의 상호관계를 이끄는 역할을 한다. 전략 계획이란 기업의 장기적인 목표 및 자원 배분과 관련되어 조직의 전체 혹은 많은 부분에 영향을 미치는 계획을 의미하며, 그 예로는 새로운 사업영역의 결정, 신기술 개발 등을 들 수 있다. 상위 경영자들은 중간 관리자들의 업무수행에 대한 직접적인 책임을 지니고 있으며, 중간 관리자와의 상호협조하에 조직의 목표를 달성해가게 된다.

(2) 중간 관리층

중간 관리층은 조직의 중간 계층에 위치한 관리자로서 부장, 지점장 또는 경우에 따라서는 사업 본부장 등이 이 계층에 속한다. 이들은 하위 관리층 업무를 통솔함과 동시에 상위 경영층의 조정을 받는다. 중간 관리층은 조직체의 규모나 복잡성에 따라서 한 개 이상의 계층으로 구성되기도 한다.

중간 관리층의 주요 책임은 조직의 정책을 각 세부 부서에 적용할 수 있도록 부서 내에서 일어나는 다양한 활동을 조절하는 것이다. 즉, 조직 전체 목표나 전략계획이 수립되면 이 범위 내에서 각 부서별로 세부적인 운영계획을 작성하고 이를 수행하는 책임을 지게 된다.

이들은 다른 관리자들의 활동을 지시하거나 때로는 종업원들에게 직접 명령을 내리기도 한다. 또한 조직에서 상위 계층과 하위 계층의 의사소통을 원활히 하는 역할을 한다. 하급 관리자가 각 업장의 운영 상황에 대해 중간 관리자에게 보고를 하면 중간 관리자들은 최고 경영층에 이를 보고하게 된다.

(3) 하급 관리층

하급 관리층은 조직의 가장 하위 계층에 위치한 관리자로서 매일 종업원들의 업무 수행을 감독하기 때문에 일선 감독자라고도 하며 팀장, 과장, 대리 또는 반장 등이 여기에 속한다.

하급 관리자가 수행하는 주된 역할은 매일의 작업 진행을 책임지는 일이다. 예를 들어, 급식부서 내 종사자들의 업무 분담이나 식재료의 발주 업무 등 일상적인 활동이 이에 해당된다. 또한 일선에서 일하는 종사자들이 정해진 방향이나 기준에 따라 제대로 업무를 수행하는지를 감독한다.

흔히 하급 관리자들의 임무는 상위 관리자들에 비해 과소 평가될 수 있으나 실제 조직에서 없어서는 안 될 매우 중요한 역할을 수행하고 있다. 또한 종업원들과 가장 가까이서 접할 수 있는 관리자들이므로 상위 관리자들이 느끼지 못하는 종업원들의 고충이나 고민을 해결해 주는 역할도 한다. 다시 말하면 일반 종업원과 경영층을 연결하는 매개체의 역할을 한다고 할 수 있겠다.

TQM 관리 계층

TQM 관리 계층이란 최근 급식조직에서 **종합적 품질경영**(Total Quality Management ; TQM)의 중요성이 부각되면서 새롭게 변화되고 있는 계층 구조를 반영한 것이다(종합적 품질경영은 9장을 참조). 고객만족을 목표로 하는 종합적 품질경영 철학을 도입할 경우 피라미드 형태의 전통적 조직 모형과는 정반대의 역피라미드 조직 모형을 취하게 된다(그림 3-2). 고객을 직접 응대하고 음식을 생산

그림 3-2 TQM 도입에 따른 관리 계층의 반전

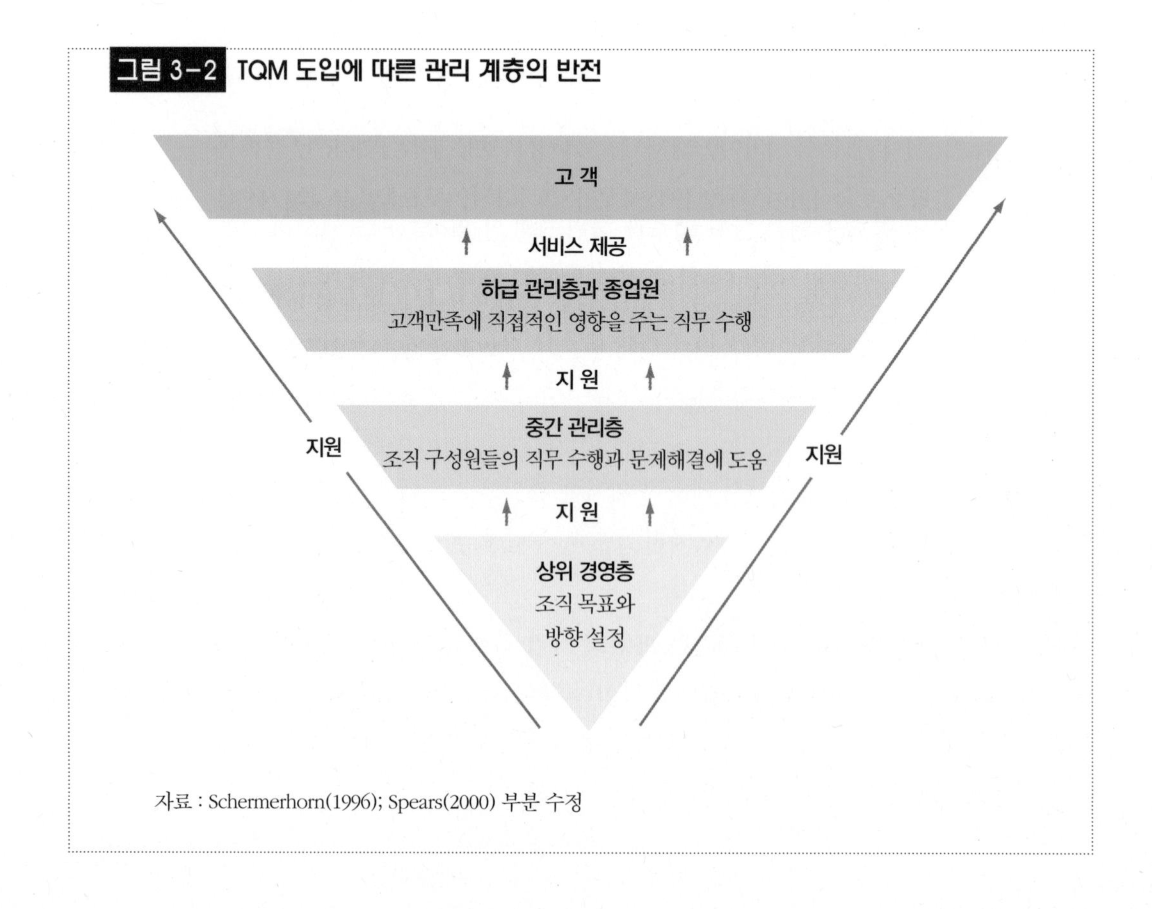

자료 : Schermerhorn(1996); Spears(2000) 부분 수정

하여 제공하는 고객 접점의 하급 관리층과 종업원들이 조직의 맨 상위층에 위치하게 된다. 상위 경영층과 중간 관리층은 이들을 지원하고 도와주는 기획자요, 촉진자 및 지도자로서 새로운 역할을 수행하여야 하는 것이다.

미래 급식조직에서 상위 경영층의 역할은 변화되는 환경에 맞는 전략적인 비전을 세우는 일이며, 중간 관리층은 상위 경영층의 비전을 일선 감독자들과 종업원에게 전달하고 피드백을 제공하는 역할을 수행하여야 한다. 예전에는 상위 경영층의 역할로만 간주되었던 일들을 이제는 중간 경영층에서 수행한다거나 이들과 공유해야 할 경우도 있다. 예를 들어, 상위 경영층에서 TQM을 수행하기 위해 필요한 팀을 구성하여 이들을 총괄하기 위한 위원(중간 관리자층에서 맡게 됨)들을 지명하게 되면 각 팀의 리더들은 상위 경영층보다는 중간 관리자급의 TQM 위원들에게 그들의 활동을 보고하는 체계가 되는 것이다.

예전의 조직 체계에서 중간 관리자들은 의사결정 후 하급 관리자들이나 종업원들에게 지시와 명령을 하는 것이 일반적이었으나, 앞으로는 종업원들이 스스로 문제를 해결할 수 있도록 분위기를 조성하며 이들의 능력을 강화하고 종업원들에게 의사결정의 권한을 부여하도록 하는 것이 요구되고 있다. 관리자들은 급식조직이나 경쟁업체에 관한 정보(시장 점유율이나 영업 실적 등)를 종업원들에게 제공함으로써 조직이 처한 상황을 보다 정확하게 이해할 수 있도록 도움을 주어야 할 것이다.

2 급식경영자의 역할

민츠버그(Mintzberg, 1975)는 경영자들이 실질적으로 어떠한 일을 수행하면서 시간을 보내는지에 대한 연구를 토대로 하여 경영자의 역할을 크게 대인관계 역할, 정보 전달 역할, 의사결정 역할의 세 가지로 분류하고, 이를 다시 10개의 세부 역할로 나누어 제시하였다(표 3-1).

표 3-1 경영자의 10가지 역할

역할		내용
대인관계 역할	대표자	대표자로서 행사 참석, 내빈 접견, 문서 서명 등 상징적 임무 수행
	지도자	리더로서 부하직원 지휘, 동기부여, 훈련, 상담, 커뮤니케이션 수행
	연결자	우편, 전화, 회의, 인터넷으로 조직 내외 간 정보 네트워크 연결
정보전달 역할	정보탐색자	정보 검색과 수집, 분석과 보고, 개인적 접촉을 통한 모니터링
	정보제공자	조직 내외에서 수집한 정보를 구성원에게 제공하고 전파
	대변인	대변인으로서 내부정보를 설명, 보고, 홍보, 인터넷으로 외부 전달
의사결정 역할	기업가	조직의 성장과 발전을 위해 새로운 사업기획이나 아이디어 개발
	문제해결자	구성원간의 갈등 해결, 예기치 못한 환경적 위기나 애로사항 해결
	자원배분자	경영자원의 적절한 배분, 사업의 계획, 예산 집행의 우선순위 조정
	협상자	단체협약, 외부와의 구매 및 판매 계약, 예산편성 협상 임무

자료 : Mintzberg(1975)

(1) 대인관계 역할

대인관계 역할(interpersonal roles)로는 사람들과의 관계에 초점을 두는 **대표자**(figurehead), **지도자**(leader), **연결자**(liaison)의 역할을 제시하였다. 대표자 역할이란 경영자들이 조직을 대표하는 책임감을 가지고 조직이나 업체의 장으로 의무를 수행하는 것이다. 경영자는 조직의 목적과 개개인의 요구를 잘 타협시키면서 종업원을 격려하고 지원하는 지도자로서의 역할도 수행해야 한다. 민츠버그는 경영자의 영향력은 지도자로서의 역할에서 분명하게 나타나며 지도자의 권위는 리더십 발휘 여하에 따라 달라지게 된다고 하였다. 'Liaison'의 사전적 정의는 '연결', '분리된 두 개 그룹 간의 연결고리'라는 뜻으로 연결자란 조직 외부 사람들뿐만 아니라 조직 내 다른 부서 사람들과도 효과적인 관계를 유지하는 것을 뜻한다. 예를 들어, 식품공급업체와 급식소 또는 고객과 급식소 간의 관계를 원활하게 하는 것이다.

민츠버그에 의하면 조직대표의 업무시간 중 44%를 조직 외부의 사람들과 보내는 것으로 나타났으며 이는 연결자로서의 역할이 얼마나 중요한가를 시사하고 있다.

(2) 정보전달 역할

정보전달 역할(informational roles)은 **정보탐색자**(monitor), **정보제공자**(disseminator), **대변인**(spokesman)으로서 바른 의사결정을 위해 수집하여 조직 내 다른 사람들에게 이를 전달하고 조직의 정보를 대변하는 역할을 수행하는 것이다. 경영자들은 조직 전체에 영향을 미칠 수 있는 각종 정보와 문제점을 발견하기 위하여 환경 변화를 주시하며 많은 정보를 탐색하고 이들 정보의 활용에 대해서도 판별해야 한다. 또한 구성원들이 필요로 하는 정보를 적절히 전달함으로써 더 많은 지식을 갖추고 보다 효과적으로 일할 수 있도록 하는 책임이 있다.

대변인은 대표자의 역할과 매우 유사하며 조직의 내·외부 사람들에게 조직의 경영 이념, 기업 문화와 같은 공식적 입장에 관한 정보를 전해준다. 예를 들어, 병원의 영양과장은 부서의 요구사항을 경영진에게 전달함으로써 영양부서에 필요한 지원을 할 수 있도록 해야 하고, 호텔의 경우에도 식음료부서(food & beverage department)의 관리자는 전체 관리자(general manager)에게 그 부서의 대변인으로서 필요한 정보를 전달해야 한다. 급식경영자들이 급식업무의 중요성을 행정 부처에 알림으로써 정책 수립에 반영될 수 있도록 한다거나 지역사회에 필요한 정보를 제공하는 역할 등도 대변인으로서의 역할이다.

(3) 의사결정 역할

의사결정 역할(decisional roles)은 **기업가**(entrepreneur), **문제해결자**(disturbance handler), **자원배분자**(resource allocator), **협상자**(negotiator)로서의 역할을 의미한다. 경영자는 자발적으로 변화를 시도하는 기업가 정신을 가져야 하며 이때에는 대인 간 역할이나 정보 관련 역할을 통해 형성된 다른 조직과의 네트워크가 중요한 역할을 한다. 예를 들어, 레스토랑 운영자는 다른 조직의 경영자들이나 고객들과의 정보망을 통해 메뉴나 서비스를 변화시키는 등의 결정을 내리게 된다.

경영자에게는 위기 상황에 직면했을 때 원인을 파악하고 분석하여 올바른 판단으로 문제를 해결할 수 있는 위기관리 능력이 필요하다. 예를 들어, 파업이 발생하거나 물품 공급자가 적시에 식재료를 공급하지 못하는 경우 이에 대처할 수 있어야 한다.

경영자들은 조직의 인적 · 물적 자원을 어떻게 누구에게 배분할지를 결정할 수 있어야 한다. 예를 들어, 부서 간의 갈등이 있을 경우 부서에서의 필요성과 전반적인 조직의 우선순위를 모두 고려해야 하며 때로는 타협을 시도할 수 있어야 한다.

협상자의 역할은 조직 내 타 부서나 외부와의 거래에 필요하다. 예를 들어, 거래처와 계약을 체결할 경우 협상을 위한 정보나 공식적인 권위를 가진 사람이 바로 경영자이기 때문에 거래처와 만족할만한 타협을 이룰 때까지 의사조정 과정의 협상자로서 역할을 수행해야 하는 것이다.

3 급식경영자의 관리능력

카츠(Katz)는 '경영자란 다른 사람에게 활동을 지시하며 이러한 노력을 통해 정해진 목표를 달성하는 것에 대한 책임을 수행하는 사람'이라고 정의하였다. 카츠는 경영자에게 필요한 기본적인 **관리 능력**(managerial skill)을 **기술적 능력**(technical skill), **인력관리 능력**(human skill), **개념적 능력**(conceptual skill)으로 표현하였다. 기술적 능력은 직무의 기능적인 측면을 수행하는 데 필요하고, 인력관리 능력은 협동적인 업무를 성공적으로 수행하는 것을 가능하게 하며, 개념적 능력은 직무와 관련된 요소들 간의 상호연관성을 인식하는 데 필요하다.

관리자에게 필요한 세 가지 능력

(1) 기술적 능력

경영관리자는 자신이 책임을 맡고 있는 분야의 활동을 관리하고 이해하기 위해서 충분한 기술적 능력을 갖추어야 하며, 이러한 기술은 전문 지식과 실무 능력, 도구 사용에 대한 전문성을 필요로 한다.

예를 들어, 급식부서의 관리자들은 조리장 내 기기나 설비들의 작동기술을 갖추어야 하는데, 이는 비록 부서 관리자들이 직접적으로 기기를 작동하는 작업을 수행하지는 않더라도 작업자에게 실무적 기술을 가르치고 이에 대한 지시를 할 수 있어야 하기 때문이다. 또한 기술적 능력에는 해당 분야의 실무적 능력, 대량조리를 위한 표준 레시피 작성 기술이나 급식전산 프로그램을 다루는 기술 등이 포함된다.

(2) 인력관리 능력

조직은 사람들이 모여 있는 곳이므로 일상적으로 대하게 되는 사람들과의 원만한 인간관계를 유지하고 책임 부서나 작업자들을 통솔할 수 있는 능력이 요구된다. 이와 같은 인력관리 능력을 발휘하기 위해서는 효과적인 의사소통과 동기부여를 통해 협동적인 분위기와 팀워크를 이끌어내는 기술이 필요하다.

인력관리 능력은 조직 외부와의 관계에서도 발휘될 수 있어야 한다. 민츠버그의 경영자 역할 중 대인관계 역할에서도 중요성이 언급된 바 있으며 관리 기능 중에서는 지휘 기능과 특히 관련성이 높다. 그만큼 관리자의 기능이나 역할, 능력 중에서도 특히 대인관계의 중요성이 크다고 할 수 있으며, 급식산업에서와 같이 인력 의존도가 높은 서비스업일수록 인력관리 능력은 관리자에게 더욱 필수적이 되고 있다.

(3) 개념적 능력

조직을 전체로 보면서 동시에 여러 하부 부문들 간의 관계와 변화를 인식하고 사고할 수 있는 능력이며 조직 환경, 즉 정치적 · 사회적 · 경제적 영향력을 이해하는 능력도 포함된다. 개념적 능력은 나무만 보지 않고 숲을 바라볼 수 있는 안목과 능력, 다시 말해서 조직을 전체적인 관점에서 파악하는 능력을 의미하는 것이다.

유능한 관리자라면 조직이 처해 있는 환경에 대한 이해와 아울러 어떤 상황에서 중요한 요소가 무엇인지 파악함으로써 조직의 미래에 대한 전체적인 계획과 방향을 세워가야 할 것이다.

경영관리 계층과 관리 능력

카츠(Katz)는 경영관리자에게는 계층과 관계없이 세 가지 관리 능력이 모두 필요하며 다만 관리 계층에 따라 중요성에 차이를 보인다고 하였다(그림 3-3). 전문적이고 실무에 필요한 **기술적 능력**은 하위 계층의 관리자에게 더 많이 요구된다면 **개념적 능력**은 상위 계층으로 갈수록 더 많이 요구되는 것이다. 이에 비해 **인력관리 능력**은 계층과 관계없이 모든 계층의 관리자에게 중요한 능력이다.

기술적 능력은 일선에서 일상적인 작업을 수행하는 종업원을 감독하는 하급 관리자에게 가장 많이 필요하다. 예를 들어, 조리작업의 관리에 있어서 관리자들은 대량조리 기술이나 작업방법의 지도에 이를 활용한다. 중간 관리자는 급식의 운영을 평가한다거나 필요한 기술을 가진 급식 종사자를 선발하는 데 있어서 기술적 능력을 활용한다. 상위 경영자라고 할지라도 기술적 능력이 전혀 필요치 않은 것은 아니어서 효과적인 계획수립을 위한 기술적 운영에 대한 이해가 필요한데, 급식시스템 변경을 계획할 때 필요한 기기나 설비 조건 등에 대해 판단하기 위해서는 기술적 능력을 활용하게 된다.

타인과 효과적으로 일할 수 있는 **인력관리 능력**은 모든 계층에서 필수적이다. 종

그림 3-3 경영관리 계층과 관리 능력

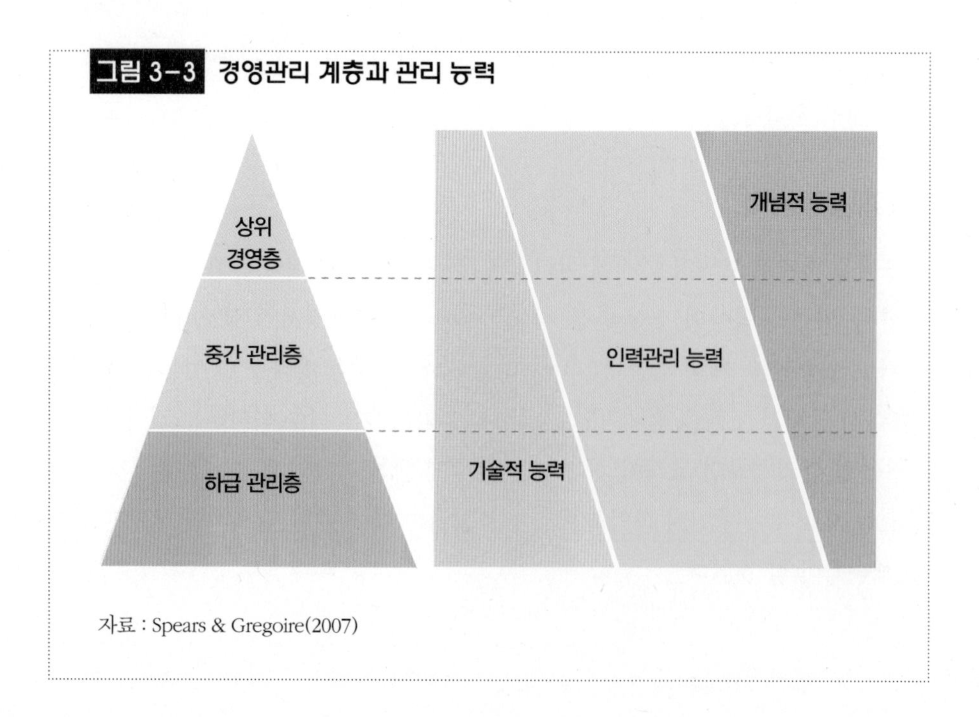

자료 : Spears & Gregoire(2007)

업원의 사기 진작과 동기부여 능력은 일선에 있는 하급 관리자에게 필수적이며, 중간 관리자는 부서와 부서 간의 원활한 관계 유지를 위해, 상위 계층의 관리자는 조직 외부의 사람들을 효과적으로 관리하는 데 이를 활용하게 된다.

개념적 능력의 중요성은 조직 내 계층이 올라갈수록 더 커진다. 조직의 상위 계층에 있는 경영자들은 조직의 대부분에 영향을 주는 광범위한 의사결정을 하기 때문이다. 또한 중간 관리자는 상위 경영자들이 세운 계획을 이해하고 부서의 세부 계획을 세우기 위해서, 하급 관리자는 상층의 관리자들이 세운 계획에 맞게 실제 작업성과를 이끌어내기 위해 개념적 능력이 필요하다.

4
급식경영관리 기능

관리적 기능

관리적 기능은 조직의 규모가 확대되고 업무가 복잡해짐에 따라 더욱 많이 요구된다. 세부 기능으로는 계획수립, 조직화, 지휘, 통제 등이 있으며 관리 계층에 따라 기능 수행에 소요되는 시간의 차이는 있으나 모든 계층과 부서의 관리자들에게 공통적으로 적용된다.

관리적 기능(management functions)의 세부 기능에 대해서는 학자들마다 매우 다양한 주장을 펼치고 있다. 여기서는 이를 **경영관리 순환 체계**(management cycle), **경영관리 과정**(management process), **경영관리 축**(wheel of management) 등의 다양한 개념을 통해 살펴보기로 한다.

(1) 경영관리 순환 체계

페이욜이 경영관리 기능을 계획, 조직, 지휘, 조정, 통제의 다섯 가지로 제안한 이래 학자들에 따라 다양하게 정의하여 왔으나 모든 학자들의 공통적인 과정요소

그림 3-4 경영관리 순환 체계(management cycle)

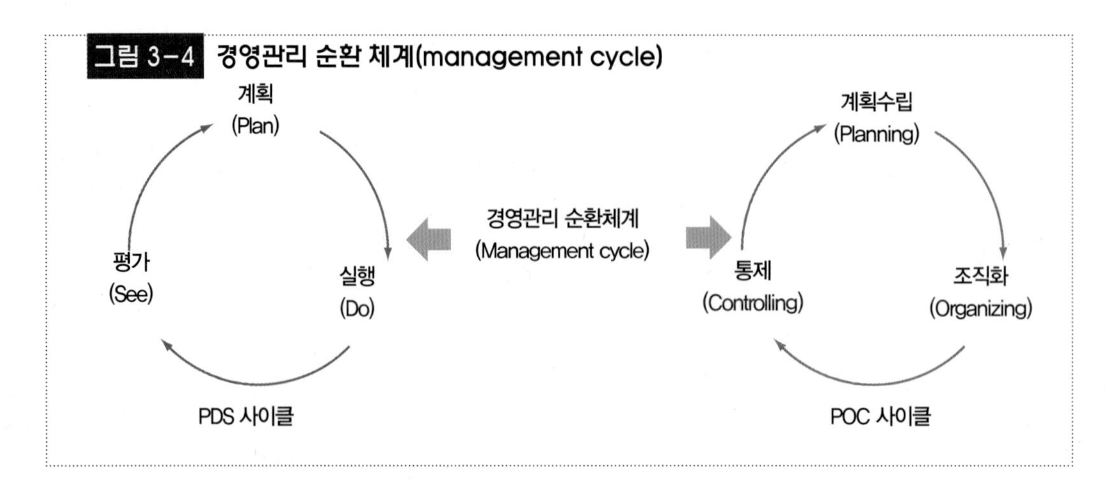

로 제시하고 있는 것은 계획수립(planning), 조직화(organizing), 통제(controlling) 기능으로서 이 세 가지 기능은 관리 과정의 핵심 기능이 된다.

경영관리 과정의 각 기능은 단독적으로 성립 · 실행되는 것이 아니라 서로 밀접한 관계를 가지고 하나의 순환 체계를 이루게 되는데, 이를 관리 기능의 순환 과정 또는 매니지먼트 사이클이라고 부른다(그림 3-4).

이러한 관리 순환의 모형은 PDS 또는 POC 사이클로 제시된다. **PDS 사이클**은 계획(plan), 실행(do), 평가(see)의 첫 글자로 표시한 약어로서 기본적인 관리 기능의 순환성을 표현한 것이다. **POC 사이클**은 관리 기능인 계획화(planning), 조직화(organizing), 통제(controlling)의 첫 글자의 약어 표시로서 다양한 관리과정을 보다 동적인 개념을 포함하는 용어로 나타낸 것이다.

(2) 경영관리 과정

PDS나 POC의 경영관리 순환 체계와 아울러 경영관리의 주요 과정으로는 그림 3-5에서와 같이 계획수립(planning), 조직화(organizing), 지휘(directing), 조정(coordinating), 통제(controlling)의 다섯 가지를 들 수 있다.

① 계획수립

조직이 장차 나아갈 목표를 세우고 이 목표를 달성하기 위한 가장 좋은 방법을 찾는 기능이다. 예를 들어, 고등학교 급식에서 학생들의 영양과 기호에 맞는 식사를 제공함으로써 급식 참여율을 90%까지 끌어올리겠다는 목표를 세웠다면 이를 위해 메뉴 개선, 급식 환경 개선, 배식방법 변화, 급식 홍보, 식재료 구매방법 변화 등 다양한 방안을 검토하고, 어떠한 방법들을 채택할 것인가를 결정하는 의사결정 행위가 계획의 기능에 속한다.

② 조직화

수립된 계획을 성공적으로 달성하기 위해서 어떠한 형태로 조직을 구성할 것인가를 결정하고 인적자원과 물적자원을 배분하는 행위를 말한다. 즉, 목표를 달성하기 위하여 급식소 내 각 부서에서 요구되는 여러 가지 업무를 분담하고 필요한 인원을 선발하거나 적임자를 배치하는 일 등이 여기에 포함된다.

③ 지 휘

지휘 기능은 조직의 목표를 달성하기 위하여 요구되는 업무를 잘 수행하도록 다른 종업원들을 이끌어 가는 행위이며 경영관리의 기능 중 사람에게만 관련되는 중요한 기능이다. 경영관리자들은 지휘를 통하여 종업원이 직무를 효과적으로 달성할 수 있도록 리더십(leadership)을 발휘하고, 동기부여(motivation)를 통하여 자발적인 근로 의욕을 자극하여 사기를 고취시키며, 의사소통(communication)과 정보

그림 3-5 경영관리 과정(management process)

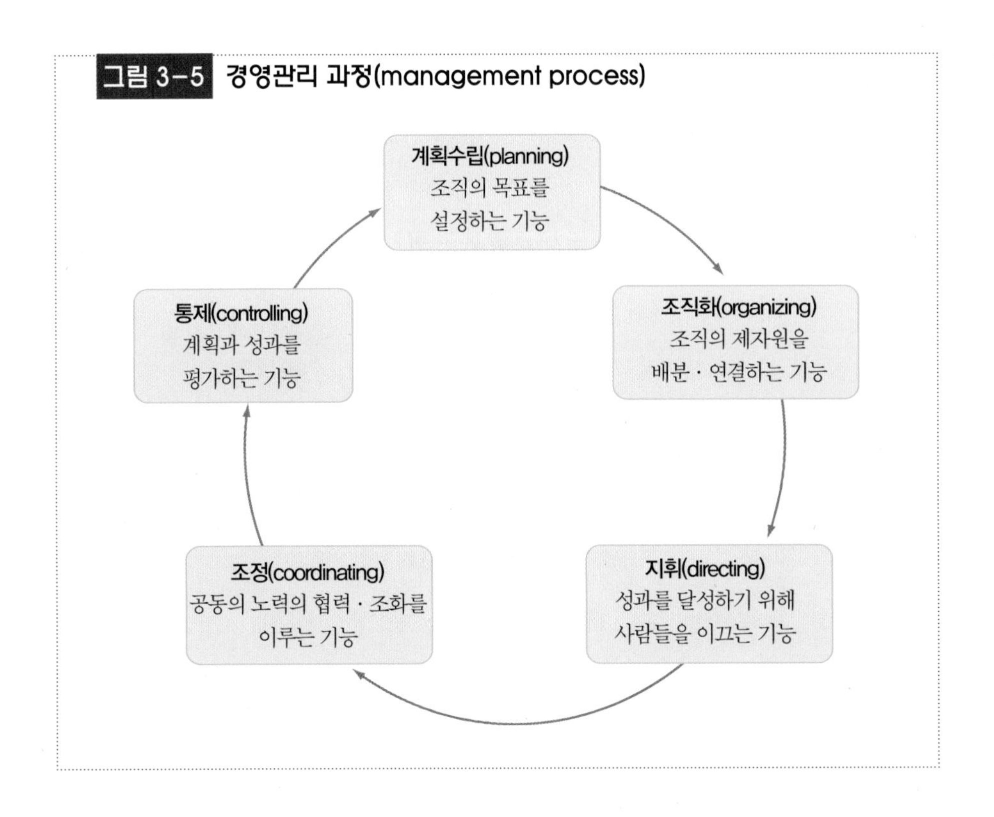

교환을 자유롭게 할 수 있도록 환경을 조성하여 조직의 목표를 효과적으로 달성하도록 하는 것이다.

④ 조 정

개인과 부문에서 이루어지는 일들이 원활하게 협력을 이루어 나가도록 집단의 노력을 통합하고 이견을 조정하는 기능을 의미한다. 조직은 한 사람의 힘 만으로는 목적을 달성할 수 없으며, 여러 사람들이 함께 협력하여야만 동일한 목표를 향해 나아갈 수 있기 때문에 조직 구성원의 노력을 통합하고 균형을 유지하는 조정 기능이 필요하게 된다.

⑤ 통 제

통제 기능은 설정한 계획과 성과의 차이를 측정하고 필요한 수정 조치를 취하거나 다음 계획을 수립할 때 수성 자료를 제공해 주는 경영의 기능이다(그림 3-6). 통제는 크게 네 단계로 이루어지며 수행 목표와 기준 설정 → 실제 수행도 측정 → 설정한 기준과 성과 비교 → 수정 조치의 과정으로 진행된다.

예를 들어, 작업시간 계획표, 업무 할당표, 생산 계획서, 표준 레시피 등은 급식 생산에서의 통제를 수행하기 위한 도구로 사용된다. 이와 같은 통제는 업무가 완료된 후는 물론이고 진행 도중이나 사전 점검 시에도 이루어질 수 있다.

그림 3-6 기준과 실제 수행도 비교를 통한 통제

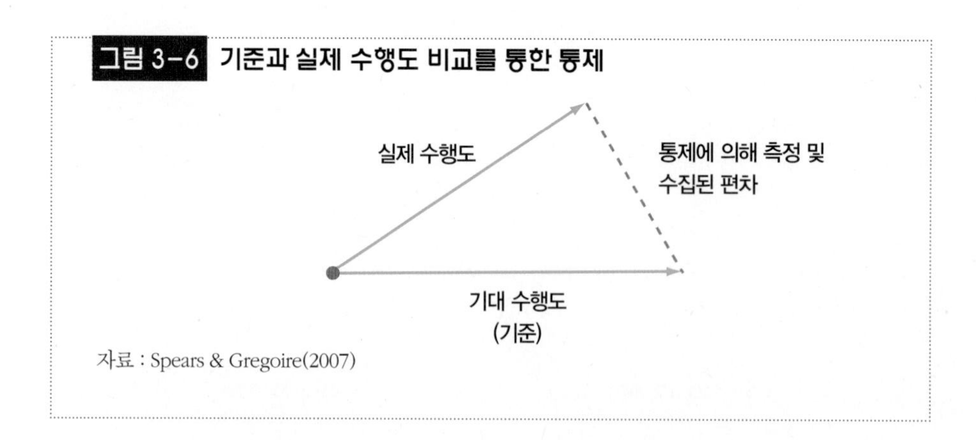

자료 : Spears & Gregoire(2007)

(3) 경영관리 축

효율적인 경영 활동을 통해 조직체의 목표를 달성하기 위해서는 경영의 각 기능이 원활하게 수행되어야 한다. 이러한 경영관리의 기능은 상호의존적이기 때문에 관리 기능을 독립적으로 구분하지 않고 전체적인 관점에서 바라보아야 한다는 점을 강조하기 위해서 그림 3-7과 같이 축(wheel) 모형으로 나타낼 수 있다.

축의 바깥에 나타나 있는 **동기부여**(motivation) 기능은 목적 달성의 속도를 좌우하게 된다. 동기부여가 잘 되어 있는 경우라면 바퀴가 목적지를 향해 보다 빠르게 굴러갈 수 있지만 그렇지 않은 경우에는 바퀴는 반대 방향으로 구르게 되는 것이다. 또한 축 중심에 있는 관리자 주위의 **의사소통**(communication) 기능은 전체 경영 기능이 원활하게 진행되도록 하는 역할을 한다. 의사소통이 잘 안 되는 경우 바퀴살은 금새 뒤틀리거나 삐그덕거리게 되며, 이때 적절한 조치가 취해지지 않으면 조직의 경영 활동은 마비 상태가 된다.

이처럼 조직의 목적 달성에 있어서 관리 기능의 연관성을 이해하는 것은 매우 중

그림 3-7 경영관리 축(wheel of management)

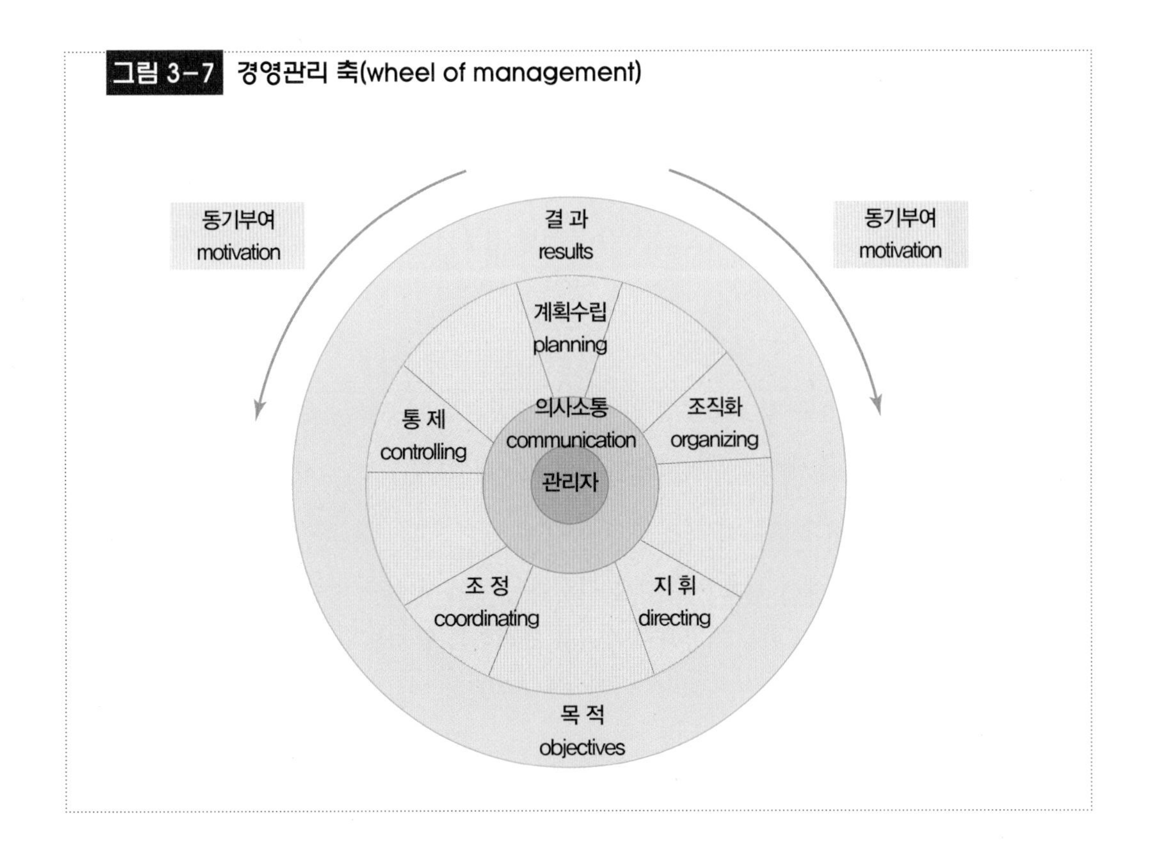

요하다. 관리자들이 흔히 간과하는 사실 중 하나는 관리적(managerial) 노하우가 기술적(technical) 또는 운영(operational)의 노하우(know-how)와는 근본적으로 다르다는 점이다. 미국의 한 연구소에서 수년간 미국 기업들의 실패 원인을 분석한 연구 결과, 운영상의 어려움으로 실패한 경우가 9%, 재난 또는 기타의 문제로 인한 경우는 1%에 불과하였다. 이 연구결과에 따르면 기업이 실패하게 되는 원인 중 무려 90%가 관리의 잘못에 기인하는 것으로 나타났으며, 이는 관리 기능이 기업이나 조직의 성공에 있어서 핵심적 원동력이 된다는 사실을 시사해 준다고 하겠다.

업무적 기능

경영을 업무적 기능에 따라 구분하여 보면 인사, 재무, 마케팅, 회계, 생산 등의 경영학의 세부 분야가 여기에 해당되며, 기업체에서 부서를 만들 때에도 이러한 업무 기능별로 분리하는 것이 가장 보편적이다. 급식경영에 있어서 **업무적 기능**이라 함은 메뉴관리, 구매관리, 생산관리, 위생관리, 시설·설비관리, 인적자원관리, 회계·정보관리, 급식마케팅, 급식품질경영 등의 단체급식 운영 기능들이 여기에 해당된다.

관리적 기능과 업무적 기능의 직접적인 관계에 대해 명확히 규정하기는 어렵지만 관리적 기능이 있음으로써 각 부서별 업무적 기능이 보다 효율적으로 수행된다고 보아야 할 것이다.

① 메뉴관리

고객의 요구 및 기호도를 반영하여 급식에서 제공되는 메뉴를 지속적으로 개선하고 새로운 메뉴를 개발하는 관리활동을 말한다.

② 구매관리

급식조직에서 필요한 물자를 적절한 시기에 적절한 공급원으로부터 적정한 가격에 구매하고 이를 저장하며 재고를 관리하는 활동을 말한다.

③ 생산관리

급식조직이 유형·무형의 자원을 이용하여 음식과 서비스를 생산하는 조리작업 및 생산 시스템을 계획, 실행, 통제하는 일련의 관리 활동을 말한다.

④ 위생관리

급식에서 생산된 음식의 위생적 품질 확보를 위하여 식재료, 조리인력, 시설 및 설비의 측면에서 위생적 안전성을 관리하는 활동을 말한다.

⑤ 시설 · 설비관리

급식소 내의 시설 · 설비를 효율적으로 계획하고 식재료와 작업의 전체적인 흐름과 동선을 개선함으로써 시간, 노동력, 식재료의 낭비를 최소화하는 관리활동을 말한다.

⑥ 인적자원관리

조직 구성원이 자발적으로 조직의 목표 달성에 기여하게 함으로써 조직의 발전과 개인의 발전을 아울러 달성하게 하는 제도 및 기술의 체계를 말한다.

⑦ 회계 · 정보관리

급식경영에 소요된 제반 비용을 분석하고 손익을 평가하며 급식원가를 계산함으로써 급식운영의 효율을 분석하는 활동과 급식소 내부 및 외부 관계자들에게 관리에 필요한 회계정보를 제공함으로써 경영 의사결정을 지원하는 관리 활동을 말한다. 최근에는 이러한 회계관리 활동을 전산화하여 급식정보 관리로 통합하고 있다. 급식정보 관리란 경영관리 활동에 필요한 정보를 구성원에게 제공하여 주는 정보시스템을 운영, 관리하는 것을 의미한다.

⑧ 급식마케팅

조직의 목표를 달성하기 위하여 표적 고객과의 교환을 창출 · 유지하고 이를 위한 프로그램을 분석, 계획, 실행, 통제하는 활동을 말한다.

⑨ 급식 품질경영

급식경영에 있어서 종합적 품질경영(TQM)의 철학을 도입함으로써 양질의 급식서비스를 지속적으로 제공하여 고객 만족을 증대시키고자 하는 관리 활동을 말한다. 종합적 품질경영에서는 고객만족, 공정 개선, 전사적 참여를 통해 지속적인 품질 개선을 목표로 한다.

| 활 | 동 |

고객만족을 최우선으로 조직의 조직의 관리계층을 뒤집어라!

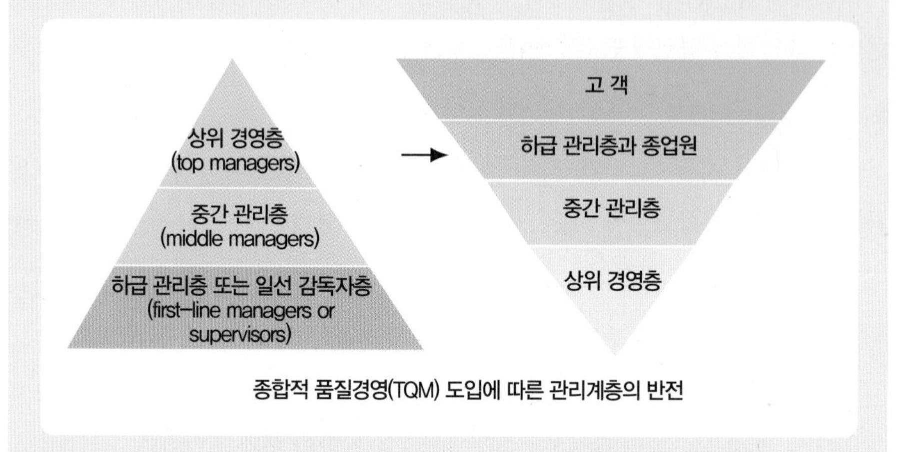

종합적 품질경영(TQM) 도입에 따른 관리계층의 반전

최근의 조직구조는 종합적 품질경영의 중요성이 부각되면서 전통적인 피라미드 형태의 조직모형과는 정반대의 역피라미드 조직모형을 갖는다. 고객만족과 친절한 서비스로 유명한 N기업의 조직은 역피라미드로 이루어져 있어 가장 윗부분은 고객이 차지하고 있다. 그 아래는 사원, 매니저와 점장, 지역관리자, 사업부 관리자로 구성되어 있으며, 가장 아래에는 사장과 임원진, 이사회 등이 있다. 사실상의 고객만족을 실천하는 사람들은 현장 직원들이라는 생각으로 매니저에서부터 사장에 이르기까지 현장의 직원들을 지원한다. 그들이 권한과 책임을 가지고, 고객을 대할 수 있어야 하고, 그들이 고객 감동을 위한 서비스를 제공하는데 조금도 부족함이 없도록 돕는 역할을 하는 것이 바로 관리자, 임원, 사장이어야 한다고 생각하기 때문이다.

1. 5~6명이 한 팀을 이루어 가상의 급식 및 외식기업을 설립하고, 위 사례와 같은 역피라미드 조직을 설계해 보자.

2. 카츠는 경영자에게 필요한 기본적인 관리능력을 기술적 능력, 인력관리 능력, 개념적 능력이라고 하였다. 여러분의 팀원 중 상위 경영자, 중간 관리자, 하급 관리자에 적합한 조직원을 선발해 보고, 각각 어떠한 관리능력을 가지고 있는지에 대해 논의해 보자.

3. 여러분이 설계한 조직에서 가상으로 운영하고 있는 업장의 고객만족도가 하락하고 있다면 고객만족도를 상승시키기 위해 역피라미드 조직에서 각 계층의 관리자는 어떠한 노력을 해야 할지 생각해 보자.

용어·요점 정리

- **급식경영관리자** : 급식조직에 있어서 인적자원을 비롯한 조직 내의 제반 자원들에 대해 책임을 지고 있는 사람
- **일반 관리자** : 급식 부서 내 모든 활동에 책임을 지는 관리자
- **기능적 관리자** : 특정 부문이나 기능에 대해서만 책임을 지는 관리자
- **급식경영관리 계층** : 상위 경영층, 중간 관리층, 하급 관리층의 세 계층으로 구분
- **상위 경영층** : 급식 조직 전체에 대해 책임을 지는 경영자로 전략계획 수립
- **중간 관리층** : 급식 부문의 세부 업무에 대해 책임을 지는 관리자로 부문의 계획수립과 상 · 하위 관리 계층 간의 의사소통 담당
- **하급 관리층** : 급식 종업원들의 작업 진행의 감독을 맡는 감독자로서 매일매일의 급식 업무 진행의 책임을 짐
- **TQM 관리 계층** : 급식조직에 있어 TQM 관리 철학을 도입함에 따라 피라미드 형태의 전통적인 조직 구조가 역삼각형 모양으로 역전되어 고객과 더불어 하급 관리자의 위상을 강조한 관리 계층 모형
- **민츠버그의 10가지 경영자 역할** : 대인관계 역할(대표자, 지도자, 연결자), 정보관련 역할(정보 탐색자, 정보 전달자, 대변인), 의사결정 역할(기업가, 문제 해결자, 자원 배분가, 협상가)
- **카츠의 세 가지 경영관리 능력** : 기술적 능력(technical skill), 인력관리 능력(human skill), 개념적 능력(conceptual skill)으로 관리 계층에 따라 관리 능력의 상대적인 중요성이 달라짐
- **기술적 능력** : 전문적인 분야에서 맡은 바 업무를 이해하고 이를 능숙하게 수행할 수 있는 실무적 능력
- **인력관리 능력** : 대인관계 능력이라고도 부르며 조직 구성원 간의 원만한 인간관계를 유지하고 조직의 리더로서 업무를 통솔하고 지휘하는 능력
- **개념적 능력** : 조직을 하나의 시스템으로 파악하고 각 부문 간의 상호 관계를 인식하는 능력
- **관리 계층과 관리 능력** : 각 계층의 관리자에게는 세 가지 관리 능력이 모두 필요하며, 특히 기술적 능력은 하급 관리층에게, 개념적 능력은 상위 경영층에게 중요하고, 인력관리 능력은 모든 계층의 관리자에게 중요함
- **경영관리 순환체계** : PDS 사이클(계획 → 실행 → 평가) 또는 POC 사이클(계획수립 → 조직화 → 통제)
- **경영관리 과정** : 계획수립 → 조직화 → 지휘 → 조정 → 통제
- **경영관리 축** : 경영관리 과정의 5가지 관리 기능에 목적, 관리자, 동기부여, 의사소통을 연결하여 상호 간의 연관성을 나타낸 모형
- **관리적 기능** : 계획수립, 조직화, 지휘, 조정, 통제 기능으로 경영의 관리적 기능이란 경영목적을 효율적으로 달성하기 위하여 조직체에 요구되는 기본적인 기능
- **업무적 기능** : 메뉴관리, 구매관리, 생산관리, 위생관리, 시설 · 설비관리, 인적자원관리, 회계 · 정보관리, 급식마케팅, 급식 품질경영 등의 급식 운영 기능

PART 2

급식경영관리의 순환

chapter

4 급식경영관리 : 계획수립과 통제

성공적인 조직과 그렇지 못한 조직의 큰 차이는 계획수립에 달려 있다. 끊임없이 변화하는 고객들의 욕구와 기호에 부응하지 못하는 조직은 결국 실패로 끝날 수밖에 없다. 급식관리자들은 고객의 욕구와 동기를 파악하고 이에 맞는 제품과 서비스를 개발할 수 있도록 계획수립에 전력 투구해야 한다. 과거에는 경쟁이 심하지 않았기 때문에 철저한 계획수립 없이도 성공하는 기업이 있었지만 이제 계획 없이는 더 이상 성공하지 못하는 시대가 되었다.

본 장에서는 급식경영의 출발점이 되는 계획수립의 개념과 기법, 의사결정 과정, 통제의 종류와 진행순서에 대해 살펴보기로 한다.

학습 목적

경영관리의 첫 단계인 계획수립의 개념과 기법, 의사결정의 개념, 통제의 개념을 이해하여 이를 급식조직의 경영에 적용한다.

학습 목표

1. 계획수립의 정의와 의의를 설명한다.
2. 계획의 계층구조를 설명하고 관리 계층과 연결한다.
3. 계획을 적용기간과 용도에 따라 분류하고 이를 설명한다.
4. 벤치마킹(benchmarking)의 개념과 단계를 설명한다.
5. 스왓 분석의 개념을 급식전략 계획의 수립에 적용한다.
6. 목표관리법의 정의, 진행 단계, 장 · 단점을 설명한다.
7. 의사결정(decision making)의 개념을 정의하고 문제해결(problem solving)과의 관계를 설명한다.
8. 의사결정의 유형을 분류하고 상황을 세 가지로 설명한다.
9. 집단의사결정에 적용되는 방법을 나열한다.
10. 적용시점에 따른 통제의 유형과 통제의 진행 단계를 설명한다.

1
계획수립

계획수립의 개념

경영관리 순환과정 중 **계획수립(planning)**은 가장 먼저 시작되는 활동으로서 모든 조직에서 가장 중요하게 여기는 기능이다. 조직의 목표를 설정하고 이를 달성하기 위해 필요한 방법을 결정하는 과정으로 조직의 성과에 중대한 영향을 미치기 때문이다. 계획은 조직의 미래에 일어날 활동 과정을 설계하고 구상하는 경영관리 기능으로 조직화(organizing), 지휘(leading), 통제(controlling) 기능의 기초가 된다(그림 4-1).

급식조직에서도 메뉴가 정해지면(계획수립) 생산부서에서는 조리 업무를 분담하여(조직화) 조리 종사원에게 업무를 지시하는(지휘) 등 모든 업무가 계획에 따라 이루어지며 음식의 품질과 가격도 정해진다(통제).

계획을 수립할 때는 먼저 현재의 상황을 파악하고 조직이나 부서의 문제점을 분석한 후, 미래의 변화에 대비한 예측과 가정을 통해 조직의 목표를 성취할 수 있는 다양한 방법을 모색하여야 한다. 이 중에서 최선의 안을 선택하여 구체적인 방침

그림 4-1 계획수립과 관리 기능

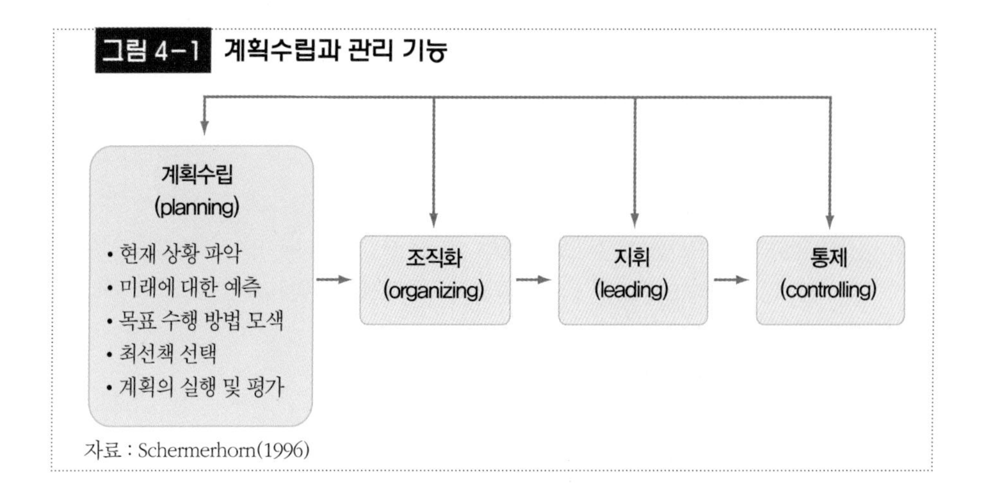

자료 : Schermerhorn(1996)

과 절차, 방법을 정하여 실행하고 최종적으로 실행 결과를 평가하게 된다. 이와 같이 계획수립은 조직 내 다양한 활동들이 합리적으로 수행되도록 하며 경영관리의 출발점이 된다.

계획수립(planning)은 최고경영자뿐만 아니라 중간 관리자, 일선감독자 모두에게 필요한 활동이다. 경영계획은 기업의 모든 활동을 포괄하는 청사진이라고 할 수 있다. 무엇보다도 경영계획은 미래지향적 경영활동으로 다음과 같은 중요성을 지닌다(전용수 외, 2006).

- 계획은 기업이 미래의 불확실성에 대응하기 위한 수단 또는 방향을 제시해준다.
- 계획은 일차적으로 목표달성에 초점이 있기 때문에 경영자가 목표달성에 모든 노력을 집중하게 된다.

좋은 계획의 수립

계획수립을 잘하기 위해서는 먼저 어떠한 계획이 좋은 계획인지 알 필요가 있다.

- 원래의 문제점에 대해 실제적인 해결책(workable solution)을 제공해 줄 수 있어야 한다.
- 관련된 문제와 해결방안이 제시될 수 있는 포괄적인 계획(comprehensive plan)이어야 한다.
- 목적 달성에 따르는 위험성이 최소화(minimizing the degree of risk)되는 계획이어야 한다.
- 상세하고 세부적인 계획(specific plan)이어야 한다. 즉, 시기, 장소, 필요한 도구, 물자, 사람(인원수, 임무와 책임 등)에 대한 내용이 명시되어 있어야 한다.
- 어느 정도의 유연성(flexibility)은 허용되어야 한다. 특히 장기적인 전략 계획을 세울 때에는 기술적 여건, 경쟁업체나 시장의 상황, 정치적 상황 등의 변화에 대처하기 위해서 계획은 불변성(rigidity)이 아닌 유연성(flexibility)을 가져야 한다.

좋은 계획을 수립하기 위한 관리자의 자질

- 상황을 전체적인 시각에서 볼 수 있어야 한다. 때로는 관리자나 감독자들은 문제를 너무 근시안적으로만 바라보는 경향이 있으나 한걸음 뒤로 물러서서 문제를 보다 포괄적으로 바라보는 것이 필요하다.
- 문제를 작은 덩어리로 세분화해서 보는 능력을 지녀야 한다.
- 문제에 접근할 때 객관적인 태도를 지녀야 한다.

- 계획은 기업이 목표달성을 위해 필요한 인적 · 물적 자원 등의 제 자원을 가지고 최소한의 비용으로 최대의 효과를 얻도록 하는 데에 도움이 된다.
- 계획은 기업의 성과를 평가하기 위한 기준이 된다. 즉 설정된 목표와 달성한 목표 간의 비교를 통해 기업의 성과를 평가하게 된다. 기업의 목표는 계획수립단계에서 구체화되기 때문에 성과평가 과정에서 중요한 역할을 한다.

계획의 계층

계획은 일련의 계층(hierarchy)을 형성하며, 또한 경영관리 계층과 연결된다(그림 4-2). 계획의 첫 단계로 설정되는 조직의 **목표**(objectives, goals)는 하위 부문 목표 설정의 기초가 되어 이로부터 **방침**(policies), **절차**(procedures), **방법**(methods) 등이 구체화된다(Spears & Gregoire, 2007). 목적이나 목표는 그 수가 적고 광범위한 계획이며 방침이나 절차, 방법은 그 수가 많고 보다 구체적인 계획이라고 할 수 있다. 방침은 목표의 실행을 위한 지침서의 역할을 하며 절차와 방법은 목표 실행을 위한 실제적인 단계라고 할 수 있다(표 4-1).

계획의 계층과 연결해 볼 때 **상위 경영층**은 조직의 사명을 정하고 전반적인 목적이나 목표를 수립하는 데 비해, **중간 관리층**은 이를 달성하기 위한 방침을 세우거

그림 4-2 계획의 계층과 경영관리 계층

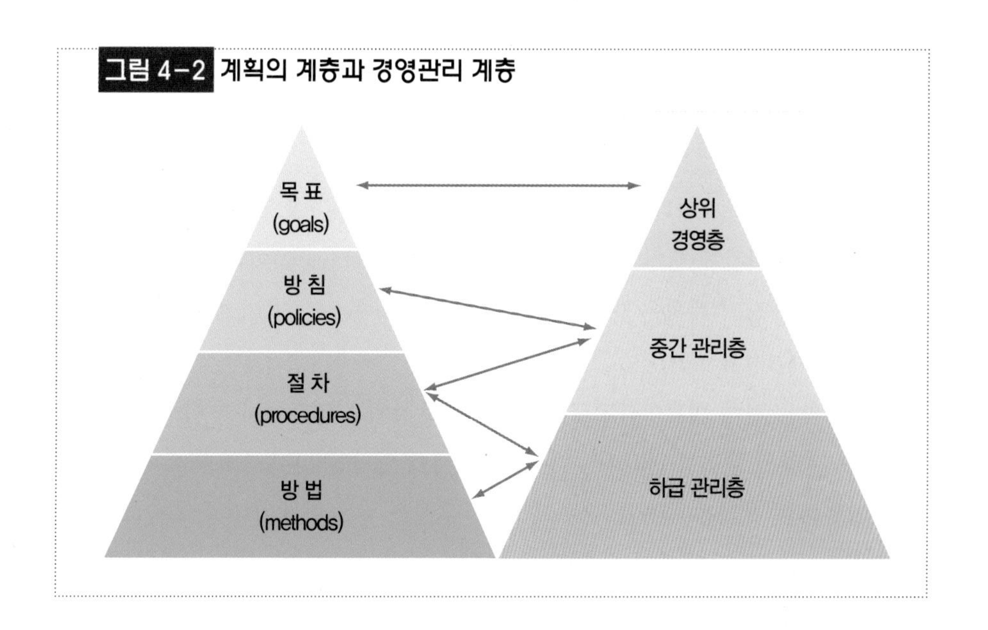

표 4-1 계획의 계층

계층	내용
사명 (mission)	조직의 장기적인 목표나 목적을 보다 함축적인 문장으로 표현한 것 (예) 21세기 급식산업의 리더 실현
목표 (goals, objectives)	조직에서 다양한 활동이 지향하는 궁극적인 것, 사명을 이루기 위해 활용하는 현실적이고 측정가능한 목표 (예) 초일류 종합 푸드서비스 업체 1위 달성 급식시장 점유율 30% 달성
방침 (policies)	조직 내 의사결정에 있어서 지침이 되는 계획 (예) 인사 방침, 교육 방침, 구매 지침 등
절차 (procedures)	필요한 행동이 시간적인 순서로 계획된 것으로 방법을 상세하게 기술한 계획 (예) 발주 절차, 창고 내 저장품 출고 절차
방법 (methods)	절차를 진행하는 각 단계를 구성하는 것으로 절차보다 상세한 계획 (예) 입찰 구매 방법, 표준 조리법, 검수 방법
규칙 (rules)	특별히 요구되는 행동이나 금지 행위를 자유 재량의 여지가 없도록 기록해 놓은 것 (예) 조리원 위생수칙, 작업장 내 금연 규칙

나 부서 업무의 절차를 확립하며, **하급 관리층**은 세부 업무 기능의 수행 절차나 방법을 구체화하는 역할을 맡게 된다.

계획의 종류

(1) 적용기간에 따른 분류

계획은 적용기간에 따라 단기 계획, 중기 계획, 장기 계획으로 나뉜다. **단기 계획**은 1년 이하의 기간에 걸친 계획으로 연차 계획(annual plans)이라고도 한다. 중기 계획은 1~2년, 장기 계획은 3~5년 정도의 계획으로 때로는 그 이상의 시간 범위에 걸쳐지기도 한다(표 4-2).

장기 계획은 전략 계획이라고도 부르며, 주로 상위 경영층에서 수립하는 계획이다. 장기 계획은 향후 수년간에 걸쳐 기업 성과에 영향을 미칠 중요한 요인과 변수들을 발견하여 장기적 목표를 세우고, 목표 달성을 위한 마케팅 전략, 그리고 전략의 집행을 위한 자원의 확보 등에 대한 계획도 함께 수립한다. 수립된 장기 계획은

| 사 | 례 |

급식기업의 비전과 목표

2021년 삼성웰스토리는 지속가능경영보고서를 발간하고 비전하우스를 통해 '건강한 삶의 질을 높여 인류 행복에 공헌한다'는 미션과 '글로벌 식품기업' 비전을 제시하고 있다. '고객의 건강한 삶의 질 향상', '이웃과 더불어 건강한 사회 지향', '미래를 위한 지속가능한 환경 유지'의 3대 경영원칙을 토대로 11대 가치를 중점 전략으로 추진하고 있다.

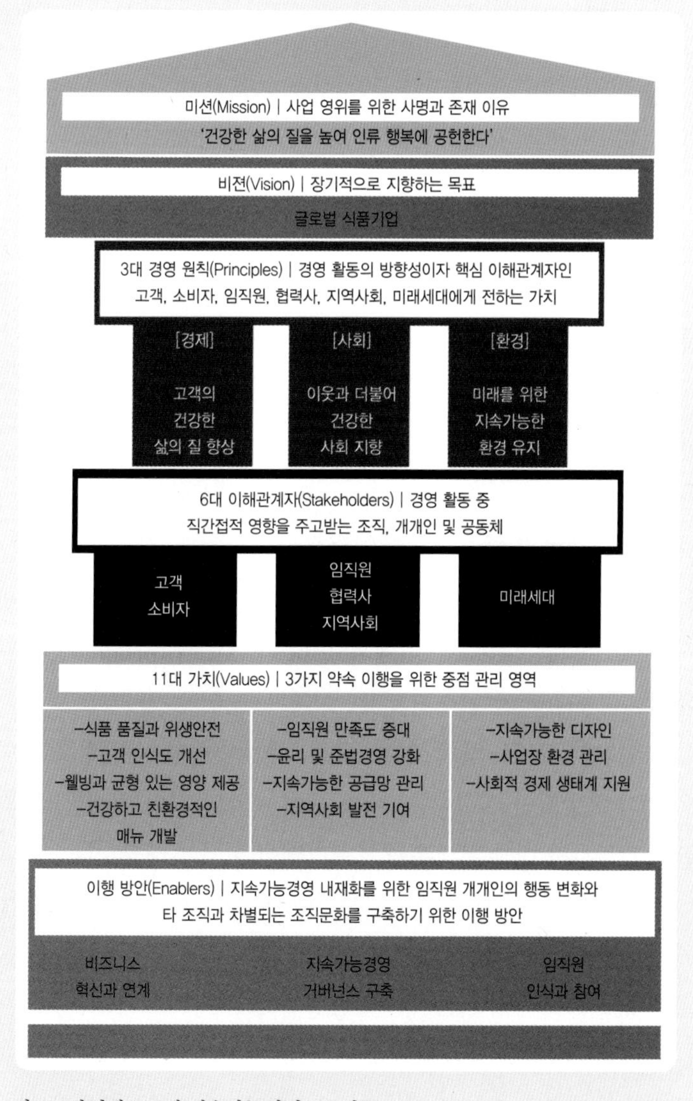

자료 : 삼성웰스토리 지속가능경영보고서(2021)

표 4-2 적용기간에 따른 계획의 분류

분류	기간	관리 계층	급식조직의 예
장기 계획 (전략 계획)	3~5년	상위 경영층	• 식재료 전처리센터, 식품가공 공장의 신축 • 외식업 부문 진출 결정
중기 계획 (전술 계획)	1~2년	중간 관리층	• 공장 신축 계획에 따른 설비와 가동 계획 • 각 부문별 인력 조정 및 모집 계획 수립
단기 계획 (운영 계획)	1년 미만	하급 관리층	• 각 급식점의 식재료 규격 조정 • 부서 내 인력 재배치 및 필요 인력 요청

매년 재검토되고 그 해의 상황에 맞게 수정되기도 한다.

중기 계획은 전술 계획이라고도 부르며 부문 관리자인 중간 관리층에서 수립한다. 전략 계획을 달성하기 위해 각 하위 부서에서 해야 할 일을 계획하게 된다. **단기 계획**은 운영 계획이라고도 부르며 전략 계획과 전술 계획을 더욱 구체화한 것으로 현장의 하급 관리자가 중심이 되어 작성한다.

(2) 용도에 따른 분류

계획은 일단 만들어지면 지속해서 사용되는 **지속 계획**과 특정한 용도로만 사용되는 **특정 계획**이 있다.

지속 계획에는 앞서 설명한 **방침**(policies), **절차**(procedures), **방법**(methods), **규칙**(rules)이 해당되며, **특정 계획**으로는 **프로그램**(programs), **프로젝트**(projects), **예산**(budgets)이 있다(그림 4-3).

프로그램은 목표, 방침, 절차, 규칙, 과업의 할당, 사용하는 자원, 필요한 활동 내용 등의 복합적인 계획이다. 예를 들어, 단체급식의 위생관리 체계를 구축하기 위한 조리종사자 대상 위생훈련 프로그램이 여기에 해당된다.

프로젝트는 특정한 과제나 행사, 이벤트를 달성하기 위한 계획이다. 회사의 창립기념일 행사식 준비와 같은 단기과제로부터 전반적인 품질 및 공정개선을 위한 장기간에 걸친 과제에 이르기까지 광범위하다.

예산은 수치화된 계획으로 통제의 수단으로 쓰이기도 하며, 구성원들로 하여금 구체적인 계획을 갖도록 만들고 전사적인 차원에서 편성된 예산은 회사 내 여러 계획들을 통합시키는 중요한 도구로 활용된다.

그림 4-3 용도에 따른 계획의 분류

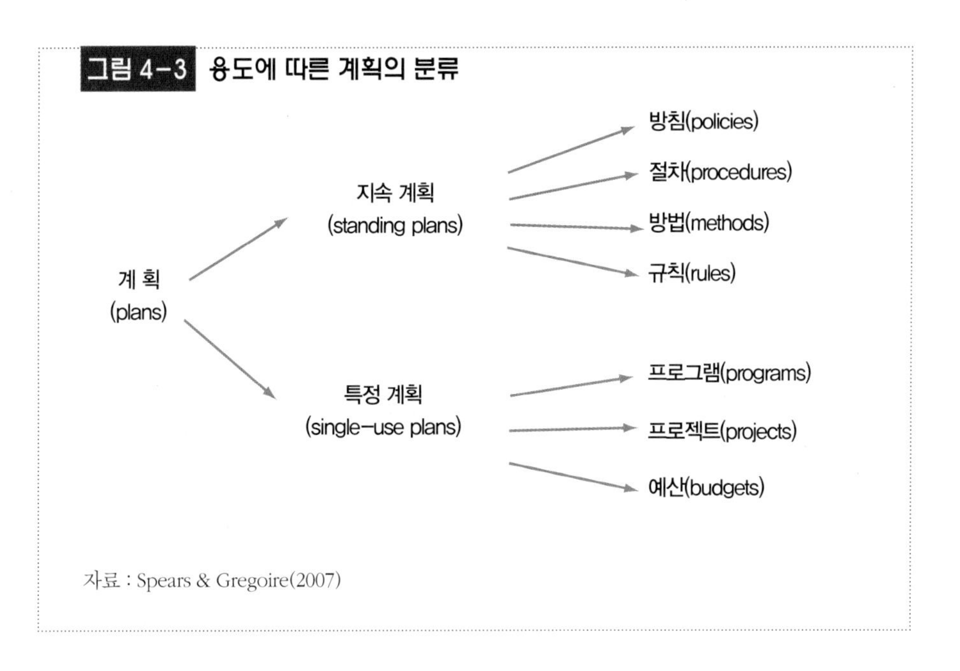

자료 : Spears & Gregoire(2007)

계획수립의 기법

급식관리자가 실제적인 계획을 수립하기 위해 사용할 수 있는 대표적인 기법으로는 벤치마킹(benchmarking)과 스왓(SWOT) 분석 및 목표관리법(MBO)이 있다.

(1) 벤치마킹

벤치마킹(benchmarking)은 어느 특정 분야의 우수한 상대를 기준으로 삼아 자기 기업과 성과 차이를 비교하고 이를 극복하기 위해 그들의 뛰어난 운영과정을 배우면서 부단히 자기 혁신을 추구하는 새로운 경영기법이다. 즉, 뛰어난 상대에게서 배울 것을 찾으라는 것이다. 이때에는 우수 기업의 장점을 단순히 모방하는 것이 아니라 조직에서 보유하고 있는 자원이나 처해 있는 환경에 비추어 개선하는 것이 반드시 필요하다.

벤치마킹을 성공적으로 활용하기 위해서는 조직 내 어느 분야에 대해 벤치마킹을 적용할 것인지, 벤치마킹의 상대를 누구로 할 것인지, 벤치마킹의 성과 측정 지표를 어떻게 정할 것인지, 그리고 벤치마킹의 운영 프로세스를 어떻게 개발할 것인지와 같은 네 가지 측면에 대해 고려하여야 한다.

| 사 | 례 |

모방을 넘어선 창조의 미학 : 벤치마킹의 시대

벤치마킹은 원래 토목 분야에서 사용되던 말이었다. 강물의 높낮이를 측정하기 위해 설치된 기준점을 기표, 즉 벤치마크(benchmark)라고 부르는데 이를 세우거나 활용하는 일을 벤치마킹이라고 불렀다. 그 후 컴퓨터 분야에서 각 분야의 성능을 비교하는 용어로 사용되다가 기업 경영에 도입된 것이다.

경영 분야에서 이 용어가 처음 사용된 것은 1982년 미국 뉴욕주 로체스터에서 열린 제록스사의 교육 및 조직개발 전문가 모임에 의해서였다. 제록스사는 일본의 캐논과 같은 경쟁회사에 뒤지는 이유를 단순히 복사기의 부품 문제뿐 아니라 디자인, 생산, 주문 처리의 모든 면에서 분석하여 일본식 작업 방식을 배우는 벤치마킹을 시도하여 벤치마킹의 꽃을 피웠다. 그리고 1989년 로버트 캠프 박사의 '벤치마킹'이라는 저서에서는 동종 업계가 아닌 다른 업계의 경영 기법도 비교 분석하는 벤치마킹의 개념을 도입하여 그 범위를 확대하였다.

| 사 | 례 |

CJ제일제당, 벤치마킹 모델을 넘어서다

CJ제일제당이 글로벌 시장의 '퍼스트무버(선도자)'로 자리매김하고 있다. 세계적 식품기업이자 경쟁사인 일본 아지노모토의 아성을 넘어서고 있는 것이다. 아지노모토는 CJ제일제당이 벤치마킹한 모델이라는 점에서 시사하는 바가 크다. 1953년 CJ제일제당 설립 당시 관련 기술과 사업모델을 아지노모토로부터 배워왔다.

아지노모토는 조미료로 세계시장에서 입지를 다진 기업으로, 1909년 세계 최초로 개발한 MSG(글루타민산나트륨) 조미료가 전 세계적으로 유명해지자 사명도 조미료 이름인 아지노모토로 변경했다. CJ제일제당은 아지노모토로부터 전수받은 기술을 통해 1963년 '미풍'을 선보였으나 앞서 조미료 시장에 뛰어든 대상이 출시한 '미원'의 벽을 넘지 못했다. CJ제일제당은 계속된 연구 · 개발 끝에 1975년 천연 재료로 맛을 낸 '다시다'를 선보이며 반격에 나섰다. CJ제일제당은 1977년 식품 조미 소재인 핵산 시장에 진출해, 약 5년 전부터 핵산 시장에서 1위를 차지하며 글로벌 시장에서 60%에 가까운 점유율을 확보하고 있다.

CJ제일제당은 2020년 신종코로나바이러스 사태 속에서도 가정간편식과 해외사업 및 선제적으로 투자했던 곳에서 성과가 나오고 있다. 향후 이를 바탕으로 아지노모토를 넘어 글로벌 입지를 확고하게 다질 것으로 기대된다.

자료: 더 벨(2020.9.16.)

그림 4-4 벤치마킹의 단계

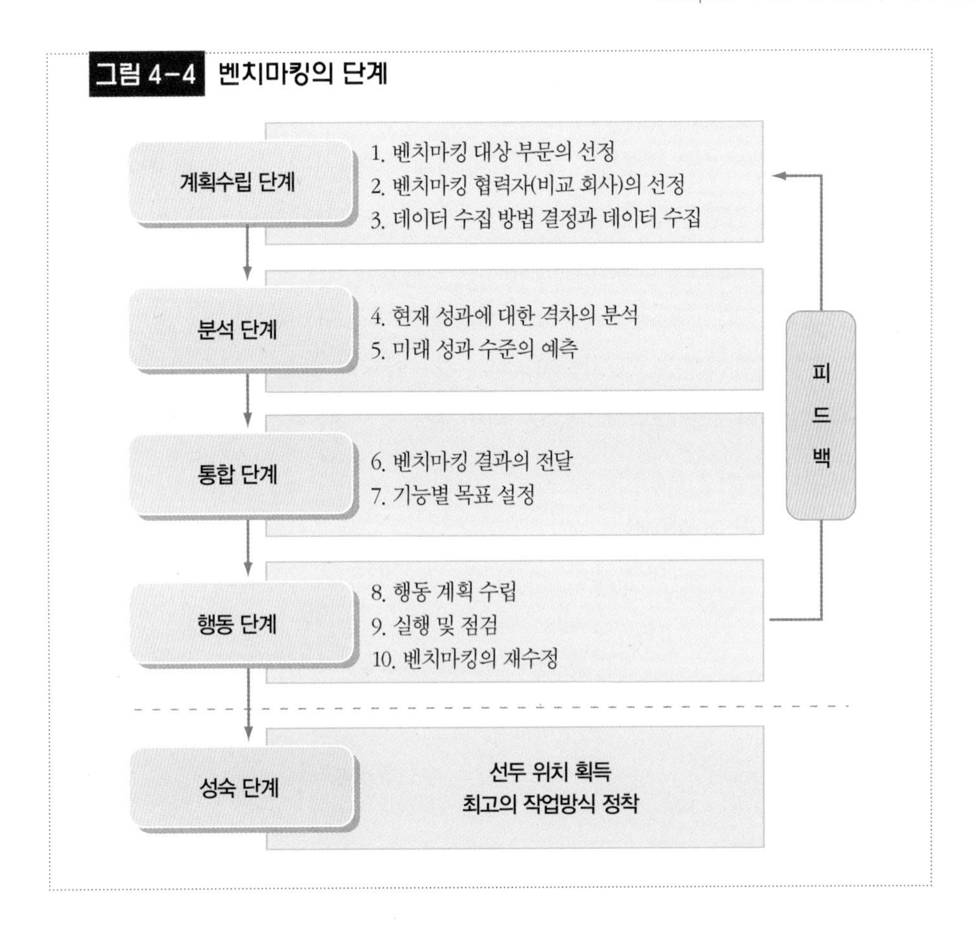

벤치마킹의 단계는 그림 4-4에서와 같이 벤치마킹 계획수립, 성과 차이의 확인 및 분석, 벤치마킹 결과의 전달, 행동 계획의 수립, 실행 및 평가의 순으로 진행된다. 벤치마킹의 실행 결과는 피드백을 통해 다음의 계획수립 단계에 영향을 주고, 이러한 벤치마킹을 지속적으로 수행함으로써 동업종 내에서 선두위치를 획득하는 성숙 단계로 진입할 수 있다.

(2) 스왓 분석

조직이 처해 있는 환경을 분석하기 위한 방법으로 그림 4-5와 같은 스왓 분석(Strengths, Weaknesses, Opportunities and Threats analysis ; SWOT)이 많이 사용되고 있다.

스왓 분석이란 내부 환경 분석으로부터 자사의 강점과 약점을 도출하고 외부 환경 분석으로부터 환경의 기회와 위협 요인을 파악함으로써 보다 유리한 전략 계획을 수립하기 위한 기법이다. 이는 주로 전략 계획 수립 단계에서 기업의 장점과 기회를 규명하고 강조하는 반면 약점과 위협이 되는 요소는 축소하기 위한 방법이다.

기업이 보유하는 강점 중에서도 타 기업에 비해 경쟁력을 가지는 것을 핵심 역량이라고 한다. 핵심 역량은 타 경쟁사가 모방하기 어렵고 고객들이 효용성을 인식하는 것이어야 하며, 이를 바탕으로 보다 다양하고 광범위한 시장을 확보할 수 있다.

여기서 **기회**는 조직체 환경에 중요한 영향을 끼치는 유리한 상황을 의미하는 것으로, 인구 통계학적인 요인, 기술적 진보, 경쟁업체의 변화 등이다. **위협**은 조직 환경에 영향을 미치는 불리한 상황을 의미하는 것으로, 새로운 경쟁업체나 기존

그림 4-5 스왓 분석(SWOT analysis)

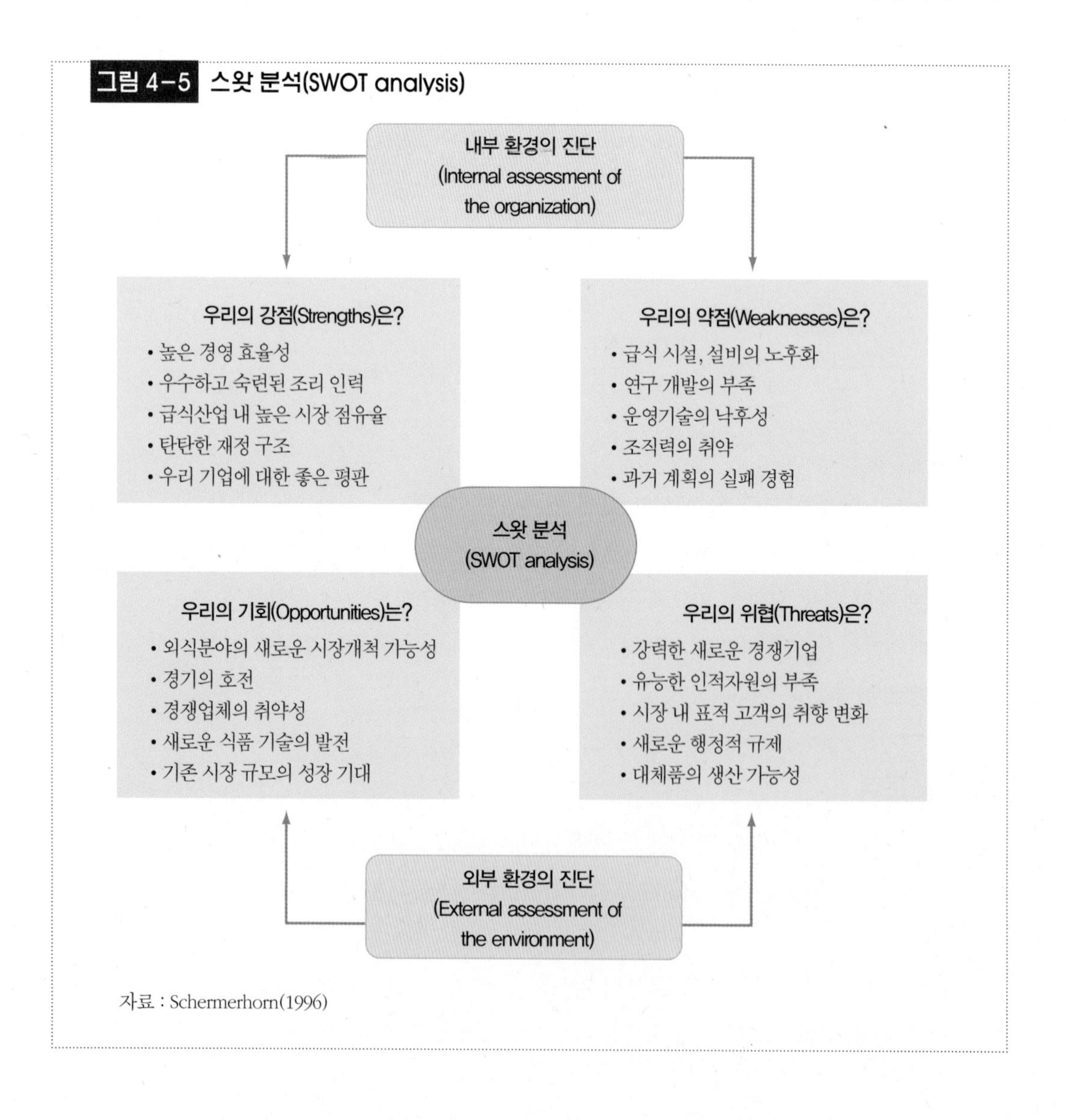

자료 : Schermerhorn(1996)

| 사 | 례 |

SWOT 분석에 의한 전략개발 사례

급식조직의 전략 개발에도 SWOT 분석이 매우 유용하게 사용된다. 국내 병원급식소를 대상으로 한 위탁급식 운영평가 및 전략 수립 연구에서도 SWOT 분석 기법을 적용한 바 있다(박수연 2003).

이 병원은 서울시 소재 250병상 규모이며 2002년 5월 환자식을 위탁하였다. 이 병원에서는 위탁 운영이 증가하는 추세에 부응하여 치열한 경쟁 환경 속에서 경쟁적 우위를 확보하고자 고객만족과 수익창출을 도모할 수 있는 전략들을 수립하였다. 다음의 SWOT 매트릭스에서 보는 바와 같이 네 요소들을 조합하여 SO 전략, ST 전략, WO 전략, WT 전략을 도출하였으며 총 20개의 전략을 도출하였다.

A대학교 어린이병원 급식영양과의 SWOT matrix

	Strengths	Weaknesses
	S1 메뉴 관리 시스템의 다양한 지원 S2 체계화된 구매 및 저장업무 흐름 S3 식재료 자원의 적정성 ⋮ ⋮	W1 비적온급식 W2 배식시간의 비일관성 W3 수요예측의 부정확성 ⋮ ⋮
Opportunities	Maxi–Maxi(Strengths/Opportunities) 전략	Mini–Maxi(Weaknesses/Opportunities) 전략
O1 급식 산업의 발전 O2 병원급식의 위탁화 증가 추세 O3 전문성을 가진 위탁급식 전문업체의 다수 출연 ⋮ ⋮	S8O2O3 위탁으로 개선된 급식부문의 재정적 수익성 유지 S6O4 지속적인 환자 만족도 증진 및 유지 S1S2S3S4S5O3O7O8 환자급식에 적합한 메뉴 개발 및 제공 ⋮ ⋮	W8O7O8 자동화된 기기 도입 및 가공식재 도입을 통한 생산성 향상 W2W7O1O4O5 배식서비스 기준 확립을 통한 고객의 신뢰 구축 W6O2O3O6 어린이 병원 급식운영의 전문성 확보 ⋮ ⋮
Threats	Maxi–Mini(Strengths/Threats) 전략	Mini–Mini(Weaknesses/Threats) 전략
T1 현대적 시설을 갖춘 신설병원의 출현 T2 기존 병원간 서비스지향 경영의 경쟁 치열 T3 고객 요구의 다양화와 높은 기대 수준 ⋮ ⋮	S1S2S3S8T5 체계화된 구매 및 메뉴 관리 시스템을 이용한 식재료비의 적정성 유지 S3S5T7 양질의 급식제공을 통한 환자수응도 증진 S4T6 위생관리 체계를 활용한 급식의 위생적 품질 확보 ⋮ ⋮	W8T4 숙련된 종업원을 이용한 생산성 증가 및 인건비 절감 W3W7T2T4T5T7 선택식의 효율적 운영을 통한 경쟁력 확보 W4W5T1T2T3 급식소 시설 · 설비 리모델링 ⋮ ⋮

제품을 대체하는 신제품 출시라든지 시장 내 고객층의 인구 통계학적 변화 등을 들 수 있다. 한 조직의 기회가 되는 것이 또 다른 조직에게는 위협이 될 수 있다. 기업이 어떠한 강점과 약점을 가지는가는 기업의 경쟁력을 좌우하게 된다.

스왓 분석 결과 다음과 같이 강점, 약점, 기회, 위협의 네 가지 요소들을 결합하여 기업의 전략을 도출하게 된다.

- SO 전략(강점-기회전략) : 시장의 기회를 활용하기 위해 강점을 사용하는 전략
- ST 전략(강점-위협전략) : 시장의 위협을 회피하기 위해 강점을 사용하는 전략
- WO 전략(약점-기회전략) : 시장의 기회를 활용하여 약점을 극복하는 전략
- WT 전략(약점-위협전략) : 시장의 위협을 회피하고 약점을 최소화하는 전략

(3) 목표관리법

① 개 념

목표관리 또는 목표관리법(Management by Objective ; MBO)은 1954년 **드러커**(Drucker)가 목표의 중요성을 강조하면서부터 시작되어 전 세계적으로 확산된 관리 기법 중 하나이다. 관리자들이 개개인의 업무를 관리하는 것이 아니라 목표가 관리해 주기 때문에 목표관리라고 부르게 되었다. 드러커는 목표관리가 종업원에게 동기를 유발시킬 뿐만 아니라 모든 조직 계층에서의 관리자와 종업원들에게 나아갈 방향을 제시해주는 실천적 도구라고 강조했다(Drucker, 1954).

목표관리법은 조직과 개인의 목표를 전체 시스템 관점에서 통합 관리하는 체계로써 상위자(경영자)와 하위자(부하)가 목표 설정에서 목표달성에 이르기까지 공동으로 관여하여 함께 노력하고 함께 평가하는 과정으로 진행된다(그림 4-6). 목표가 실천력을 가지려면 조직 구성원 전체에게 공유되어야 하는데, 목표관리법의 핵심은 최고경영자가 세운 목표를 일방적으로 하부에 전달하고 목표달성을 강요하는 것이 아니라, 조직 단위와 전체의 목표 간에 일관성 있는 성과 목표를 분명히 하고 경영자들이 종업원과 함께 노력함에 있다.

목표관리법은 그 개념과 적용 범위가 매우 다양하여 학자들에 따라서는 계획수립이나 통제의 기법이면서 일종의 인사고과 도구라고도 하고 또 다른 학자들은 동기유발의 한 기법으로 생각하기도 한다.

그림 4-6 목표관리법(MBO)의 과정

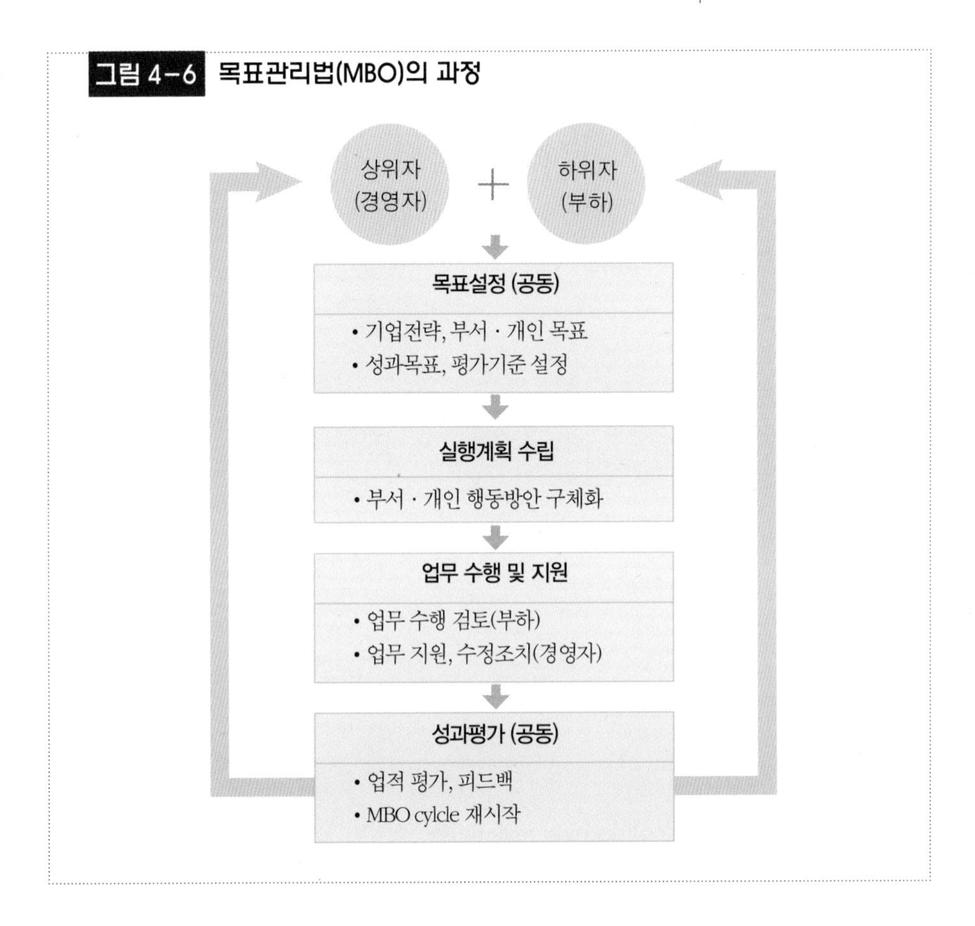

② 진행

- **목표설정** : 목표가 실천력을 가지려면 조직 구성원 전체에게 공유되어야 한다. 경영자와 종업원이 '우리가 무엇을 달성할 것인가'를 함께 협의하고 조직 계층에 따라 기업의 전략 목표, 부서 목표, 개인 목표를 차례로 설정한다. 각 목표는 명확하고 현실적이어야 하며 목표달성 기간을 명시한다. 성과 목표와 평가기준을 계량적 수치로 정하게 되면 책임소재와 갈등을 줄일 수 있다. 예를 들어, 급식점의 점장은 점포의 수익률을 연말까지 5% 상승시키도록 한다든지, 조리사는 매달 신메뉴의 표준 레시피를 5개 이상 개발한다든지, 영양사는 매주 5건의 영양상담을 실시하도록 한다든지 하는 목표를 설정할 수 있을 것이다.
- **실행계획(action plan) 수립** : 각 부서와 개인별로 목표를 실행하기 위한 구체적이고 단계적인 행동방안을 작성한다.
- **업무수행 및 지원** : 설정된 성과 목표와 평가 기준에 따라 업무 수행과정을 주기

적으로 검토한다. 경영자는 업무 수행을 지원하면서 설정한 기준에서 벗어날 때 피드백을 통해 수정함으로써 미래의 성과를 높이게 된다.

- **성과 평가** : 목표가 계획대로 진행되었는가를 평가하는 것으로, 이때에도 경영자와 직원이 함께 성과를 측정하도록 함으로써 목표 달성에 대한 동기유발을 증대시킨다. 수행 결과 평가는 피드백되어 MBO cycle을 다시 시작하게 된다.

2 의사결정

의사결정의 개념

바톨과 마틴(Bartol & Martin)은 **의사결정(decision making)**을 '조직의 문제를 찾아내고 이를 해결하려고 시도하는 과정'이라고 하였으며, 휴버(Huber)는 '목표를 달성하기 위하여 여러 대안들 중에서 가장 좋은 대안을 선택하는 과정'이라고 정의하였다.

의사결정은 모든 경영관리 계층에서 계획수립, 조직화, 지휘, 통제의 관리기능을 수행할 때 필요한 활동이다. 왜냐하면 조직이 당면한 문제들을 어떻게 결정하고 해결하느냐에 따라서 조직의 성과와 효율성이 결정되기 때문이다. 급식 운영에 있어서 관리자들은 끊임없이 문제에 직면하게 된다. 고객의 만족도를 높이기 위해 메뉴를 어떻게 구성할 것인가? 작업 효율을 높이기 위해서는 어떠한 조리법과 기기를 선택할 것인가? 경쟁력 확보를 위해 어느 부문에 신규 투자를 할 것인가? 이러한 당면과제의 해결 과정에서 반드시 필요한 것이 바로 의사결정이다.

의사결정(decision making)은 그림 4-7에서와 같이 문제해결(problem solving) 과정 중의 일부에 해당된다. 문제해결은 문제점의 인식, 정의 및 진단 → 다양한 해결 대안들의 도출 → 해결 대안의 평가 및 최적안 선택 → 선택한 대안의 실행 → 결과의 평가 및 재검토의 다섯 단계로 진행된다. 이 중에서 문제점을 인식하여 대안을 도출하고 최적안을 선택하는 과정이 바로 의사결정에 해당된다(서인덕 외, 2005).

그림 4-7 의사결정과 문제해결

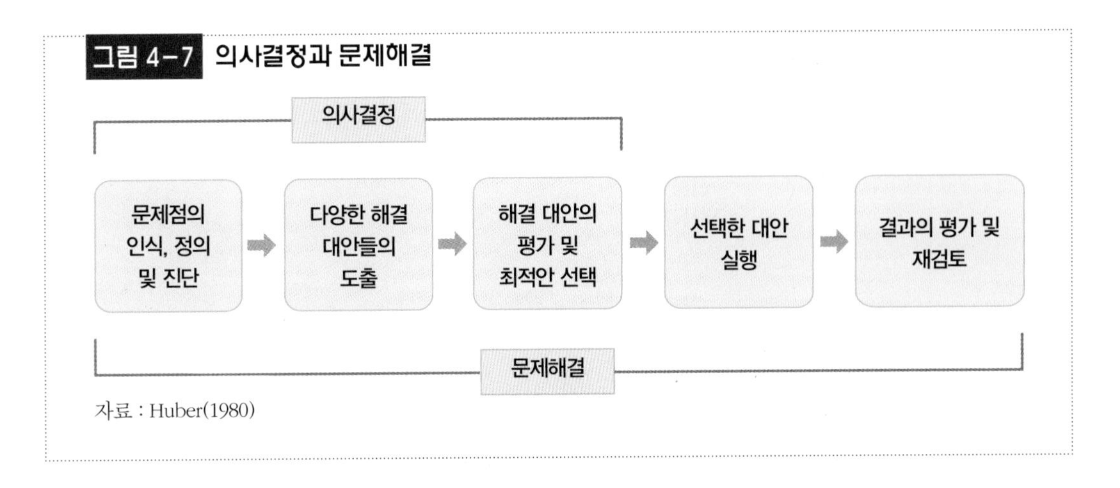

자료 : Huber(1980)

의사결정의 유형

(1) 계층과 범위에 따른 분류

의사결정은 계층과 범위에 따라 상위 경영층의 **전략적 의사결정**(strategic decisions), 중간 관리층의 **관리적 의사결정**(administrative decisions), 그리고 하위 관리층의 **업무적 의사결정**(operational decisions)으로 구분할 수 있다.

전략적 의사결정은 기업 내부보다는 외부 환경과의 관계에 관한 결정으로 기업 목표 설정, 신제품 개발 계획, 새로운 환경 변화에 대한 대책 수립 등이 해당된다. **관리적 의사결정**은 전략적 의사결정을 구체적으로 실현하기 위하여 물적 · 인적자원을 조직화하는 것과 관련된다. **업무적 의사결정**이란 일상적 업무를 효율적으로 수행하기 위해서 조직의 자원 활용을 최적화하는 것이다(이재규, 2005).

예를 들어, 급식회사의 상위 경영층에서 외식업 부문에 진출하고자 하는 전략적 의사결정을 내린 경우 중간 관리층에서는 새로운 고객 수요와 시장 특성에 맞는 신제품을 개발하고 이에 맞는 유통시스템, 시설의 입지, 인력 및 원재료 조달 방법 등을 결정하게 되며, 하급 관리층은 최대한 수익을 낼 수 있는 구체적인 실현 방법에 대한 의사결정을 내리게 된다.

(2) 내용에 따른 분류

의사결정의 내용에 따라 분류하면 일상적으로 반복되어 일정한 절차나 규칙이 정해

그림 4-8 의사결정의 유형

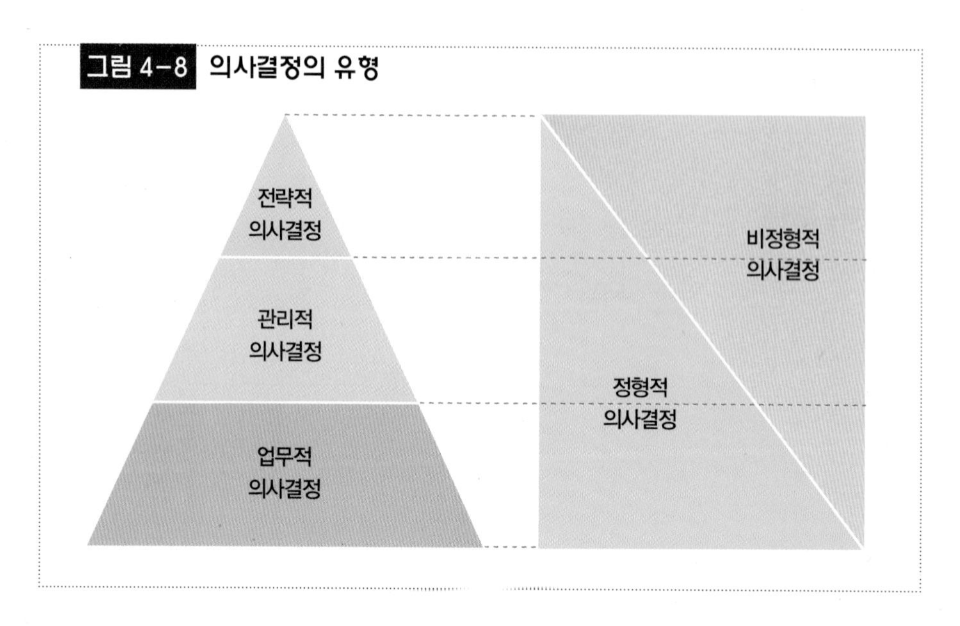

져 있는 **정형적 의사결정**(programmed decisions)과 전례가 없거나 비일상적인 내용이어서 직관과 판단에 의존하게 되는 **비정형적 의사결정**(unprogrammed decisions)으로 구분할 수 있다. 그림 4-8에서 보는 바와 같이 상위 경영층으로 갈수록 비정형적 의사결정을 하게 되는 반면, 하위 경영층은 정형적 의사결정을 주로 하게 된다.

의사결정의 상황

(1) 확실성하에서의 의사결정

확실성(certainty)이란 의사결정자가 여러 가지 선택 가능한 대안 중 어느 하나를 선택할 경우 어떤 결과가 나타날 것인가에 대해 사전에 측정하거나 정확히 알 수 있는 상황이다(그림 4-9). 예를 들어, 경쟁입찰 과정에서 여러 업체 중 가장 조건에 맞는 업체를 선택하는 경우가 해당된다.

(2) 위험성하에서의 의사결정

각 대안을 선택하였을 때 그 결과가 실현될 확률을 예측할 수 있는 상황에서의 의사결정을 말한다. **위험성**(risk)의 정도는 그 위험이 객관적 확률에 기초하느냐 아니면 개인의 주관적 판단에 기초하느냐에 좌우된다(그림 4-10). 예를 들면, 세트 메뉴

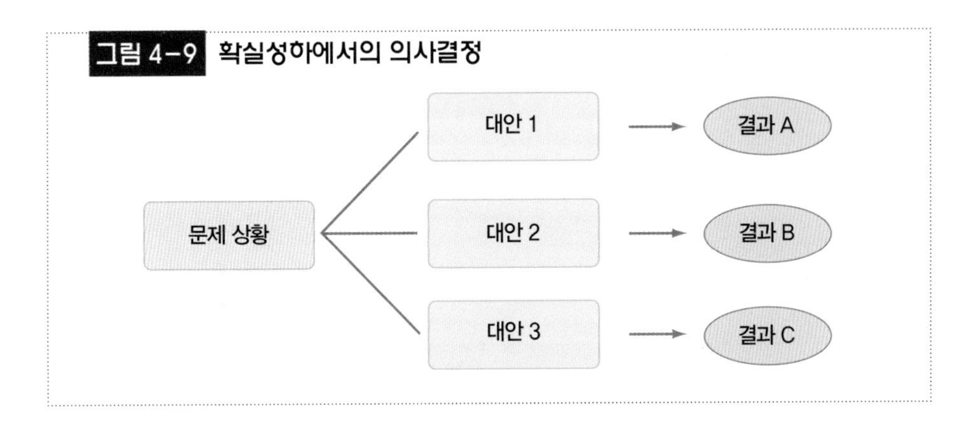

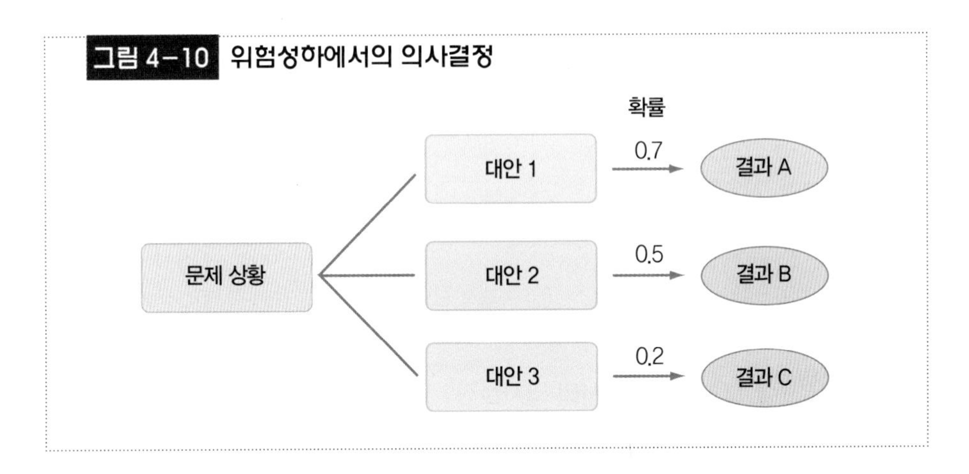

구성방법에 따라 몇 가지 대안을 세웠을 때 이에 따른 판매율이나 수익규모를 예측하여 의사결정을 내리는 경우이다. 이때 과거(연도별, 계절별)의 식수 기록이나 고객 기호에 대한 통계 자료가 있다면 의사결정의 위험성을 줄일 수 있다(그림 4-11).

(3) 불확실성하에서의 의사결정

대안 선택에 따른 결과의 확률을 예측하기 어렵고 때로는 어떠한 결과가 일어날 것인지조차도 **불확실한 상황**(uncertainty)에서의 의사결정을 말한다(그림 4-12). 예를 들어, 인터넷을 통한 기업 간의 식자재 구매 네트워크를 구축하고자 하는 새로운 시도는 성공 여부나 수익률을 추측하기 매우 어려운 불확실한 상황하에서의 의사결정이라고 할 수 있다.

경영자들은 불확실성하에서도 전적으로 추측에만 의존하게 되는 것은 아니다.

그림 4-11 의사결정의 위험성을 줄이기 위한 통계자료의 활용

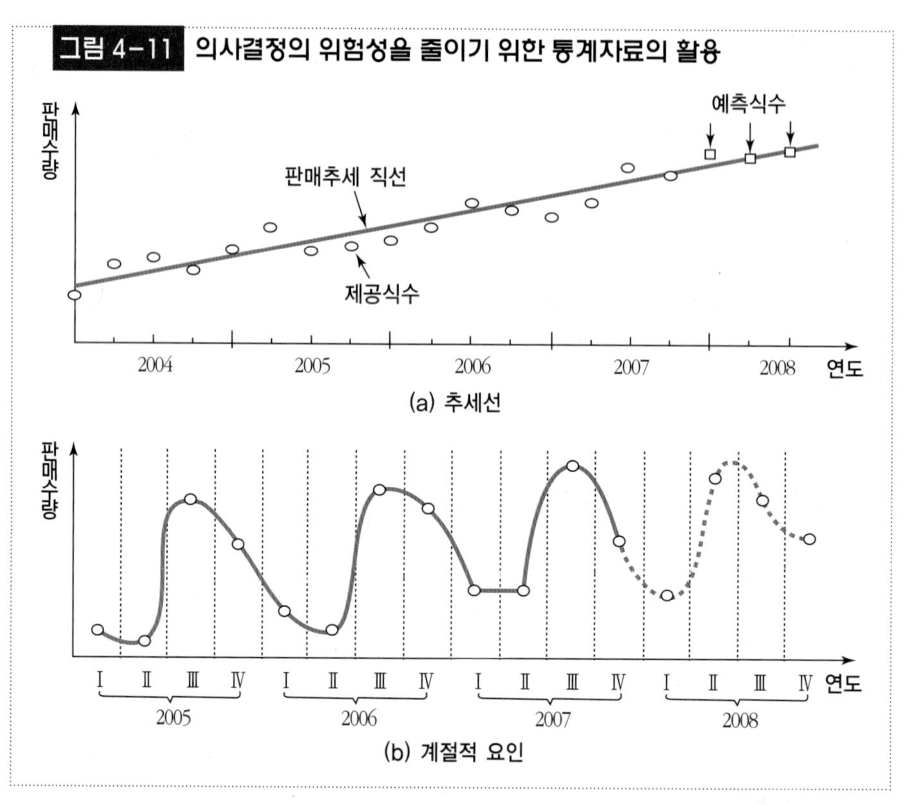

그림 4-12 불확실성하에서의 의사결정

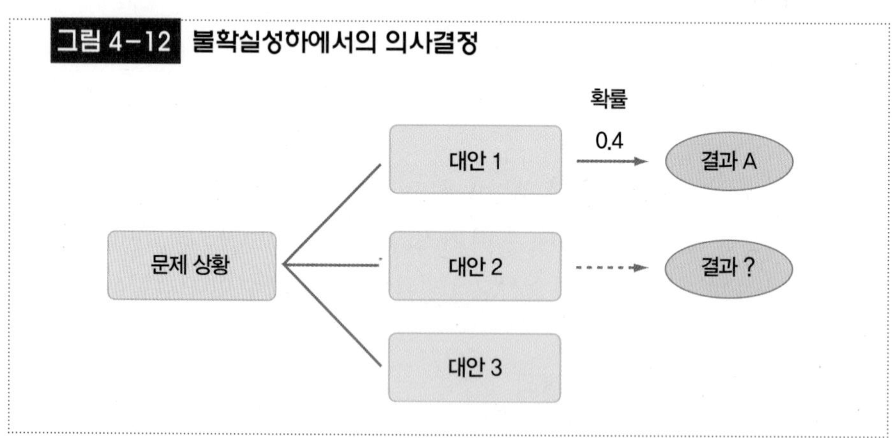

경우에 따라서는 합리적인 의사결정 기법을 사용함으로써 불확실한 문제를 체계적으로 다룰 수도 있는 것이다.

집단의사결정

조직의 규모가 커지고 업무가 전문화됨에 따라 개개인이 가지는 지식이나 정보만으로는 효과적인 의사결정이 어려워지면서 집단의사결정의 중요성이 점점 커지고 있다.

집단의사결정(group decision making)은 개인의사결정보다 더 많은 지식과 정보에 근거하게 되며, 집단 구성원들의 상호작용을 통해 시너지 효과나 의사소통을 촉진할 수 있고 결정에 대해 지지도가 높아진다는 장점을 지닌다.

하지만 개인의사결정에 비해 시간과 자원의 낭비가 있으며 의사결정 과정에 이르는 동안 의견의 불일치로 구성원 간의 갈등을 유발할 가능성이 있다. 또한 집단의사결정에 지나치게 의존하다 보면 경영층의 신속하고 결단력 있는 행동이 방해를 받을 수도 있다.

(1) 델파이법

델파이법(delphi technique)은 미국의 랜드연구소(Rand corporation)에서 개발한 의사결정 기법으로 집단 토론을 거치지 않고 전문가들로부터 전문적인 견해를 조사하는 방법으로 미래의 불확실성에 대한 의사결정 및 장기적인 예측에 가장 효과적이라고 알려져 있다.

델파이법에서는 각 전문가들에게 특정 문제에 관한 적절한 의견을 요구하는 설문을 실시한 후 이를 종합하여 2차 설문지를 작성한 다음 전문가들이 여러 가지 대안을 보다 구체적으로 평가하게 한다. 다수결 원칙에 의해 최종적인 선택을 내리게 되며 필요하다면 최종적인 합의에 도달할 때까지 과정을 반복하는 절차로 진행된다.

예를 들어, 학교급식 평가도구의 항목을 선정하고자 한다면 델파이법을 활용할 수 있다. 먼저 학교급식의 전문가 집단을 구성하고 이들에게 학교급식을 평가할 때 중요한 항목에 대해 의견을 제시하도록 우편이나 이메일로 요청한다. 각 전문가의 의견이 수렴되면 이를 모아 리스트를 작성한다. 이후 작성된 평가 항목 리스트를 다시 전문가들에게 보내 이에 대한 중요도를 표시하도록 하여 의견을 다시 수렴하고 공통된 의견에 이를 때까지 이 과정을 반복한다.

(2) 브레인 스토밍

브레인 스토밍(brain storming)이란 1939년 미국의 유명 광고회사 부사장이었던 오스본(Osborn)이 창안한 아이디어 창출 기법으로 두뇌에 폭풍을 일으킨다는 뜻을 지니고 있다.

브레인 스토밍은 10명 이내의 집단을 대상으로 10~60분 동안 한 주제에 대하여 다각적인 토론을 하게 되며 창의성을 발휘하는 데 장애가 되는 장벽이나 정형화된 범주를 탈피하고 다양한 사고 활동으로 대량의 아이디어를 얻을 수 있다는 장점을 지닌다. 이 기법은 광고뿐만 아니라 제품개발을 비롯한 경영상의 문제해결에도 널리 사용된다.

예를 들어, 급식소에서 잔반을 줄이기 위한 아이디어를 모으고자 할 경우 급식소의 구성원이 모두 한 장소에 모여서 가능한 모든 방법을 생각나는 대로 이야기하거나 종이에 적는다. 다양한 직위와 경력을 가진 사람들이 모여 자신의 경험과 생각을 근거로 갖가지 의견들이 나오므로 이 중에서 좋은 방법들을 선택할 수 있다. 최근에는 지식경영이 활성화됨에 따라 회사별 혹은 부서별로 구성원들 간에 운영되는 온라인 커뮤니티에서도 자유롭게 의견을 개진하고 공유하는 형태로 브레인 스토밍이 진행되기도 한다.

(3) 명목 집단법

명목 집단(nominal group)이란 브레인 스토밍을 수정·확장한 기법으로 회의에 참석한 사람들이 각자 제출한 의견들에 대해 토론을 거쳐 최종안을 선택하는 창의적인 기법을 의미한다(김영규, 2006).

명목 집단법의 절차는 다음과 같다. 먼저 구성원들이 아무런 토의 없이 각자의 아이디어를 5~15분의 시간 내에 기록하여 아이디어를 제출하도록 한다. 이를 지정된 사람이 칠판이나 차트에 기록하도록 하는데 누구의 아이디어인가는 모르게 한다. 제출된 아이디어에 대해 장점이나 타당성을 토론하고 투표를 통해 가장 많은 점수를 얻은 아이디어를 선택하도록 한다.

3
통제

통제(Controlling)란 경영관리의 일반적 순환 과정 중 계획, 조직화, 지휘 다음에 오는 기능으로 실제의 행동과 본래의 계획된 행동이 일치하는지 여부를 확인하는 과정이다.

통제 기능에서는 조직구성원이 계속적으로 최선을 다하여 업무를 수행하는지를 감시 · 감독하고, 수행된 업무에 대하여 정해진 기준에 부합되는지 판단하여 잘못이 있을 경우에는 이를 지적하고 수정하는 것이 포함된다. 시스템 흐름별 시점에 따른 통제의 유형은 표 4-3과 같다.

통제의 유형

(1) 사전 통제

경영활동이 실제 수행되기 전에 목표나 표준으로부터 이탈되거나 오류가 발생하는 것을 예방하기 위하여 실시하는 통제로 가장 바람직한 원천적인 통제유형이다. 예를 들어, 신입사원을 채용하기 전에 직무능력검사를 실시하거나, 급식 생산

표 4-3 시점에 따른 통제의 유형

유 형	사전 통제	동시 통제	사후 통제
적용 단계	투입(Input) 단계	변환(Transformation) 단계	산출(Output) 단계
대 상	투입자원의 모니터링	프로세스 모니터링	산출물 모니터링
기대 효과	문제 예측과 예방	진행 중인 활동조정	과거의 실수로부터 학습
급식분야에서 활용되는 통제 수단	• 직무능력 검사 • 식수수요 예측 • 영양기준량 • 식재료 검수 • 예산	• 작업 공정표 • HACCP 점검표 • 배식 온도 측정 • 식사 오류 확인	• 고객 만족도 • 1인당 매출액 • 원가분석 • 잔반율 • 기호도 • 결산

과정에 투입하기 전에 식재료의 양과 질을 검사하는 것은 사전 통제에 해당한다.

(2) 동시 통제

동시 통제는 진행 중인 활동과 프로세스가 기준에 부합하는지를 확실하게 하기 위한 모니터링과 조정과정을 의미한다. 어떤 일을 계획할 때 아무리 신중하게 계획했다 하더라고 실천해 나가면서 수시로 환경과 비교 · 검토하면서 목표치를 바꾸기도 하고 실천방법을 다른 것으로 교체하기도 한다.

동시 통제는 최종결과가 나타나기 전에 수정이 이루어지므로 비용이 적게 들며 적시에 통제가 이루어지는 장점이 있다. 예를 들어, 급식에서 제공되는 음식의 종류별 적정 배식온도를 통제 기준으로 설정하고 음식 배식 시 실제 온도를 측정하여 기준과 비교한 후 허용온도 범위에서 벗어날 때 시정 조치를 취하는 것을 동시 통제라고 할 수 있다.

(3) 사후 통제

사후 통제는 일이 진행된 후 통제하는 것으로 통제방법 중 가장 많이 사용되는 형태이다. 사후 통제를 통해 성과 기준과 비교하여 미달되었을 때는 그 원인을 분석하여 사후적으로 필요한 수정 조치를 취할 수 있고 향후 발생 가능한 유사 문제들에 대처할 수 있다. 예를 들어, 종업원 1인당 매출액을 분석하거나 고객의 만족도에 대한 설문조사를 실시하는 것은 사후 통제에 속한다.

통제 진행 순서

통제활동은 일반적으로 기준을 설정하고 실행의 결과를 측정하여 설정된 기준과 비교해 보고 차이의 원인을 밝혀 시정조치를 취하는 순서로 진행된다. 동시에 다음번 계획수립에 참고하도록 피드백하는 과정도 포함된다.

(1) 성과기준의 설정

성과기준(performance standards)은 구체적으로 설정되어야 정확하게 측정하고 평가할 수 있다. 예를 들어, '잔반율을 5%에서 3%로 낮춘다', ' 고객만족도를 4.0에서 4.5로 높인다', '불량품건수를 100,000건당 1건으로 낮춘다' 등과 같이 구체적으로 설정 할 필요가 있으며, 모든 조직구성원이 이해하기 쉬워야 한다.

(2) 수행결과의 측정

성과기준이 설정되면 실제 수행 성과(actual performance)를 측정해야 한다. 성과 측정 시에는 투입, 변환, 산출 과정의 정보를 수집하고 분석하여 자료화한다.

(3) 기준과 결과의 비교

측정된 수행의 결과를 성과 기준과 비교하여 설정되었던 기준이 성공적으로 달성되었는지 판단한다.

(4) 시정조치와 피드백

실제 수행 성과가 기준에 미치지 못했을 경우에는 시정 조치를 취하고 그 결과를 다음 번 계획 수립에 반영한다. 종업원의 노력 부족으로 수행 성과가 낮게 나왔을 수도 있지만 예기치 못한 상황의 발생이나 통제 불가능한 요소 때문에 성과가 낮게 나올 수도 있다. 또한 성과 기준이 과도하게 설정되었던 것은 아니었는지에 대한 검토도 필요하다.

병원급식의 메뉴 품질 개선을 위한 통제 활동

급식 시스템에서 통제 요소는 내부적 통제 요소와 외부적 통제 요소가 있다. 내부적 통제 요소는 계획단계에서 수립되었던 조직의 목적이나 목표를 예로 들 수 있다.

급식 생산에서 표준레시피는 좋은 통제 도구로 사용될 수 있다. 표준레시피에 명시된 재료의 종류와 양, 조리 순서와 조리방법 등의 내용을 근거로 정확하게 계획된 양과 질의 음식이 생산되는지를 모니터링할 수 있다. 특히 병원급식의 경우 다양한 치료식을 생산해야 하기 때문에 조리작업이 복잡하여 오류가 발생하기 쉽기 때문에 정확한 표준레시피를 확보하고 이를 활용하여 동시통제를 진행하는 것이 중요하다.

또한 적정 배식온도에 대한 자체 규정도 좋은 통제 도구가 된다. 실제로 서울시 소재한 A병원에서는 밥 80℃(±5℃), 국 65℃(±5℃), 찌개 80℃(±5℃), 찬 음식(김치류 포함) 5℃(±3℃)로 적정 배식온도를 규정해 놓고 있다. 이를 활용해 배식 시 음식 종류별 온도를 측정해 보고 적온배식이 제대로 되고 있는지 판단할 수 있다. 허용범위를 벗어나는 경우 환자들에게 배식되기 전에 시정 조치하여 음식에 대한 불만족을 사전에 방지할 수 있다.

| 활 | 동 |

CJ프레시웨이, VISION은 어떠한 종합 청사진을 제공하는가?

CJ그룹 내 식자재 유통 및 단체급식 전문기업 CJ프레시웨이는 2021년 창립 21주년을 맞아 사업 재도약을 위한 새로운 미션과 비전을 선포했다. CJ그룹의 중기 비전에 맞춰 식문화 트렌드를 선도하고 토탈 솔루션 제공을 통해 국내 최고의 푸드 비즈니스 파트너로 자리매김하겠다는 계획이다.

CJ프레시웨이가 새롭게 정립한 미션은 '식문화 트렌드와 고객 사업환경에 최적화된 온리원(ONLYONE) 솔루션을 제공해 고객의 사업 성공에 기여하는 회사'이다. 이를 위한 비전은 '푸드 비즈니스 파트너'(Food Business Partner Creating The Success Way)로 결정했다.

CJ프레시웨이는 비전 달성을 위해 상품(Product) · 영업(Sales) · 데이터(Data) · 인사(HR) 등 밸류체인별 4대 혁신을 추진해 구조적 경쟁력을 갖추고 전략 실행을 가속화하기로 했다.

Mission	食문화 Trend와 고객 사업환경에 최적화된 OnlyOne Solution을 제공하여 고객의 사업 성공에 기여한다.			
Vision	Food Business Partner Creating the Success Way			
4대 혁신	Product	Sales	Data	HR
	상품 소싱 및 제조 역량 강화 · Meal/Biz Solution 역량 강화	프레시원 기반 라스트마일 역량 강화 · 온/오프라인 커버리지 확대	내부 Data 자산화 및 Trend 분석 역량 확보 · Data-driven 의사결정 체계 구축	Open Innovation 성과평가/보상제도 혁신 · 조직문화 Restructuring

자료 : 머니S(2021.11.16)

1. CJ프레시웨이가 수립한 VISION은 기업에 어떠한 종합 청사진을 제공하는지 먼저 토의해보자.

2. CJ프레시웨이의 4대 혁신 전략의 경쟁력 확보를 위한 부문별 목표를 수립해 보자.

3. 급식 및 외식기업 한 곳을 선정하고 만일 여러분이 그곳의 CEO라고 가정하고 그 기업의 미래 비전을 수립해 보자.

용어·요점 정리

- **계획수립** : 조직의 목표를 설정하고 설정된 목표를 달성하기 위한 전반적인 전략을 수립하며, 이를 위해 조직 구성원들의 행동을 통합하고 조정하기 위한 방법을 모색하는 포괄적인 과정
- **계획수립의 필요성** : 조직 구성원 행동의 기초, 경제적 경영의 확보, 통제의 용이, 미래의 불확실성과 변화에 대처
- **계획수립의 장점** : 경영자의 수고 절약, 조정 용이, 권한 위임 용이, 다른 경영 기능 수행의 기초
- **계획수립의 단점** : 미래의 불확실성, 시간과 비용 소요, 계획 수정의 어려움
- **좋은 계획의 요건** : 실제적인 해결책 제공, 포괄적 해결 방안 도출, 위험요소 최소화, 상세하고 세부적인 계획, 유연성
- **계획의 계층** : 목표, 방침, 절차, 방법의 세부 단계가 있으며, 하위 단계의 계획일수록 구체적이며 그 수가 많아짐
- **계획의 종류** : 계획의 적용 기간에 따라 단기 · 중기 · 장기 계획으로 나눌 수 있으며, 용도에 따라 지속 계획과 특정 계획으로 나눔
- **지속 계획** : 계속하여 사용되는 계획의 방침, 절차, 방법, 규칙 등
- **특정 계획** : 특정한 용도로만 사용되는 계획으로 프로그램, 프로젝트, 예산 등
- **계획수립의 기법** : 벤치마킹, 스왓 분석, 목표관리법
- **벤치마킹** : 경쟁 우위에 있는 다른 기업의 경영 활동을 비교 분석하여 이를 적절하게 모방, 개선할 수 있는 계획안을 개발하는 방법
- **스왓 분석** : 내부 환경 분석으로부터 자사의 강점과 약점을 도출하고 외부 환경 분석으로부터 환경의 기회와 위협 요인을 파악함으로써 보다 유리한 전략 계획을 수립하기 위한 기법
- **목표관리법** : 상부와 하부 간에 공동 목표를 설정하고 목표 달성을 위해 공동 노력하고 공동으로 평가하도록 함으로써 조직과 개인의 목표를 전체 시스템 관점에서 통합하는 관리 체계
- **의사결정** : 조직의 목표 달성 또는 문제해결 과정에 있어서 다양한 대안을 탐색하고 평가하여 가장 최선의 안을 선택하는 과정
- **의사결정의 의의** : 문제해결 과정에서 어떠한 의사결정을 내리는가에 따라서 조직의 성과와 효율성이 결정
- **의사결정의 유형** : 의사결정 계층과 범위에 따라 전략적 의사결정, 관리적 의사결정, 업무적 의사결정으로 나뉘며 의사결정 내용에 따라 정형적 의사결정, 비정형적 의사결정으로 나뉨
- **의사결정 환경** : 확실성, 위험성, 불확실성하에서의 의사결정
- **집단의사결정방법** : 델파이법, 브레인 스토밍, 명목 집단법
- **통제의 종류** : 통제는 시행되는 시점에 따라 사전 통제, 동시 통제, 사후 통제가 있음
- **통제 진행 순서** : 통제활동은 기준을 설정하고 실행의 결과를 측정하여 설정된 기준과 비교해보고 차이의 원인을 밝혀 수정조치를 취하는 순서로 진행됨

chapter

5 급식경영관리: 조직화

효과적인 급식운영이 되기 위해서는 급식소를 효과적으로 조직하여야 한다. 조직화(organizing)란 공통의 목적을 이루기 위해 필요한 활동을 그룹화하는 기능이다. 계획수립 기능을 통해 도출된 다양한 계획들이 실제 성과로 나타나기 위해서는 각 계획을 어느 부서에서 누가 담당할 것이며, 어떠한 자원을 사용할 것인지, 누가 업무에 대한 책임을 맡을 것인지, 각 부서간의 협력 관계는 어떻게 구축하여야 하는지와 같은 보다 구체적인 단계로 나아가게 되며, 이러한 단계에서 발휘되어야 하는 기능이 바로 조직화라고 할 수 있다. 본 장에서는 조직이나 조직화의 개념, 조직화 단계 그리고 여기에 적용되는 조직화의 원칙 및 조직 부문, 다양한 급식조직의 유형에 대해 살펴보기로 한다.

학습 목적

조직과 조직화의 개념, 조직화의 원칙, 조직의 유형과 특성에 대한 이해를 통해 급식경영 조직에 이를 적용한다.

학습 목표

1. 조직과 조직화를 정의한다.
2. 조직도의 기능을 설명한다.
3. 조직화의 원칙을 열거하고 이를 정의한다.
4. 라인과 스태프의 역할에 대해 설명한다.
5. 집권 관리와 분권 관리에 대해 설명한다.
6. 경영조직의 유형을 분류하고 각각의 특징을 설명한다.
7. 현대기업에 있어서 나타나고 있는 새로운 조직화의 경향을 설명한다.
8. 공식 조직과 비공식 조직을 비교 · 설명한다.

1
조직화의 개념

조직과 조직화

조직(organization)은 '공동의 목적을 달성하기 위하여 협동적으로 노력하는 사람의 집합체'라고 정의할 수 있다(Khan, 1991). 조직이 존재하는 이유는 각 개인의 분산된 노력보다 여러 사람들의 협동적 노력을 통해 더 많은 일을 할 수 있기 때문이다(신민식 · 권중생, 2006). 이상적인 조직은 자원을 가장 효율적으로 이용하는 조직으로써 규모와 관계없이 다음과 같은 특징을 가진다.

- 조직은 사람들로 구성된다.
- 조직은 모든 사람들이 함께 기꺼이 협력하여 성취하고자 하는 공동의 목표를 가진다.
- 조직 내에는 구성원의 행동을 규제하는 규칙이 있다.
- 의사소통(communication)이 이루어진다.

조직화(organizing)는 경영관리 기능 중 두 번째 과정이다. 수립한 계획을 실행에 옮기기 위해 인적자원과 원료자원을 분배하며 조직 내 다양한 작업들을 그룹화

그림 5-1 조직화와 관리 기능

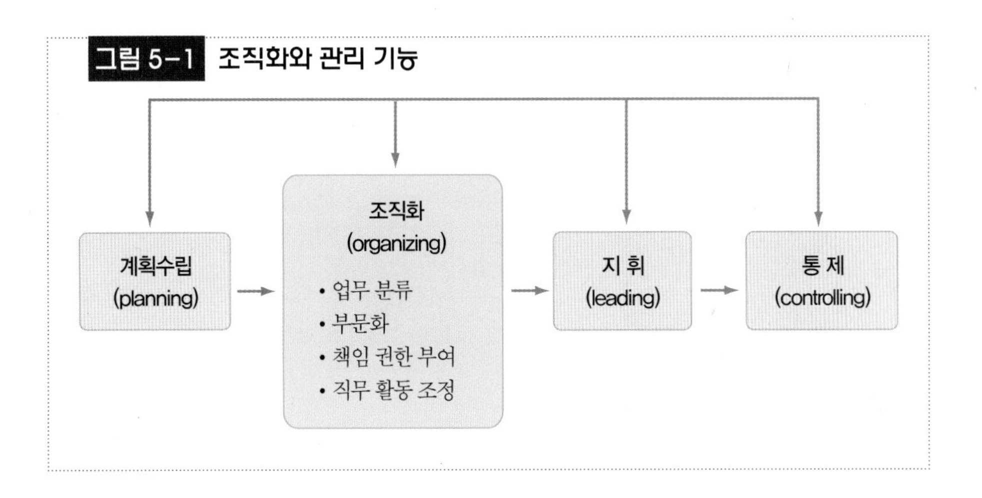

하고 종적 · 횡적 관계를 조정하는 기능이다(그림 5-1).

조직화는 조직 전체에서부터 실무 부서에 이르기까지 적용된다. 전체 조직 수준에서는 사업부 · 부서 · 팀 등의 대단위로 전체 조직구조를 설계하여 업무를 효과적으로 배분, 조정하는 것이다. 실무 부서 수준에서는 개인의 직무를 적절하게 설계하고 배분함으로써 종업원들이 의욕적으로 자신의 업무를 수행할 수 있도록 한다.

조직화의 결과로 각 부서와 세부 업무가 확정되면 이를 **조직도(organization chart)**로 나타내게 된다. 조직도는 조직의 공식적인 구조, 작업의 분담 상황, 감독 관계, 의사소통 경로, 수직적 계층 구조 및 각 직위 간의 상호관계를 도식화한 것이다. 조직도는 실제 상황을 모두 표현하지는 못하지만 권한과 의사소통의 네트워크(network)를 파악하고 이를 시각화하는 데 도움을 준다. 그러나 조직은 시간 흐름에 따라 유동적이기 때문에 조직도를 지속적으로 수정, 보완할 필요가 있다(Khan, 1991). 그림 5-2는 우리나라 병원급식 조직도의 예이며, 미국에서 사용하고 있는 병원급식, 학교급식 및 대학급식의 조직도는 부록 5-1에 제시하였다.

그림 5-2 병원급식 조직도의 예

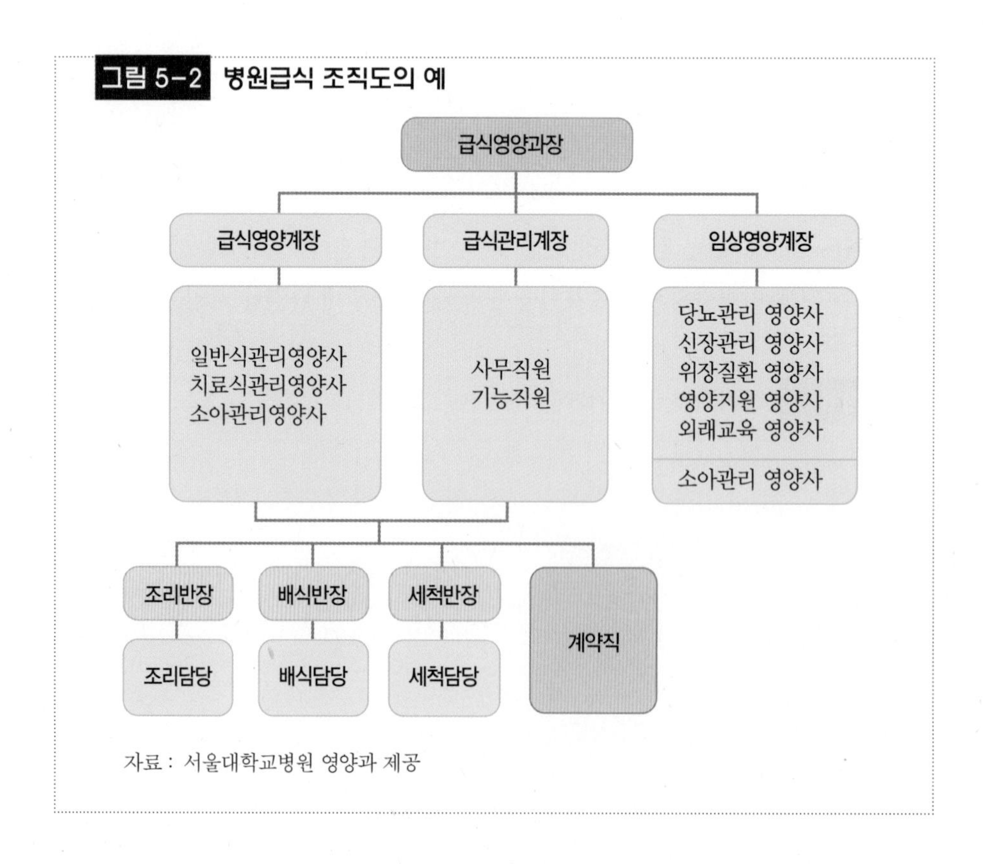

자료 : 서울대학교병원 영양과 제공

조직화의 원칙

관리자가 조직을 편성하거나 운영할 때에는 조직화의 원칙을 이해하여 적용할 필요가 있다. 조직화의 원칙들은 조직 구성원들이 맡은 직무를 능률적으로 수행하고 조직의 목표를 달성할 수 있도록 돕는다.

(1) 전문화의 원칙

아담 스미스(Adam Smith)는 근로자들이 하나의 완제품을 생산하기보다는 특정한 전문화된 몇 가지 임무에 집중하게 되면 작업 능률이 향상된다고 주장하면서, 조직화의 기본 원칙으로서 업무를 가능한 한 세분화하여 단순화시킬 것(**분업의 원칙** : principle of division of work)과 작업자들을 단순화된 업무에 대해 숙달시키도록 할 것(**전문화의 원칙** : principle of specialization)을 제안하였다. 학자들에 따라서는 분업과 전문화가 동시에 이루어지므로 이 두 가지 원칙을 굳이 구분하지 않고 사용하기도 한다.

예를 들어, 급식 작업을 세분화하여 전처리 담당, 조리 담당, 세척 담당 등으로 분업화하는 것이 일의 능률을 올릴 수 있다는 것이다. 하지만 지나치게 전문화의 원칙만을 따져 조직을 구성하면 단순히 반복되는 일은 지루함이나 성취 의욕 저하 등의 문제를 발생시킬 수도 있기 때문에 유의할 필요가 있다.

(2) 권한과 책임의 원칙

권한과 책임의 원칙(principle of authority and responsibility)은 권한과 책임 명확화의 원칙과 권한과 책임이 어느 하나만 강조되지 않고 동일하게 대등되어야 한다는 권한과 책임 대응의 원칙으로 나누어진다.

조직상의 모든 직위에는 직무가 할당되어 있고 그 직무를 수행할 수 있는 권한이 주어져 있으므로 이 직위에 있는 사람은 그와 같은 권한을 행사한 결과에 대한 책임을 지게 된다. 이처럼 권한과 책임은 조직 내 다양한 직위의 상호관계를 규정하게 되므로 **권한과 책임 명확화의 원칙**이 필요하다.

또한 모든 직위의 권한과 책임은 동일하게 유지되어야 하고 어느 하나만이 강조된다면 업무를 수행하는 데 있어서 지장을 초래할 수 있으므로 **권한과 책임 대응의 원칙**이 필요해진다.

그림 5-3 삼면등가의 원칙

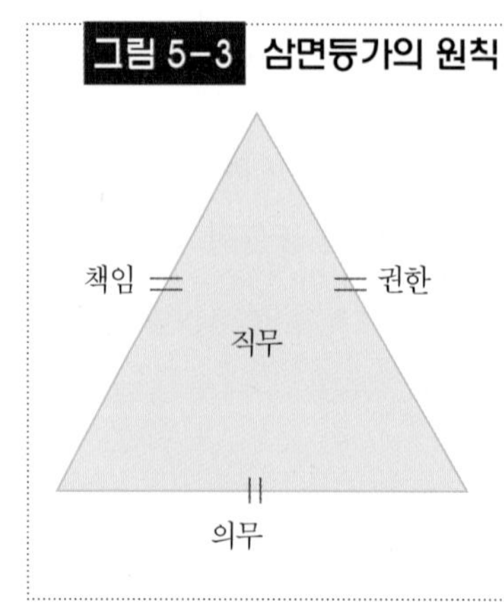

- **권한(authority)** : 무엇이 수행되어야 하는지를 결정하는 권리로 그것을 직접 수행하거나 다른 사람에게 그것을 하도록 요구하는 의사결정권, 명령권, 집행권 등을 말함
- **책임(responsibility)** : 주어진 지시에 따라 최선의 능력을 기울여 할당된 기능을 수행하고 업무 집행 방법과 결과 평가에 대한 책무를 지는 것
- **의무(accountability)** : 직무 수행 결과에 대한 보고의 요구. 공식적인 의무 관계에서 가장 바람직한 관계는 각자가 오로지 한 사람의 상사에게만 의무를 갖도록 함

한편, 조직 내에는 다양한 직무들이 존재하고 이들의 공식적 관계는 권한, 책임, 의무의 세 가지 기본 관계로 형성되며, 이 세 가지는 직무에 동등하게 부여되어야 한다는 **삼면등가의 원칙**이 언급되기도 한다(그림 5-3).

(3) 권한 위임의 원칙

경영의 규모가 확대될수록 의사결정에 관한 모든 권한을 한 사람이 행한다는 것은 불가능하므로 위임이 필요해진다. **위임(delegation)**이란 경영자가 다른 사람에게 권한을 배분하고 일을 맡기는 과정이며, 이와 같은 과정을 거쳐 조직 구성원들의 권한과 책임이 성립되고 조직이 구조화되는 것이다.

위임 과정에서는 **권한 위임의 원칙(principle of authority delegation)**이 필요하다. 이는 관리자가 하급자에게 위임을 행할 때 업무 수행에 필요한 권한을 충분히 부여해야 한다는 원칙으로써 다음과 같은 효과가 있다.

- 신속한 의사결정이 가능해진다.
- 조직 구성원의 교육과 개발에 기여한다.
- 조직 구성원에 대한 동기부여(motivation) 효과가 있다.
- 조직원들의 태도와 도덕성을 향상시킨다.
- 관리자의 부담이 경감된다.

권한 위임은 오늘날의 경영조직 운영에 있어서 필수적이며 많은 이점을 주는 원칙임에도 불구하고 실제적으로는 효과적으로 이루어지지 못하고 있다. 그 원인은 관리자들이 권한을 위임하지 않으려 하는 태도 때문인데, 참다운 권한 위임을 위해서는 다음과 같은 점에 유의할 필요가 있다(Weihrich 외, 1998).

- 누구에게 권한을 위임할 것인지 신중하게 선택한다.
- 업무를 명확하게 분담한다.
- 업무 수행의 목적과 일정에 대한 동의를 구한다.
- 독자적인 행동을 허용한다.
- 신뢰하고 있음을 보여준다.
- 업무 수행에 필요한 지원을 한다.
- 수행에 대한 피드백을 제공한다.
- 실수를 허용한다.

또한 권한을 위임하였다고 해서 업무 결과에 대한 궁극적인 책임까지 떠넘기거나 포기하게 되는 것은 아니므로 상사는 사전에 신중한 계획수립을 하고 보다 폭넓은 통제권을 확립하여야 한다.

예를 들어, 급식관리자가 조리업무 전체에 대한 책임과 감독을 맡고 있으며 각 메뉴별로 역할 분담을 하여 조리사들이 음식 생산을 맡고 있다고 하자. 만일 작업 일정에 차질을 빚어 정해진 배식 시간까지 음식 생산이 완료되지 못한 상황이 발생했을 때 '이는 전적으로 음식생산을 맡은 조리사들의 책임이다'라고 말한다거나 이들로 하여금 잘못을 책임지도록 할 수는 없다는 것이다. 즉, 비록 업무를 완수하지 못한 사람은 조리사이지만 급식관리자 역시 이에 대한 책임을 함께 지니게 되

위임의 진행 단계

- 단계 1 : 관리자가 책임을 할당한다. 관리자는 하급자에게 해야 할 일과 의무를 설명함으로써 하급자에게는 책임이 부과된다.
- 단계 2 : 관리자는 책임수행을 위한 권한을 부여한다. 할당된 과업에 따라 행동을 취하기 위해 필요한 권한(예를 들어, 다른 사람을 지휘할 수 있다거나 물건을 사는 결정을 한다거나 필요한 재원을 활용하도록 한다거나 하는 등 행위를 할 수 있는 권리)을 부여한다.
- 단계 3 : 하급자는 의무를 부여받는다. 업무를 수락한 하급자는 관리자에게 업무 완수에 대한 의무를 지니게 된다.

는 것이다.

(4) 명령 일원화의 원칙

명령 일원화의 원칙(principle of unity of command)이란 한 사람의 하위자는 항상 한 사람의 직속 상위자로부터 명령 · 지시를 받아야 한다는 원칙이다. 만일 명령계통이 일원화되지 못하고 이중 계통이 된다면 명령에 복선이 생겨서 조직은 불안정해지고 상위자와 하위자의 관계가 불분명하게 된다. 또한 각 구성원의 책임이 모호해지며 조직 능률도 저하되는 결과를 낳게 된다.

(5) 감독 범위 적정화의 원칙

감독 범위 적정화의 원칙(principle of span of control)이란 능률적인 감독을 보장하기 위해 한 사람의 관리자가 직접 통제하는 하위자의 수(감독 범위 또는 관리 한계)를 적정하게 제한해야 한다는 원칙이다.

감독 범위가 너무 커지면 의사소통과 감독이 곤란해져서 조직의 능률이 저하되며, 반면에 너무 좁아지게 되면 지나친 감독으로 인하여 하위자가 창의성과 자주성을 발휘하는 데 방해가 된다.

감독 범위는 통상적으로 상위 단계 4~8명, 하위 단계 8~15명으로 보고 있으나 다음과 같은 여러 가지 영향 요인에 따라 달라지게 된다.

- **조직의 방침** : 조직체의 정책이나 방침이 이해하기 쉽고 명확할수록 관리자들의 의사결정 시간이 줄어들어 감독 범위가 커진다.
- **관리자의 개인적 능력** : 관리자의 직무 수행 능력이 우수할수록 감독 범위가 커진다.
- **조직 내 전문가의 활용** : 조직체 내 전문가의 의견과 충고를 활용할 수 있으면 감독 범위가 커진다.
- **조직원의 훈련된 정도** : 조직원의 훈련이 잘 되어 있을 경우 감독 없이도 직무 수행이 가능하므로 감독 범위가 커진다.
- **계획의 표준화** : 목표, 방침, 절차, 방법 등의 계획이 표준화되어 있을수록 감독 범위가 커진다.
- **직무의 특성** : 직무가 간단하고 획일적일 경우 감독 범위가 커진다. 하위 직위나 정

형화된 단순한 업무의 경우에는 감독 범위가 커지는 반면 상위 직위나 비정형적이고 복잡한 업무를 수행하는 경우에는 감독 범위가 줄어든다.

- **업무의 분산** : 업무가 특정 지역에 집중되어 있는 경우는 감독 범위가 커지지만 여러 지역에 분산되어 있으면 감독 범위가 줄어든다.

(6) 계층 단축화의 원칙

계층 단축화의 원칙(principle of hierachy)이란 조직의 효율을 높이기 위해 조직의 계층을 가능한 한 적게 해야 한다는 원칙이다. 종업원의 수가 많은 대규모 조직에서 감독 범위의 원칙을 따르다 보면 상하의 계층 고리가 길어지는 경우가 생기게 된다. 이때에는 감독자의 수가 많아져 인건비가 많이 들고 상하 간의 의사소통이 불충분하게 되어 명령전달도 늦어지기 쉽다. 이와 같은 폐단을 없애기 위해 조직 계층을 가능한 단축시킬 필요가 있다.

2
조직화 과정

라인과 스태프의 분화

라인(line) 부문은 조직의 1차적 분화에 의해 형성되는 부문으로서 경영 활동을 직접 수행하는 구매, 생산, 판매 부서를 말한다. **스태프**(staff) 부문은 조직의 2차, 3차적 분화에 의해 형성되는 부문으로 라인 부문에 조언과 권고를 행하는 기획, 인사, 총무, 마케팅 등의 관리부서를 말한다. 경영조직에서 라인과 스태프를 구분하고 그들 상호 간의 관계를 규정해 두는 것은 조직의 운영에 매우 중요하다.

급식조직의 예를 든다면 대규모 위탁급식회사나 외식업소에서 각 업장의 관리감독을 맡고 있는 영양사, 점장, 매니저들은 라인 부문의 관리자라고 할 수 있으며,

본사의 메뉴 개발팀, 위생팀, 마케팅팀 등은 스태프 관리자라고 할 수 있다. 스태프 부문은 각 급식점의 운영을 지원하고 전문 분야에서 조언하는 역할을 맡게 되고 라인 부문은 실제 업소 운영의 직접적인 책임을 지고 업무를 수행한다.

조직의 목적을 효과적으로 달성하기 위해서 라인과 스태프는 다음과 같은 이유에서 권한과 책임의 관계가 명확히 구분되어야 한다.

- **전문적 조언과 지원의 필요성** : 기업의 규모가 크고 복잡할수록 전문적 지식과 기술을 가진 전문가의 조언과 지원이 필요하다.
- **적절한 통제의 필요성** : 경영자는 업무수행 결과에 대하여 스태프로부터 통제를 받을 필요가 있다.
- **책임소재의 명확성** : 경영자의 개인적 책임소재를 분명히 하기 위하여 라인과 스태프의 관계를 명확히 구분할 필요가 있다.

대규모 기업들은 조직을 능률적 · 효과적으로 운영하기 위하여 많은 수의 스태프를 활용하고 있다. 하지만 때로는 라인과 스태프가 서로 간의 갈등으로 업무수행에 지장을 초래하는 경우가 있다. 라인과 스태프를 조직의 목표 달성에 상호 보완적으로 공헌하므로 적절한 균형 유지가 필요하다. 상호 간의 관계는 대립이 아닌 상호 의존적인 관계이며 라인과 스태프의 관리자들 간의 배치전환도 서로의 이해를 돕는 좋은 방법이 된다.

조직 구조의 부문화

조직의 규모가 대형화되고 기업환경 변화에 대응하기 위해 직무가 **부문화**(departmentalization)되고 있다.

부문화는 단순히 인원수나 시간대에 의해 이루어질 수도 있고, 기업의 직능 부문, 지역이나 지리적 여건, 그리고 고객별, 제품별, 공정 또는 설비에 의해 이루어질 수도 있다. 부문화에 있어서 모든 상황과 조직에서 적합한 방법이란 있을 수 없으며, 특정 상황에 맞게 기업 목표 달성을 지원할 수 있는 부문화 유형을 택하도록 하여야 한다.

(1) 직능에 의한 부문화

이는 일반 기업체뿐만 아니라 대부분의 조직에서 가장 전형적인 부문화 방법으로서 구입, 생산, 판매, 재무, 마케팅 등과 같은 직능에 따라 부서를 구성하는 것이다. 단체급식조직에서도 급식업무의 기능에 따라 부문화하는 것이 보편적이며, 예를 들어, 병원 영양부서의 경우 영양교육 및 상담, 급식관리, 치료식, 직원식 등으로 부문을 나누게 된다.

직능적 부문화는 전문화의 원칙에 의한 인력의 효율성 증대와 훈련 과정의 단순화 등 유용성이 검증된 방법이지만 때로는 직능 부문 간 조정에 어려움을 겪는다거나 각 부문의 목표가 더 중시되어 조직 전체의 목표가 경시되기 쉬운 경향이 있다.

(2) 지역에 의한 부문화

이는 여러 지역에 분산된 경우 특정 지역이나 지방에서 일어나는 업무 활동을 집단화하여 지역 관리자의 책임하에 두는 방법이다.

예를 들어, 전국에 업장을 가지는 위탁급식회사들의 경우 각 지역 본부를 중심으로 경인지역, 호남지역, 영남지역 등으로 부문화하여 각 지역 본부장에게 운영의 통제권을 부여하기도 한다. 이는 조직 계층에서 볼 때 중간 관리자에 해당하는 관리자에게 비교적 넓은 범위의 관리활동을 수행하도록 함으로써 일반 관리자(general manager)를 양성하는 데 유용한 기회를 부여한다.

그러나 일반 관리자로서의 능력을 소유한 인력이 부족할 때에는 오히려 제약 요소가 되기도 한다. 또한 지역별로 구매, 인사, 회계 등의 기능이 중복되어 비용 측면에서 부담이 커지며 본사의 최고경영자가 각 지역별 부문 활동을 통제하는 데 어려움이 있다.

(3) 제품에 의한 부문화

이는 제품이나 제품 계열을 기준으로 하는 부문화 방법으로 대규모 기업에서 점차 증가하는 추세에 있다. 특정 제품의 시장 규모가 커지게 되면 기존의 직능에 의한 부문화만으로는 관리 범위 한계 등의 제약이 따르게 되므로 해당 제품을 중심으로 재조직화가 불가피해진다. 이 경우 최고경영자는 그러한 특정 제품 부문 관리자에게 생산, 판매, 서비스 등에 대한 광범위한 권한을 위양하고 이에 상응하는 책임을 부여한다.

제품에 의한 부문화를 통해 제품 및 서비스의 다양화가 가능해지고 상호 밀접히 관련된 제품이나 서비스를 생산, 제공하게 됨으로써 전문화된 시설, 기술, 지식을 보다 효율적으로 활용할 수 있게 된다. 또한, 특정 제품 부문 내의 조정이 향상되고 일반 관리자 훈련이 용이하다는 장점이 있다.

반면에 제품별 부문화에서도 지역별 부문화와 유사하게 유능한 일반 관리자가 많이 필요하고 관리기능이 중복되며 최고 경영층이 통제하는 데 어려움을 겪게 된다. 따라서, 제품별 사업부를 운영하는 기업은 통합적 관점에서 기업 활동에 필요한 의사결정과 통제를 해야 한다.

조직 권한의 분산

조직화된 구조 내에서 권한이 분산되는 경향을 **분권화**라고 부르며, 이에는 **집권 관리**와 **분권 관리**의 두 가지 형태가 있다. **집권 관리**란 모든 권한과 결정 권리가 최고 경영자층에 집중되어 하위 관리자층에는 자주성을 주지 않는 관료적 관리형태이고, **분권 관리**란 조직 권한과 의사결정권이 최고 경영자층에 집중되지 않고 하위 관리자층에게 각 부문별로 계획과 관리면에서 권한을 주어 운영하는 관리 형태로서 **사업부제 조직**(divisional organization)이 여기에 해당된다. 이는 각 사업부별로 독자적인 제품 단위나 지역, 고객에 따라 부문화된 조직으로 운영되는 분권 관리 방식으로 시장의 요구에 빠르게 대처할 수 있을 뿐만 아니라 사업의 성패에 대한 책임소재도 분명히 할 수 있어서 대기업에서 보편적으로 택하고 있다. 국내 위탁급식회사들의 경우에도 급식사업부 외에 외식사업부, 식재·유통사업부, 케이터링사업부 등과 같은 사업부제 조직 형태를 취하고 있는 경우가 대부분이다.

집권과 분권의 정도는 다음의 여러 가지 사항에 의해 결정된다. 조직의 정책상 중요한 것일 경우, 조직 경영방침의 통일성이 특히 요구되는 경우, 조직의 업무 변화가 일상적인 경우, 많은 경험, 지식, 능력을 갖춘 관리자가 충분할 경우에는 집권화 정도가 커진다. 반대로, 조직의 직무가 유동적일 경우, 기업이 주식회사의 형태 혹은 합병에 의하여 성장해 왔을 경우에는 분권화 정도가 커지게 된다.

(1) 집권적 조직

집권적 조직(centralized organization)은 정책, 계획, 관리가 통일되어 고객에게 표준화된 제품과 서비스를 제공할 수 있으며, 최고 경영층이 기업경영에 많은 경험과 능력을 가지고 있을 때 이를 하위 계층까지 널리 활용할 수 있다는 장점이 있다.

그러나 조직의 규모가 확대되고 관리 기술이 복잡해지면 집권적 조직은 그 한계에 부딪치게 된다. 최고 경영자층이 독재적으로 지배하려는 경향이 커서 하위 관리자의 창의성 발휘가 억압되고 관리 계층의 단계가 증가되어 명령, 지시가 신속, 정확성을 잃게 되고 보고가 늦어지게 된다.

(2) 분권적 조직

분권적 조직(decentralized organization)은 권한이 분산되므로 하부 관리자의 자주성, 창의성이 증가하고 사기도 높아지며 책임감도 강해진다. 관리 계층의 단계가 감소되므로 의사소통이 신속, 정확하게 이루어질 수 있으며, 최고 경영층은 일상적 업무에 대한 부담이 경감되므로 보다 중요한 업무에 전념할 수 있다. 또한, 제품의 다양화를 기할 수 있으므로 시장에 있어서 위험을 분산하고 경영 합리화를 도모할 수 있으며, 관리자들은 평소에 자주적으로 의사결정을 행하게 되므로 유능한 경영자를 양성할 수 있다.

그러나 분권적 조직에서는 각 부문에서 독자적으로 연구개발, 구매, 판매, 회계 등의 업무를 수행하게 되어 이들 업무가 중복되므로 낭비가 발생하며, 같은 고객을 상대로 업무가 경쟁을 하는 경우에는 이익이 대립되고 분열의 원인이 될 수 있다.

| 사 | 례 |

신세계푸드, 신사업 진출로 제품 부문 확대

단체급식 전문기업 신세계푸드가 단체급식 · 식자재유통을 넘어 농업 · 컨벤션 · 식품소재 산업에 진출하면서 사업부문 확대를 노리고 있다.

신세계푸드는 2020년 3월 주주총회를 열어 산업용 농 · 축산물 및 동 · 식물 도매업, 곡물 가공품, 전분 및 전분제품 제조업, 작물재배업, 자연과학 및 공학 연구개발업, 전시 · 행사 대행업 진출을 최종 승인받았다. 이에 따라 단체급식 · HMR제품에 사용되는 식재료를 직접 재배 · 가공 · 유통할 뿐 아니라 외식을 통해 시너지를 만들 수 있는 컨벤션 · 관광 · 숙박 · 여행 등으로의 진출을 통해 부문을 확대하게 되었다. 신세계푸드는 노브랜드 버거 전문점을 2019년 홍대점을 시작으로 연달아 개점하면서, 7개월 만에 매장을 21개로 확대하며 확대하고 있다. CJ프레시웨이, 아워홈, 푸디스트 등과 같은 경쟁사들이 보유하고 있는 식품연구소 설립도 추진한다.

자료 : 식품외식경제(2020.3.27.)

3 경영조직의 유형

경영조직의 일반적인 형태

조직이 처한 환경 변화에 적응하기 위한 일환의 하나로서 조직의 유형을 고정된 틀이 아닌 유동적으로 변화시킬 필요성이 생기게 된다. 권한과 책임의 구조가 명확하고 명령계통을 중요시하는 **라인 조직**에서부터 상호 기능의 보완과 정보의 흐름을 중요시하는 **네트워크형 조직**에 이르기까지 다양한 조직의 형태가 존재한다(표 5-1, 표 5-2, 그림 5-4, 그림 5-5).

과거의 조직구조가 전통적인 명령체계를 중시하는 라인조직에서 출발하여 여기에 스태프 전문가를 보완한 라인과 스태프 조직 형태가 주를 이루었다면, 오늘날 조직화 경향은 명령체계 단축으로 신속한 의사결정을 가능하게 하는 팀형 조직이

표 5-1 라인 조직, 직능식 조직, 라인과 스태프 조직

조직 유형	특징	장점	단점
라인 조직	• 최고경영자의 권한과 명령이 직선적으로 하급 관리자나 일선 작업자에게까지 전달	• 권한과 책임의 구분이 분명 • 문제 발생 시 명령계통이 일원화 • 통솔력이 강하고 빠른 의사결정과 전달 가능	• 조직 규모가 커질수록 효율성은 감소 • 경영관리자들이 독단적인 처사를 할 우려 • 중간관리자들이 의욕과 창의성을 발휘하기 어려움
직능식 조직	• 테일러(F. Taylor)가 처음 고안한 조직 • 관리자가 담당하는 일을 전문화하고 부문마다 다른 관리자를 둠 • 관리자들에게 개별 작업자를 전문적으로 지휘 · 감독하는 직능적 권한을 부여	• 전문가들이 직능별로 분류 • 전문적 지식, 기술, 경험을 더 효과적으로 이용	• 기능적 전문가가 조직의 여러 분야에 존재 • 조직 내 갈등이 발생할 우려가 크고 복잡해짐
라인과 스태프 조직	• 라인 조직에 이를 지원하는 스태프 전문가를 결합시킨 형태 • 중 · 대규모의 기업조직에 많이 이용 • 전문적인 기술이나 지식을 가진 사람들이 스태프가 되어 보다 효과적인 경영활동을 할 수 있도록 협력함	• 라인 조직이 갖는 명령계통 일원화의 장점이 확보 • 스태프의 전문적인 조언, 지식, 경험을 이용 • 좀 더 과학적으로 조직의 문제 해결 가능 • 라인 경영자의 업무 부담이 경감	• 라인과 스태프 간 권한의 혼동으로 인한 갈등 • 스태프에 따르는 제반비용이 추가 • 스태프의 조언을 받기 위하여 의사결정과 집행이 늦어짐

보편화되고 개방적 상호협력을 강조하는 네트워크 조직으로 변화되고 있다. 또한 특정한 목표 달성에 집중하는 프로젝트 조직이나 구성원의 전문성을 다용도로 활용하는 매트릭스 조직도 새로운 경영조직의 형태이다.

공식 조직과 비공식 조직

글로벌 경쟁 시대를 맞이하고 있는 오늘날의 기업 환경하에서는 경쟁 기업보다 빠르고 저렴하게 좋은 품질의 제품과 서비스를 제공하는 것이 최우선의 과제가 되고 있다. 이에 따라 기업의 조직은 다양한 상황에 유연하게 대처할 수 있는 조직구조로 발전되어야 하는데, 이를 위해서는 공식적인 조직에만 의존하기보다는 비공

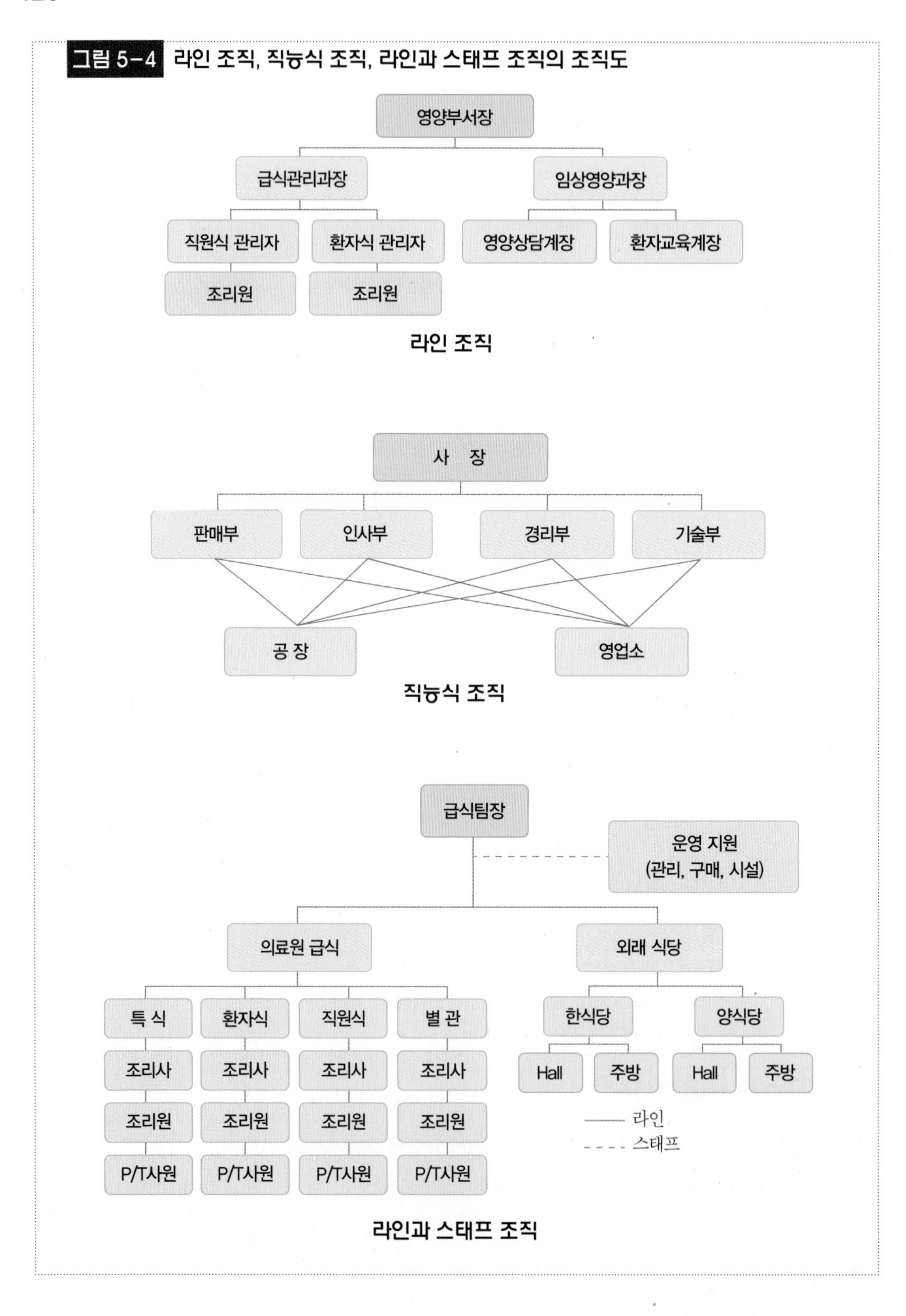

그림 5-4 라인 조직, 직능식 조직, 라인과 스태프 조직의 조직도

표 5-2 팀형 조직, 프로젝트 조직, 매트릭스 조직, 네트워크 조직

조직 유형	특징	장점	단점
팀형 조직	• 다수의 관리 계층이 존재하는 고층 구조(tall organization)의 비효율성을 개선 • 평탄 구조(flat organization)로 관리 및 명령계층을 단축	• 상하 조직 간의 명령, 보고 체계가 단순화 • 실무자들은 보다 신속한 의사결정을 함 • 조직의 기민성을 향상시킬 수 있음	• 팀 중심으로만 생각하여 기업 전체를 보지 못하는 경향 • 최고경영자는 팀과 조직 간의 균형감각을 유지해야 함
프로젝트 조직	• 특정한 프로젝트 수행을 위해 형성되는 조직 • 프로젝트의 진행에 따라 필요한 인원을 탄력적으로 구성 • 특정 목표를 이루기 위해 다른 분야의 전문가로 이루어진 일시적인 팀을 태스크포스(taskforce) 또는 업무추진팀이라고 함	• 프로젝트의 목표 달성을 지향 • 사기가 높아짐 • 조직상의 제도나 절차의 제약을 적게 받음 • 조직의 기동성과 환경 적응성을 높일 수 있음	• 성공 여부는 프로젝트 관리자의 리더십과 능력에 강하게 의존 • 프로젝트 조직구성원이 원래의 소속 부문과의 관계를 조정하기 어려움
매트릭스 조직	• 각 구성원들은 자신이 소속된 부서 내에서의 역할을 수행 • 다른 한편으로는 프로젝트 사업의 구성원으로서 역할을 수행	• 새로운 변화에 보다 융통성 있게 대처할 수 있음 • 구성원들의 기능상 전문성이 발휘되고 자기개발의 기회를 갖게 됨	• 두 사람의 상사로부터 지휘를 받는 체계로 명령일원화의 원칙에 위배됨
네트워크 조직	• 조직 구조를 슬림화하여 핵심 역량 부문에 경영자원을 집중 • 비핵심 부문에 대해서는 아웃소싱, 전략적 제휴와 분사 등을 효과적으로 추진할 수 있도록 조직을 구성함	• 상호 협조를 통해 시너지 효과를 얻기 위한 수평적 개념의 조직 • 조직의 경계가 약하기 때문에 환경 변화에 적응할 수 있는 개방 시스템(open system)의 성격을 강하게 띠게 됨	• 경영자가 네트워크에 참여하는 외부 기업에 직접적인 통제력을 행사할 수 없고 종업원들의 충성심이 약함

식적인 조직을 적절하게 조화시켜 활용할 필요가 있다.

모든 구성원은 체계적으로 부문별로 나누어져 공식 조직의 어딘가에 소속된다. **공식 조직(formal organization)**은 뚜렷한 조직의 목표가 설정되고 목표달성을 위해 각 부문별로 상호 유기적으로 협력하는 조직을 말한다(Mondy 외, 1993). 공식 조직은 공식적으로 권위에 의해 직무와 권한이 배분된 인위적 조직으로서 조직도나 사규, 직제에 규정된 조직이다.

그림 5-5 팀형 조직, 프로젝트 조직, 매트릭스 조직, 네트워크 조직의 조직도

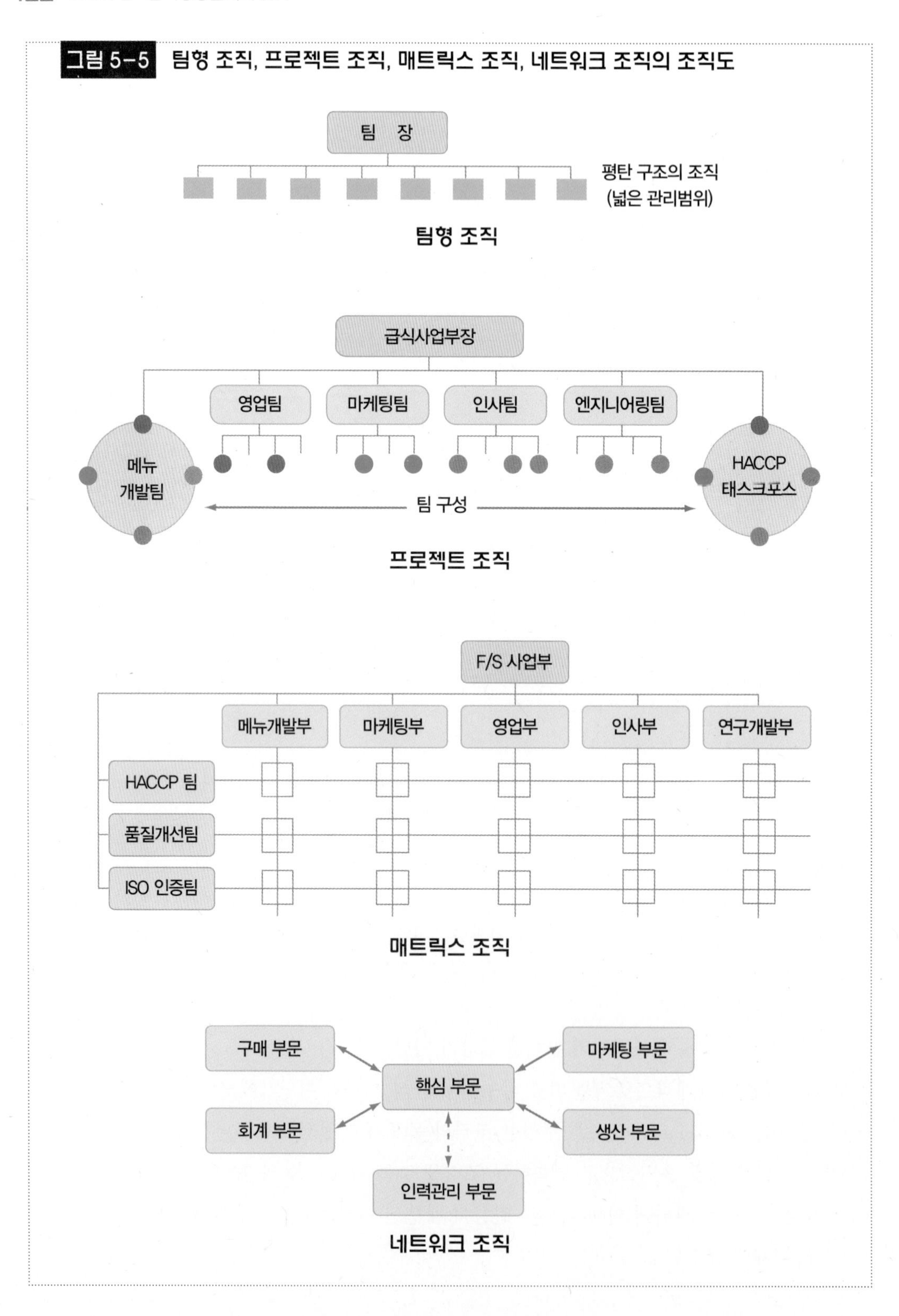

조직화의 새로운 변화

■ 명령 체계 단축

명령 체계가 상하로 긴 고층구조의 조직은 커뮤니케이션에 많은 시간이 소요되고 정확성도 떨어진다. 따라서 최근에는 급변하는 경영환경에 유연하게 대처하기 위하여 명령체계를 단순화한 평면조직으로 전환하고 있다.

■ 관리 범위 확대

조직 구성원들의 능력이 향상되고 자율성에 대한 욕구가 커짐과 동시에 명령체계가 단축되면서 조직의 구조가 평면으로 넓어지는 경향을 보여 한 명의 경영자가 관리하는 종업원의 수가 늘어나고 있다.

■ 권한 위임 확대

급변하는 경영환경하에서는 빠른 의사결정이 중요하기 때문에 현장에서 문제가 발생했을 때 바로 해결하도록 하고, 업무를 수행하는 과정에서도 스스로 판단하여 의사결정할 수 있도록 점차 많은 권한을 위임해 주는 방향으로 변화하고 있다.

■ 분권화와 집권화 동시 추구

권한 위임의 확대로 하부 관리자나 종업원에게 점차 많은 권한이 주어지고 자율성이 인정되는 동시에 경영자들은 경영정보시스템을 통해 이들이 어떻게 업무를 수행하고 있는지 면밀히 관찰하고 검토하여 문제점이 발견되는 경우 적절한 조치를 취할 수 있어야 한다.

한편, 이러한 공식 조직과 대별되는 **비공식 조직**(informal organization)은 호손 실험에서 그 중요성이 인정되었다. 비공식 조직은 어떤 명확한 계획이나 노력 없이 혈연, 지연, 학연, 취미, 성격 등에 의해 자연스럽게 형성되는 관계의 네트워크로서 오히려 공식 조직보다 큰 영향력을 행사하기도 한다.

그렇다면 이러한 비공식 조직이 발생하게 되는 원인은 무엇일까? 공식 조직은 인간의 행동을 규제나 직계에 의해서만 규제하려고 하지만, 인간은 인격과 개성을 가지고 있기 때문에 규칙에 의해서만 행동하는 것이 아니고 감정, 태도, 욕구에 의해서 행동하려 하므로 비공식 조직이 발생하게 된다. 따라서, 기본적으로는 공식 조직을 통해 직무를 수행할 수 있도록 하되 비공식 조직을 통해서도 원활한 의사소통이 이루어지도록 해야 한다.

| 활 | 동 |

사업 구조 재편에 나서는 단체급식·식자재 기업들

단체급식 일감 개방과 재택근무 · 온라인수업으로 먹거리가 급감한 단체급식 · 식자재 기업들이 사업을 재편하고 있다.

공정거래위원회는 삼성 웰스토리, 아워홈, CJ 프레시웨이, 현대그린푸드 등 국내 급식 대기업 8개사와 협의해 자발적인 일감 개방을 이끌어낸 바 있다. 이에 따라 대기업집단은 수의계약이 아닌 경쟁입찰을 통해 급식업체를 선정하며 관계사나 계열사의 일감 몰아주기를 축소해야 한다. 이로 인해 개방되는 급식 시장의 규모는 1조 2000억 원으로 추산되고 있다. 급식 · 식자재 대기업의 입장에서는 1조 2000억 원 가량 줄어든 시장을 회복할 방안을 고심해야 하는 상황이다.

더욱이 코로나19 장기화로 급식과 식자재 공급시장이 위축되며 한동안 급식 · 식자재 대기업들은 시장을 관망해왔으나 위드코로나(단계적 일상회복)와 함께 오랜만에 호재가 등장했다. 전면 등교가 임박한데다 위축된 외식업도 다시 기지개를 켠 것이다. 급식 · 식자재 기업들은 조직개편과 함께 새로운 비전을 선포하는가 하면 일감몰아주기로 위축된 국내 시장을 뛰어넘어 해외 진출까지 적극 모색하고 있다.

CJ그룹의 식자재 유통 및 단체급식 전문기업 CJ프레시웨이는 새로운 미션과 비전을 선포하고 '국내 최고의 푸드 비즈니스 파트너'로 자리매김하겠다고 발표했다. 전 달성을 위해 상품(Product), 영업(Sales), 데이터(Data), 인사(HR) 등 밸류 체인별 4대 혁신을 추진해 구조적 경쟁력을 갖추고 전략 실행을 가속화하기 위해, 고객사를 위한 외식업 운영 컨설팅은 물론 급식 메뉴의 레시피 강화 및 빅데이터를 활용한 다양한 운영 전략도 제안할 계획이다.

현대백화점그룹 계열사인 현대그린푸드는 미국 시장 진출을 통해 일감몰아주기로 위축된 국내 시장의 한계를 뛰어넘는다는 전략이다. 현대그린푸드는 미국 조지아주에 현지법인인 현대그린푸드 조지아를 설립하고 미국 급식 시장을 공략한다. 현재 기아차 조지아 공장이 미국 진출 후 첫 수주가 될 가능성이 높다. 현대그린푸드는 단체급식 매출 비중의 50% 이상이 같은 범 현대가 그룹인 현대차 계열사다.

범 LG그룹 급식 식자재기업인 아워홈은 급식 사업 위기 극복을 위해 신뢰성 회복이 급선무라고 판단했다. 아워홈은 7월 국립농산물품질관리원으로부터 농산물 안전성검사기관 인증을 단체급식 및 식자재 기업 최초로 획득했다. 아워홈은 이번 인증으로 자사 제품 및 구매 식재료 안전성 확보를 위해 공인된 시험과 검사 과정을 거칠 수 있게 됐다. 농산물 내 잔류농약, 중금속, 방사능 검사를 실시해 부적합품이 시중에 유통되는 것을 철저히 방지하는 등 안전한 먹거리 공급체계를 강화해 나갈 예정이다.

자료 : 이투데이(2021.11.16.)

HYUNDAI
현대그린푸드

1. 조직구조를 부문화시키는 방법은 직능에 의한 부문화, 지역에 의한 부문화, 제품에 의한 부문화가 있다. 각 기업별 사업 재편은 어떠한 부문화에 해당하는지 논의해 보자.

2. 각 기업의 사업영역 개편에 따라 기존의 조직도와 새로운 조직도의 변화를 생각해보고, 각 사업부문 간의 관계가 어떻게 변화될 것인지 논의해 보자.

3. 각 기업은 사업 개편을 통해 어떠한 성과를 거두고자 하는지 논의해 보자.

용어·요점 정리

- **조직** : 어떤 목표를 달성하기 위해 함께 일하는 그룹
- **조직화** : 조직의 목표를 성취하기 위해 여러 인적자원과 물적자원 사이의 공식적 관계를 명시하는 과정
- **조직도** : 조직의 공식적인 구조를 도식화한 것으로 조직의 주요 단위 부서와 관리 계층, 작업의 분담 내용, 각 직위 간의 공식적 관계 및 권한과 의사소통 네트워크를 표시
- **조직화의 원칙** : 페이욜의 관리원칙에서 비롯하여 확립된 것으로 전문화의 원칙, 권한과 책임의 원칙, 권한 위임의 원칙, 명령 일원화의 원칙, 감독 범위 적정화의 원칙, 계층 단축화의 원칙 등이 대표적임
- **전문화의 원칙** : 가능한 전문화된 단일 업무를 조직 구성원이 수행하도록 일을 분담시켜야 한다는 원칙
- **권한과 책임 명확화의 원칙** : 조직 내 직무 분담에 있어서 권한과 책임의 상호관계가 명확하여야 함
- **권한과 책임 대응의 원칙** : 모든 직위의 권한과 책임은 동일하게 유지되어야 함
- **삼면등가의 원칙** : 권한, 책임, 의무는 동등하게 부여되어야 함
- **권한위임의 원칙** : 관리자가 하급자에게 위임을 행할 때 업무 수행을 위한 충분한 권한을 부여하도록 해야 한다는 원칙
- **명령 일원화의 원칙** : 한 사람의 하위자는 항상 한 사람의 직속 상위자로부터 명령 · 지시를 받아야 한다는 원칙
- **감독 범위 적정화의 원칙** : 상사가 통제하는 하위자의 수를 적정하게 제한하여야 한다는 원칙
- **감독 범위에 영향을 주는 요인** : 조직의 방침, 관리자의 개인적 능력, 조직 내 전문가의 활용, 조직원의 훈련, 계획의 표준화, 직무의 특성, 업무의 분산 등
- **계층 단축화의 원칙** : 상하의 의사소통을 원활히 하기 위하여 조직의 계층의 수를 가능한 단축하여야 한다는 원칙
- **라인(line) 부문** : 1차적 분화에 의해 형성되는 부문, 경영활동을 직접 수행하는 구매, 생산, 판매 부서
- **스태프(staff) 부문** : 2차, 3차적 분화에 의해 형성되는 부문, 라인 부문에 조언과 권고를 행하는 기획, 인사, 총무, 마케팅 등의 관리부서
- **라인과 스태프를 구분하는 이유** : 전문적인 조원과 지원의 필요성, 적절한 통제의 필요성, 명확한 책임소재의 필요성
- **라인과 스태프 간의 갈등 원인** : 상호 보완적인 관계를 인식하지 못하고 각자의 입장만을 고수하려는 데서 비롯됨. 라인은 스태프에 의해 더 많은 통제를 받게 된다고 생각하며, 스태프는 라인이 조언과 권고를 수용하려 하지 않는다고 생각하므로 갈등이 발생하게 됨
- **라인과 스태프 간의 갈등 해결 방안** : 대립관계가 아닌 상호 의존적인 관계로서 협력체계를 구축하기 위해 노력하여야 함

■ **조직구조의 부문화** : 대규모 조직에서 기업 환경 변화에 적응하기 위한 목적, 인원수나 시간대, 직능, 지역, 제품에 의해 조직을 부문화함

■ **집권 관리 조직** : 모든 권한과 결정권리가 최고 경영자층에 집중되어 하위 관리자층에는 자주성을 주지 않는 관료적 관리 형태

■ **분권 관리 조직** : 권한과 의사결정권이 최고 경영자층에 집중되지 않고 하위 관리자층에게 각 부문별로 계획과 관리면에서 권한을 주어 운영하는 관리 형태

■ **사업부제 조직** : 기업의 규모가 증대되고 제품과 시장이 복잡해지면서 제품이나 시장 또는 지역을 기초로 부문화하여 만들어지는 조직형태로 대부분의 대기업에서 보편적으로 택하고 있는 조직 형태

■ **경영조직의 유형**

- **라인 조직** : 최고경영자로부터 경영의 각 계층에 걸쳐 직접적인 명령체계를 가지는 조직으로서 모든 조직 형태의 기본이며 명령일원화의 원칙이 중심이 됨
- **직능식 조직** : 전문화의 원칙에 근거하여 각 부문마다 전문 관리자를 두어 철저히 분업화하도록 하는 조직의 형태
- **라인과 스태프 조직** : 라인 부문의 활동을 지원하기 위한 스태프를 두는 조직으로서 전문화의 원칙과 명령 일원화의 원칙을 둘 다 적용한 형태
- **팀형 조직** : 기존의 부서, 과 위주의 조직을 팀으로 구성함으로써 관리 및 명령 계층을 단축시킨 평탄 구조의 조직
- **프로젝트 조직** : 특정한 프로젝트 수행을 위해 각 부서에서 파견된 인원으로 태스크포스를 구성하는 형태의 조직
- **매트릭스 조직** : 명령계통을 이원화화 함으로써 명령계통보다는 조직 내의 기능적 연계를 중요시하는 조직
- **네트워크 조직** : 환경 변화에 유연하게 대처하기 위해 핵심 부문만을 남겨두고 나머지는 아웃소싱이나 업무 제휴를 통해 외부와 네트워크를 구성하는 형태의 조직

■ **공식 조직과 비공식 조직**

- **공식 조직** : 공식적으로 권위가 부여된 조직으로서 공동의 목표 수행을 위하여 직무와 권한이 배분된 조직, 인위적으로 형성된 조직, 조직도나 사규, 직제에 규정된 조직
- **비공식 조직** : 권한이나 직무와 무관하게 친교나 감정에 의해 자연 발생적으로 생겨난 조직

chapter

6 급식경영관리 : 지휘와 조정

경영관리 기능 중에서 지휘, 조정 기능은 사람을 대상으로 이루어지는 활동이다. 경영은 곧 사람경영이라고 하는 이유도 여기에 있다. 짜임새 있는 계획을 세우고 조직을 만들었지만 구성원들이 업무를 제대로 실행하도록 지휘, 조정하지 못하면 바람직한 성과를 거둘 수 없을 것이다.

지휘(leading)는 경영자가 목표를 달성하기 위하여 조직구성원들에게 동기를 부여(motivation)하고, 리더십(leadership)을 발휘하며 조직구성원과 의사소통(communication)하는 과정을 말한다. 조정(coordinating)은 각기 다른 일을 맡고 있는 구성원들이 상호 협력하고 갈등을 조정하여 원활하게 맡은 바 임무를 처리하도록 이끌어 가는 기능이다.

급식산업이 빠르게 성장하면서 급식관리자의 지휘, 조정 능력의 중요성이 강조되고 있다. 급식관리자들도 어떠한 동기 유발 방법을 사용할 것인가, 조직의 상황에 맞는 리더십을 어떻게 발휘할 것인가, 일방적 전달보다는 정보 공유를 위한 의사소통 기술을 어떻게 향상시킬 것인가 등을 잘 이해하고 급식경영에서 이를 적용할 수 있는 능력을 길러야 할 것이다. 본 장에서는 구성원의 동기부여, 리더십을 통한 경영활동 및 의사소통을 통한 지휘, 조정 능력에 대하여 다룬다.

학습 목적

지휘와 조정 기능 중 개인이 직무를 스스로 수행하도록 유발하는 동기부여, 리더십의 기초 개념, 리더십의 이론과 리더의 유형 등을 이해하고, 의사소통의 기초적인 개념을 이해함으로써 급식경영 조직에서의 지휘에 적용한다.

학습 목표

1. 동기부여의 정의를 기술한다.
2. 동기부여의 이론들을 열거하고 각각의 개념을 비교 · 설명한다.
3. 리더십(leadership)의 정의를 기술한다.
4. 리더십의 특성 이론, 행동 이론, 상황 이론을 비교 설명한다.
5. 블레이크와 뮤톤의 관리격자 이론과 피들러의 모형을 설명한다.
6. 최근의 리더십 이론을 설명한다.
7. 의사소통의 정의와 과정을 설명한다.
8. 조직 내 의사소통의 유형을 설명한다.

1
동기부여

리더십(leadership)과 **동기부여**(motivation)는 서로 긴밀한 관계를 갖고 있다고 할 수 있다. 유능한 리더가 되기 위해서는 조직 구성원들에게 자발적으로 일하고자 하는 의욕을 심어주어야 하며, 이러한 활동이 곧 동기부여가 되는 것이다. 동기가 부여되지 않는 활동은 직무만족도를 높일 수 없으며, 직무만족 없이는 제대로 된 성과를 기대하기 어렵기 때문이다.

동기부여를 위해서는 개인이 직무를 스스로 수행하도록 유발하는 요인, 즉 동기부여 요인을 제공해야 한다. **동기부여 요인**(motivating factors)이란 목표를 향하여 행동이 이루어지도록 힘을 부여하고 촉진하고 움직이고 지도하는 내적 상태를 말한다. 여기에는 높은 임금, 명예로운 칭호 등 사람들로 하여금 직무를 수행하게 하는 이유가 되는 많은 것들이 포함된다. 조직의 관리자들은 동기부여 요인에 대하여 관심을 가져야 하며 또 그것을 독창적으로 이용할 수 있어야 한다.

동기부여 이론

동기부여 이론을 연구한 대표적인 연구자들로는 매슬로우(Maslow), 알더퍼(Alderfer), 허즈버그(Herzberg), 맥클리랜드(McClelland)가 있다. 이들은 동기부여와 관련된 다양한 욕구들을 분석하고 정의하였는데, 이러한 욕구들은 서로 유사점

표 6-1 동기부여의 네 가지 이론에서의 욕구 비교

매슬로우의 욕구계층 이론	알더퍼의 ERG 이론	허즈버그의 이요인 이론	맥클리랜드의 성취동기 이론
생리적 욕구	생존 욕구	위생요인	
안전 욕구			
사회적 욕구	관계 욕구		친화 욕구
존경 욕구	성장 욕구	동기부여 요인	권력 욕구
자아실현 욕구			성취 욕구

들을 가진다(표 6-1).

(1) 매슬로우의 욕구계층 이론

매슬로우(Maslow)의 **욕구계층 이론**(need hierarchy theory)은 동기부여 이론 중 가장 널리 알려진 이론이다. 욕구란 개인의 만족 추구를 위해 충동을 느끼는 생리적·심리적 결핍 상태를 뜻하는데, 매슬로우는 인간의 욕구가 낮은 계층의 욕구로부터 출발하여 가장 높은 계층의 욕구에 이르는 다섯 단계의 계층을 형성하고 있다고 지적하였다(그림 6-1).

매슬로우는 충족된 욕구는 더 이상 동기유발 요인이 되지 못하며 욕구의 계층이 올라감에 따라 그 중요성이 더해져 간다고 하였고, 인간 본성에 대한 다음의 세 가지 가정 하에 동기부여 이론을 설명하였다(지호준, 2000).

그림 6-1 매슬로우의 욕구계층 이론

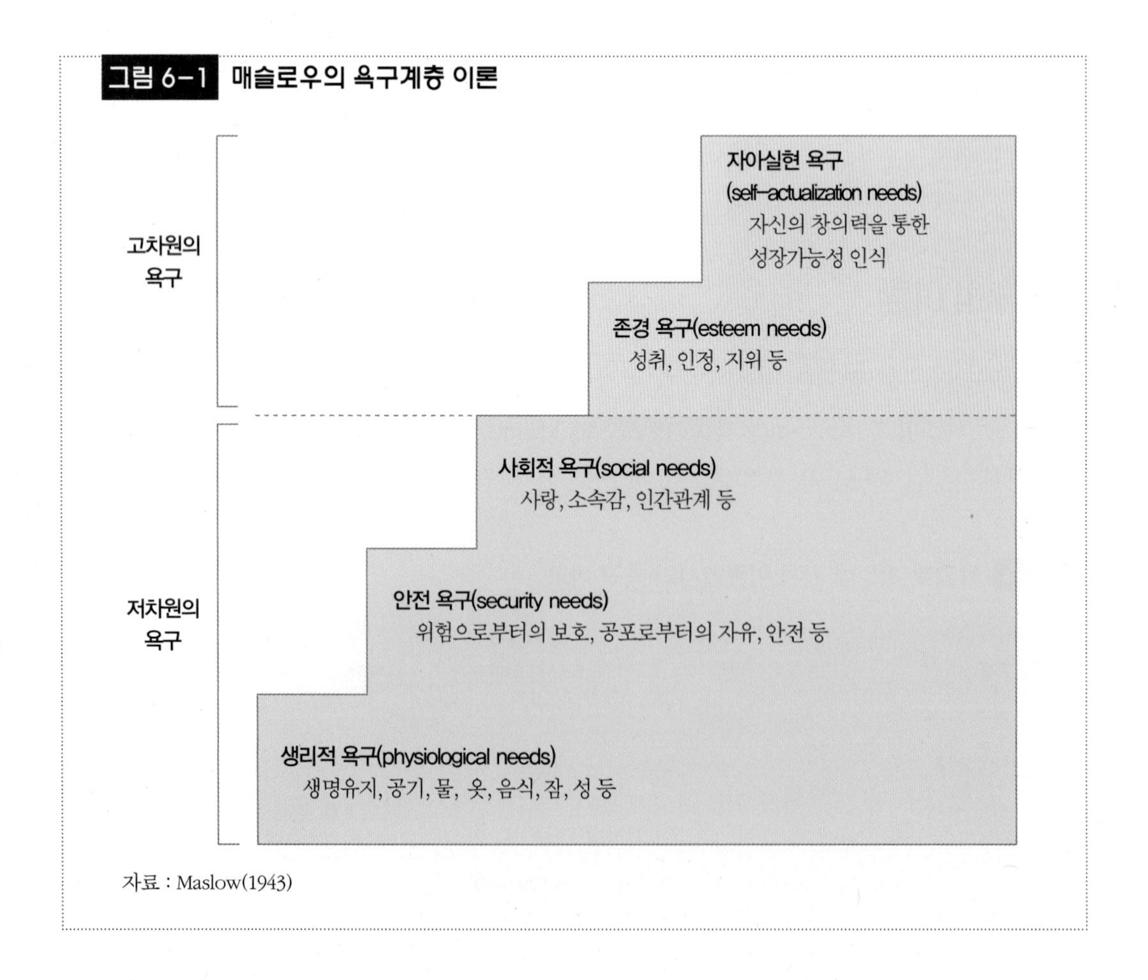

자료 : Maslow(1943)

- 인간은 결코 만족될 수 없는 욕구를 지니고 있다.
- 인간의 행동은 일정 시점에서 자신이 만족하지 못한 욕구를 채우기 위해 일어난다.
- 인간의 욕구는 계층화된 구조를 가지고 있으며 하위 단계에서 욕구가 채워지면 상위 단계의 욕구를 충족시키기 위해 진행된다.

욕구계층 이론은 조직 내에서 종업원이 직무를 수행하는 것과 더불어 자신의 개인적 욕구를 충족시키려 한다는 것을 알려준다. 따라서, 경영자는 조직과 작업단위의 목표를 달성하기 위하여 개인의 욕구를 만족시켜 줄 수 있는 방안을 제공하고 욕구 충족을 방해하거나 좌절, 부정적 태도, 역기능적 행동을 유발하는 장애들을 제거해야 한다(그림 6-2, 부록 6-1).

그림 6-2 직무수행에서의 욕구 충족 방안

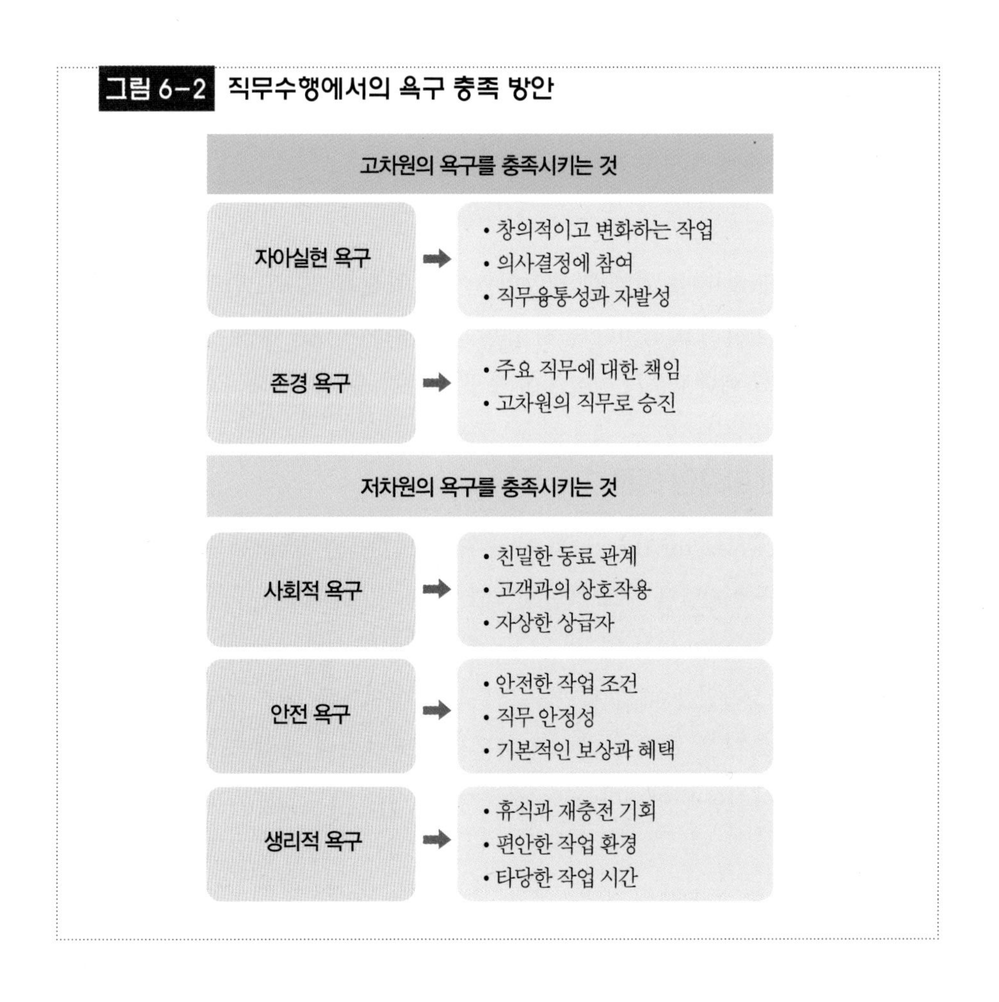

(2) 알더퍼의 ERG 이론

알더퍼(Alderfer)는 매슬로우의 이론과 마찬가지로 작업 동기의 가장 중요한 결정 요인이 작업자 개인의 욕구라고 가정하였으며, 인간의 욕구를 크게 **생존 욕구(Existence)**, **관계 욕구(Relatedness)**, **성장 욕구(Growth)**의 세 가지로 정의하는 ERG 이론을 제안하였다.

① 생존 욕구

가장 기본적인 생존(existence) 욕구는 여러 가지 물리적 및 생리적 욕구들로 굶주림, 갈증, 신체적 안전, 임금, 작업 환경 등이 포함된다. 이 욕구는 매슬로우의 생리적 욕구나 물리적 측면의 안전 욕구 등에 해당되는데, 이 욕구가 충족되지 못하면 인간의 생존이 위협받게 된다.

② 관계 욕구

타인과 좋은 관계(relatedness)를 이루려는 욕구를 말한다. 이 관계 욕구는 매슬로우의 욕구 계층과 비교하면 안전 욕구 중 대인 관계에서의 안전과 사회적 욕구 중 애정 및 소속감 등에 해당된다.

③ 성장 욕구

개인적 성장(growth)을 위한 한 개인의 노력과 관련된 것으로 한 개인이 자기 능력을 최대한 발휘하려고 하거나 능력 개발을 요구하는 일을 통해 충족될 수 있는 욕구이다. 따라서 매슬로우의 자아실현 욕구나 존경 욕구가 이와 유사하다.

(3) 허즈버그의 이요인 이론

이요인 이론(two-factor theory)은 동기-위생요인 이론이라고도 부르며, 산업조직에서 실증연구에 기반을 두고 제안된 최초의 동기 이론이라는 점에서 의미를 지닌다. 허즈버그(Herzberg)는 면접 조사를 통해 직무만족 수준이 매우 높거나 반대로 매우 불만족스러웠을 때의 원인들을 분석하여 인간은 상호 독립적인 두 가지 종류의 이질적 욕구를 가지고 있으며 이들은 직무만족에 대해 각각 다른 영향을 미치게 된다는 사실을 알아냈다.

① 위생요인

위생요인(hygiene factors)은 직무를 둘러싼 환경요인으로서 작업조건(work conditions), 임금(salary), 동료(peers), 감독자(supervisors), 부하(subordinates), 회사 정책(company policy), 고용 안정성(job security), 대인관계(interpersonal relations) 등과 같은 요인이 포함된다. 만일 이러한 요인들이 충족되지 않는다면 사람들은 불만을 느끼게 될 것이며, 조직을 유지하기 위해서는 위생요인들이 적절히 갖추어져야 하는 것이다. 따라서, 위생요인은 **불만요인**(dissatisfier) 또는 **유지요인**(maintenance factors)이라고도 부른다.

② 동기부여요인

동기부여요인(motivators)은 **만족요인**(satisfier)이라고도 부르며 모두 직무의 내적인 측면과 관련되어 있다. 허즈버그는 동기부여요인으로 직무에 대한 성취감(achievement), 인정(recognition), 승진(advancement), 직무 자체(work itself), 성장 가능성(growth potential), 책임감(responsibility)의 여섯 가지를 들고 있다.

③ 직무 만족과 불만족 상태의 결정

허즈버그는 비록 위생요인 자체가 조직 구성원들을 동기부여 시키지 못하더라

그림 6-3 허즈버그의 이요인 이론

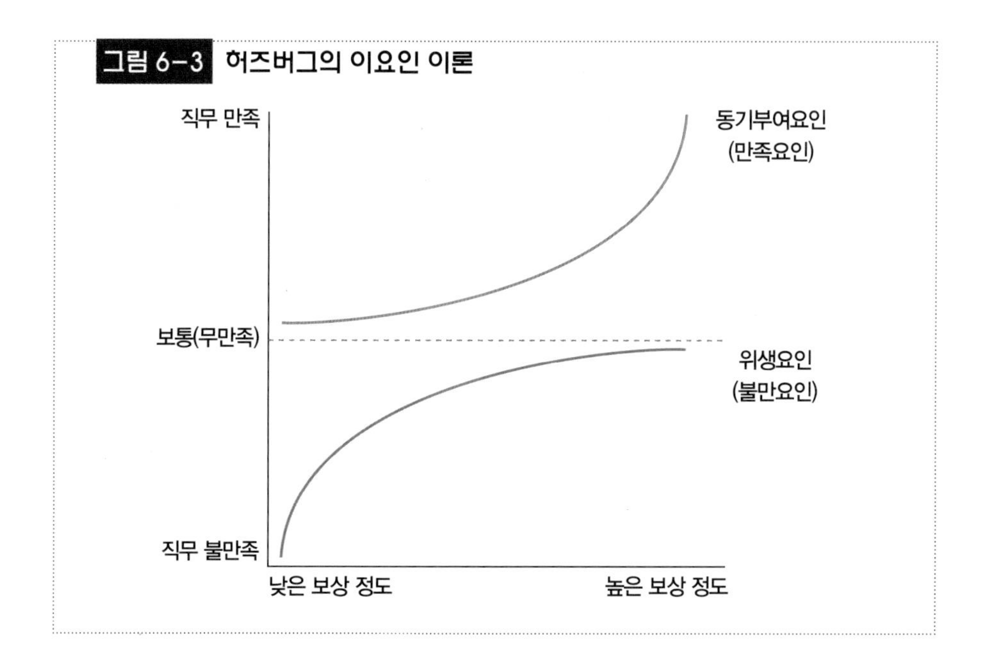

도 위생요인은 반드시 존재하고 있어야만 불만이 발생하는 것을 막을 수 있으며, 자신의 직무에 대해 만족감을 느끼려면 동기부여 요인이 존재하여야 한다고 하였다. 비록 위생요인이 충족되더라도 동기부여 요인이 존재하지 않는 경우 사람들은 무만족의 상태, 즉 직무에 대해 불만을 갖지는 않지만 만족하지는 못하는 상태가 된다는 것이다(그림 6-3). 이에 따라 허즈버그는 관리자들이 직무 내용을 개선, 향상시키기 위한 **직무 충실화**(job enrichment)에 관심을 가져야 한다고 주장하였다.

(4) 맥클리랜드의 성취동기 이론

맥클리랜드(McClleland)의 **성취동기 이론**(Acquired needs theory)은 사람들 간에 정도의 차이는 있으나 성향에 따라 **성취 욕구**(need for achievement), **권력 욕구**(need for power), **친화 욕구**(need for affiliation)를 가지고 있다고 하였다. 이는 욕구 이론을 관리 분야와 연관시켜서 동기부여의 방법을 모색하고자 한 점에 의미를 찾을 수 있다. 맥클리랜드가 주장한 세 가지 욕구와 각 욕구 유형에 따라 적절한 동기부여 방법을 표 6-2에 정리하였다(부록 6-2).

(5) 브룸의 기대 이론

브룸(Vroom)의 **기대 이론**(Expectancy theory)은 개인들이 특정 행동에 대한 동기부여가 어떤 과정을 통해 유발되는지에 초점을 두는 이론이다. 브룸은 개인들이 행동을 하기 전에 자신이 기대하는 노력과 보상에 대해 주관적 평가를 내리고 이에 따라 동기부여의 강도가 달라진다고 보았다.

기대 이론의 주요소는 다음과 같은 세 가지 요소로 구성된다.

- 노력-성과의 관련성(effort-performance linkage) : 노력하면 높은 성과를 달성할 수 있다고 기대하는 정도
- 성과-보상의 관련성(performance-reward linkage) : 성과를 달성함으로써 보상이 주어질 것이라고 기대하는 정도
- 유인성(attractiveness) : 성과의 결과로 받는 보상이 가치 있다고 생각하는 정도

예를 들어, 종업원들이 매일 열심히 일하면 기업의 이익이 증가하고, 그 결과로 자신의 임금도 인상될 것으로 기대하고, 자신의 임금 인상이 가치 있는 것으로 생

표 6-2 맥클리랜드의 욕구 유형에 따른 성향과 동기부여 방법

욕구	성향	동기부여 방법
성취 욕구	• 문제를 해결하려는 책임감을 지닌다. • 목표 지향적이다. • 현실적이고 성취 가능한 목표를 설정한다. • 도전을 원하고 우월감을 추구한다. • 위험을 미리 예측하고 이를 최소화하려고 한다. • 결과에 대한 피드백을 바란다.	• 명확하게 달성할 수 있는 목표를 가진 도전적이면서도 일상적이지 않은 과업을 부여한다. • 업무성과에 대해 신속하게 자주 피드백을 제공한다. • 새로운 일을 주고 이에 대한 책임감을 증대시킨다.
권력 욕구	• 상황을 통제할 수 있기를 바란다. • 다른 사람에게 영향을 주거나 통제하기를 원한다. • 경쟁에 이기는 것을 즐기고 실패하는 것을 싫어한다. • 다른 사람과 기꺼이 정면 대응한다.	• 가능한 한 스스로 직무를 계획하고 평가하도록 한다. • 자신과 관련된 의사결정이라면 특히 그 과정에 참여시킨다. • 부분적 업무보다는 전체를 맡길 수 있도록 한다.
친화 욕구	• 일 자체보다는 일하는 사람과의 관계로부터 만족을 얻고자 하는 경향이 있다. • 다른 사람들로부터 사랑 받기를 원한다. • 여러 가지 사회활동을 즐긴다. • 소속감을 원한다(때로는 그룹이나 조직을 만들기도 한다).	• 팀의 일원으로 일할 수 있도록 한다. • 칭찬과 인정을 많이 해준다. • 새로운 종업원의 오리엔테이션이나 훈련을 맡기면 훌륭한 지원자이자 동료가 되어 준다.

각한다면 그 종업원은 열심히 일하게 된다는 것이다.

또한 브룸은 같은 조건에 처해 있더라도 개인의 가치관이나 상황의 인지에 따른 주관적 판단에 따라 다른 행동을 선택할 수 있음을 지적하고 있다.

만일 개인이 스스로의 능력에 대해 자신이 없거나(낮은 기대치), 또는 자신의 능력에 자신감을 갖더라도 기업의 이익을 구성원의 보상에 반영하지 않는다면(낮은 가능성), 보상의 유인성에도 불구하고 개인의 동기를 유발할 수 없게 된다는 것이다.

(6) 아담스의 공정성 이론

아담스(Adams)의 **공정성 이론(Equity theory)**은 '사람들은 동등하게 대접받기를 원한다'는 사실에서 출발한다. 즉, 사람들이 자신의 업적에 대한 보상이 다른 사람에 비해 공정한가 혹은 불공정한가에 따라 동기부여의 방향이 달라진다는 것이다.

사람들은 자신의 업적에 대한 보상이 다른 사람과 동일하다고 인식하면(공정한 보상) **공정한 대우**를 받고 있다고 인식하며, 자신의 업적에 대한 보상이 다른 사람에 비해 적거나(과소보상) 반대로 많다면(과대보상) 이 경우 개인은 **불공정한 대우**를 받는다고 인식하게 된다.

개인이 불공정함을 느꼈을 때 개인들 간에 긴장이 조성되며 이를 해소하고자 노력하는 과정에서 각기 다른 행동의 동기가 유발된다. 공정한 보상이 주어진다고 느끼는 사람은 현 상태를 유지하려고 행동할 것이지만 만일 과소보상에 의한 **부정적인 불공정성**을 인식하면 자신의 노력의 수준을 낮추게 된다. 예를 들어, 교육 수준이 높고 경험도 많은 종업원이 그렇지 못한 신입사원과 동일한 임금을 받는다면 자신이 불공정한 대우를 받고 있다고 느끼게 되어 직무를 열심히 하려 하지 않을 것이다. 반면 다른 사람에 비해 과다한 보상을 느낀 사람은 **긍정적인 불공정성**을 해소하기 위해 더욱 노력하여 직무를 열심히 수행하게 된다는 것이다.

이러한 공정성 이론은 경영자들에게 다음과 같은 시사점을 준다.

- 공정한 인식을 주는 보상은 직무만족과 성과를 향상시키지만 불공정한 인식을 주는 보상(특히 부정적인 불공정성)은 그 반대의 결과를 가져오므로, 보상이 동기를 부여하기 위해서는 이것이 공정한 것으로 인식되어야 한다.
- 사람들은 자신의 인식(perception)에 의해 현실을 평가하므로 두 사람이 동등한 대우를 받더라도 이를 다르게 평가할 수 있다.
- 경영자는 종업원들이 자신의 보상을 비교하는 대상이 누구인가에 대해 이해할 필요가 있다. 이는 집단 내 다른 사람들일 수도 있지만 다른 집단이나 조직에 속한 사람들일 수도 있다.

직무만족과 동기부여

지금까지 동기부여에 관한 여러 가지 이론을 통해 인간의 행동을 유발하는 다양한 욕구나 만족, 불만족과 관련된 요인들을 살펴보았다. 그동안 직무만족이나 동기부여에 대한 많은 연구에 따르면, 직무만족의 정도는 작업에 대한 동기부여와 유사한 개념으로 생각할 수 있으며, 직무에 만족할수록 동기부여 정도가 커지고

표 6-3 JDI를 이용한 직무만족 측정 문항의 예(부분 발췌)

■ 직무 자체(work)			
1. 내가 하고 있는 일은 흥미 있다.	예	?	아니오
2. 내가 하고 있는 일은 일상적이고 판에 박힌 업무이다.	예	?	아니오
3. 내가 하고 있는 일은 새로운 아이디어와 창의력을 필요로 한다.	예	?	아니오
4. 내가 하고 있는 일은 다른 이들에게 존경받는 업무이다.	예	?	아니오
⋮			
■ 급여(pay)			
1. 내가 받고 있는 급여는 정상적인 생활을 하기에 적당하다.	예	?	아니오
2. 나의 급여 수준은 겨우 생활을 꾸려나갈 정도이다.	예	?	아니오
3. 나의 급여는 내가 일한 것에 비하면 적은 대가이다.	예	?	아니오
4. 나의 급여 배분은 공정하고 만족스럽다.	예	?	아니오
⋮			
■ 승진(promotions)			
1. 나의 직장은 승진을 대비한 능력개발 및 훈련 프로그램이 많다.	예	?	아니오
2. 나의 직업은 진급에는 희망이 없는 직업이다.	예	?	아니오
3. 나의 직장은 승진의 기회가 다소 제한적이다.	예	?	아니오
4. 나의 직장은 불공평한 승진이 이루어지고 있다.	예	?	아니오
⋮			
■ 동료들(co-workers)			
1. 나의 동료들은 나에게 자극과 격려가 된다.	예	?	아니오
2. 나의 동료들은 나를 지루하게 한다.	예	?	아니오
3. 나의 동료들은 책임감이 있다.	예	?	아니오
4. 나의 동료들은 호감이 가지 않는 편이다.	예	?	아니오
⋮			
■ 상사의 감독(supervision)			
1. 나를 감독하고 관리할 때 나의 상사는 나의 조언을 묻는다.	예	?	아니오
2. 나의 상사가 나에 대해 하는 감독과 지시는 유쾌하지 않다.	예	?	아니오
3. 나의 상사는 내가 일을 잘 했을 때 칭찬을 한다.	예	?	아니오
4. 나의 상사는 나에게 영향을 미친다.	예	?	아니오
⋮			

직무만족도 점수의 산출

- 긍정 문항의 경우는 예-3점, 아니오-0점, ?-1점
- 부정 문항의 경우는 아니오-3점, 예-0점, ?-1점
- 직무만족도(JDI) = 각 문항의 점수의 총 합계 점수 ÷ 문항수이며, 각 범주별 만족도 점수도 마찬가지 요령으로 산출함

자료: Smith외(1967)

반대로 만족도가 낮아지면 동기부여 정도가 떨어진다는 것이다. 따라서, 급식경영에 있어서도 조직 구성원들의 직무성과를 높이고자 할 때 조직 구성원의 직무만족 증대에 관심을 가져야 할 것이다.

1940년대 이후 지금까지 직무만족 정도는 조직의 원활한 운영을 평가하는 기준이 되어 왔으며, 직무만족에 대해 학자들은 다양한 정의를 내려왔다. 맥코믹(McCormick)은 직무만족이란 직무를 통해 얻거나 경험하는 욕구만족의 함수라고 정의하였으며, 로크(Locke)는 자신의 직무나 직무 경험에 대한 평가로부터 비롯되는 유쾌하거나 정적인 감정 상태라고 정의하였다.

이상과 같은 견해를 종합하여 조직행동 측면에서 직무만족을 정의하자면 **직무만족**이란 개인이 직무에 대해 갖는 감정적인 상태로서 현재 직장에서 누릴 수 있는 임금, 승진 기회, 성취 등과 같은 제반 조건에 대해 얼마나 만족하는가를 나타내는 감정적 표현이라고 할 수 있다.

직무만족도를 측정하는 데 가장 많이 이용되었던 표준화된 측정 도구는 스미스(Simth), 켄달(Kendall), 휼린(Hulin) 등이 개발한 **직무기술지표(Job Descriptive Index ; JDI)**가 가장 대표적이다(Smith 외, 1969). JDI는 전체적인 직무만족과 직무의 구체적 분야에 대한 만족을 측정하는 도구로서 직무에 대한 만족의 범주를 **직**

표 6-4 MSQ를 이용한 직무만족 측정 문항의 예

현재 직무에서 다음 내용에 대해 느끼고 있는 정도는?	만족하지 않는다	약간 만족한다	만족한다	상당히 만족한다	매우 만족한다
1. 능동적으로 일할 기회	1	2	3	4	5
2. 일의 다양성	1	2	3	4	5
3. 사원에 대한 회사의 정책	1	2	3	4	5
4. 상사의 의사결정 능력	1	2	3	4	5
5. 고용관계의 지속성	1	2	3	4	5
6. 급여와 작업량	1	2	3	4	5
7. 작업 조건	1	2	3	4	5
8. 동료들의 업무 방식	1	2	3	4	5
9. 발전 가능성	1	2	3	4	5
10. 작업계획을 책임질 기회	1	2	3	4	5
⋮					

자료 : Weiss 외(1967)

그림 6-4 얼굴 표정 척도를 이용한 직무만족도 조사

작업, 급여, 감독, 승진 기회, 동료 등을 포함하여 당신의 직무에 대하여 느끼는 정도가 가장 잘 나타난 얼굴을 골라 □에 ✔표시하시오.

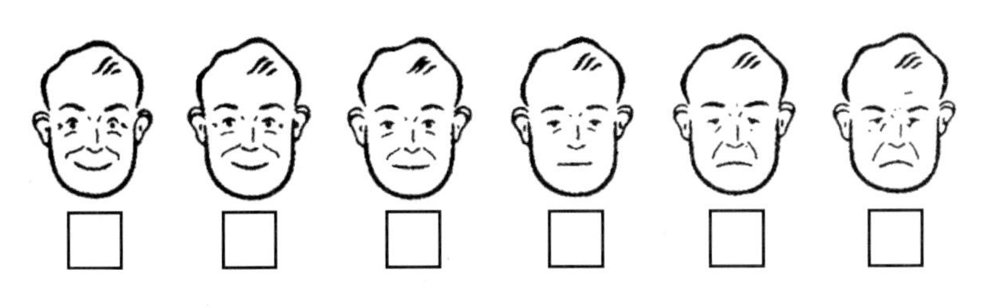

자료 : Kunin(1955)

무자체, **급여**, **승진**, **동료들**, **감독**의 다섯 가지 범주로 분류하여 72문항으로 구성하였다. JDI에서 사용한 다섯 가지 범주는 직업이나 교육 수준에 관계없이 모든 조직 구성원에게 적용 가능하며, 표 6-3은 JDI에서 발췌한 문항들이다.

JDI 외에 직무 만족 측정 조사도구로는 **미네소타 직무만족 설문지(Minnesota Satisfaction Questionnaire ; MSQ)**와 **얼굴표정 직무만족 척도(Faces scale)**가 있다. MSQ는 JDI 다음으로 널리 쓰이는 직무만족 조사 도구로 직무의 창의성, 독립성, 감독-인간 관계, 감독-기술적 측면, 작업 조건에 대해 5점 척도로 조사한다. 표 6-4는 MSQ에서 발췌한 문항들이다.

얼굴표정 직무만족 척도는 쿠닌(Kunin)이 개발한 색다른 방법이다. 이는 크게 웃음 짓는 얼굴에서부터 우울한 얼굴까지 다양한 표정을 지닌 얼굴 그림으로 된 척도로 구성되어 있어서 글로 서술된 척도의 모호성을 줄여준다(그림 6-4).

국내 급식산업 분야에서 행해진 직무 만족도 연구에서는 JDI를 측정하여 급식조직 구성원들이 불만을 느끼는 분야와 직무만족도에 영향을 주는 직무 특성이나 개인적 특성에 대해 조사가 행해진 바 있다. 급식 관리자들은 조직 구성원들의 직무만족이 급식시스템에서 중요한 산출(output) 요소임을 인식해야 한다.

| 사 | 례 |

유연한 근무환경 '워라벨' 실현하는 외식기업 우수 사례

한국외식업중앙회 외식산업연구원은 외식업계 '일 · 생활 균형제도 도입 우수사례 업체 공모전'을 통해 사내 유연한 근무환경을 조성한 외식기업 사례를 발굴하여 시상하는 행사를 진행했다.

노사발전재단에서 지원하는 일 · 생활 균형사업의 일환으로 시행된 이번 공모전은 외식기업의 유연한 근무환경, 워라벨이 실현되는 조직 문화 정착에 대한 노력을 통해 외식산업 전반의 근무조건과 근무환경에 대한 인식을 개선하고자 마련되었다. 공모를 통해 우수 사례로 아야커피, ㈜한경기획, 우직, 보하라 4곳이 선정되었는데 이들 기업은 기업 특성과 문화에 따라 일 · 생활 균형을 맞추기 위한 다양한 복지 제도를 마련하고 지속적으로 실천하고 있었으며, 공모전을 통해 다른 업체에도 접목할 수 있는 다양한 아이디어를 공유했다.

아야커피는 외식산업의 특성을 반영한 선택근무제와 재택근무제를 병행하고 있으며, 분기별 근무시간 조정을 통해 희망근무일수와 근무시간대를 조율하고 있다. 특히 '메뉴개발day'라는 이름으로 재택근무를 실시하고, 개발된 메뉴가 출시된 경우 판매량에 대한 인센티브제도를 도입했다.

㈜한경기획은 시차출퇴근제, 재택근무제, 조기퇴근제 등의 일과 삶의 균형과 직원복지를 실천하기 위한 유연근무제를 실시하여 업무효율과 생산성 향상의 효과를 내고 있다.

우직은 직원들이 개인적인 상황에 맞게 근무 요일과 시간을 선택할 수 있는 선택근무제와 탄력근무제를 운영하고 있다. 결혼 여부에 따른 생활 패턴별 맞춤형 근무형태를 도입하고 일 · 생활 균형을 위해 직원들의 의견을 적극 반영해 적용하고 있다.

㈜보하라는 직원들의 일 · 생활 균형을 위해 시차 출퇴근제, 금요일 조기퇴근, 장기근속 근무자 휴가지급 등 다양한 제도를 도입하고 있다. 특히 육아를 겸하고 있는 여성 직원들을 위해 탄력근무제를 도입하고 직원 어린이집을 만들기 위해 노력하는 등 근무환경 개선을 위해서도 노력하고 있다.

한국외식업중앙회 외식산업연구원 관계자는 "외식산업의 역량 있는 인재를 채용하고 유지하는데 있어 일 · 생활 균형제도의 확충은 큰 의미를 가지고 있다"며 "외식산업만의 워라벨은 산업의 경쟁력을 키우는 좋은 계기가 될 것으로 생각된다"고 전했다.

자료 : 한국외식신문(2021.10.01.)

2
리더십

리더십(leadership)과 동기부여(motivation)는 서로 긴밀한 관계를 갖고 있다고 할 수 있다. 유능한 리더가 되기 위해서는 조직 구성원들에게 자발적으로 일하고자 하는 의욕을 심어주어야 하며, 이러한 활동이 곧 동기부여가 되는 것이다. 동기가 부여되지 않는 활동은 직무만족도를 높일 수 없으며, 직무만족 없이는 제대로 된 성과를 기대하기 어렵기 때문이다.

조직의 성패는 효과적인 리더십 발휘와 직접 관련되어 있다고 해도 과언이 아니다. 조직에서는 최소한 두 명 이상의 사람들이 상호작용하게 되며 조직이 갖는 목표는 구성원들의 협력을 통하여 성취될 수 있다. 리더는 구성원의 노력을 이끌어 가는 사람으로 이 과정에서 구성원에게 영향을 미치는 리더십이 반드시 필요하다.

리더십(leadership)이란 집단이나 조직의 목표 달성을 위해 다양한 방법으로 집단이나 조직구성원에게 영향을 미치는 과정이다(이진규, 2006). 리더십은 응집력 있고 목표지향적인 팀을 만드는 데 필요한 능력이다. 진정한 리더십은 자신이 가진 권력으로 남을 지배하는 것이 아니라 구성원 스스로 집단의 목표를 자신의 것으로 받아들이도록 설득하는 데서 나온다.

인간 본성에 관한 이론

인간의 본성과 행동을 탐구하는 행동과학 이론들은 동기부여와 리더십의 이론적 토대가 되었다. 대표적인 행동이론으로는 맥그리거의 XY 이론과 아지리스의 미성숙 · 성숙 이론을 들 수 있으며 이로부터 인간의 본성이 리더십 유형에 미치는 영향에 대한 이해가 가능해졌다.

(1) 맥그리거

맥그리거(McGregor, 1961)는 인간의 본성에 따라 달라지는 작업자의 태도나 동

표 6-5 맥그리거의 XY 이론

X 이론	Y 이론
1. 일은 대부분의 사람들이 근본적으로 싫어하는 것이다.	1. 일은 작업 조건만 맞다면 놀이처럼 자연스러운 것이다.
2. 대부분의 사람들은 야망도 없고 책임지는 것을 싫어하며 시키는 일만 하기를 바란다.	2. 조직의 목적을 달성하기 위해서는 자기 통제가 이루어져야 한다.
3. 대부분의 사람들은 조직의 문제를 해결할 수 있는 창의력을 갖고 있지 않다.	3. 대부분의 사람들은 조직의 문제를 해결할 수 있는 창의력을 지니고 있다.
4. 생리적 욕구나 안전 욕구와 같은 저차원의 수준에서 동기부여가 이루어진다.	4. 사회적 욕구나 존경의 욕구, 자아실현의 욕구와 같은 고차원의 욕구에서 동기부여가 이루어진다.
5. 대부분의 사람들은 철저히 통제를 가하고 목표 달성을 강요할 필요가 있다.	5. 사람들은 적절히 동기부여가 된다면 자기지시적이고 창의적이 될 수 있다.

기부여의 관계를 설명하기 위해 **XY 이론**을 제시하였다. X 이론은 인간 본성에 대해 부정적 견해를 갖고 있는 전통적 인간관에 입각한 것이며, Y 이론은 정반대로 긍정적 견해를 갖는 현대적 인간관에 입각한 것으로 각각의 기본 가정은 표 6-5와 같다.

맥그리거의 이론에 따르면 X 이론의 견해를 갖는 관리자는 전제적 리더가 되고 Y 이론의 견해를 갖는 관리자는 참여적인 리더가 된다고 하였다. 또한 그는 두 가지 이론 중 어느 것이 옳은가를 따지기보다는 경영자 자신의 행동 양식, 조직원의 개인차, 작업환경, 직무의 성격 등에 따라 위의 이론을 적용하여야 한다고 주장하였다(부록 6-3).

(2) 아지리스

아지리스(Agyris, 1957)의 **미성숙 · 성숙 이론**에서는 한 인간이 미성숙한 어린이에서 성숙한 어른으로 성장하는 과정에서 7가지 성격상의 변화를 보인다고 주장하였다(표 6-6). 한편 많은 조직에서는 종업원들을 의존적이고 미성숙의 상태로 둠으로써 개개인들로 하여금 자신들의 최대 잠재력을 달성하지 못하게 하고 있다고 주장하였다. 즉, 전문화, 명령계통, 감독 범위 등의 전통적인 조직화 원칙들을 사용하는 것은 인간을 성숙 단계로 발전시키도록 하는 것과는 거리가 멀다는 것이다. 따

표 6-6 아지리스의 미성숙 · 성숙 이론

미성숙의 특성	성숙의 특성
수동성(passive)	능동성(increased activity)
의존성(dependence)	독립성(independence)
제한된 행동(behave in a few ways)	다양한 행동(capable of behaving in many ways)
얕은 관심(erratic, shallow interests)	깊은 관심(deeper, stronger interests)
단기적 시각(short time perspective)	장기적 시각(long time perspective)
하위 지위(subordinate position)	상위 및 대등 지위(equal or superordinate position)
자아의식의 결여(lack of awareness of self)	자아의식 및 자기 통제(awareness and control over self)

라서 아지리스는 관리자들의 역할이 종업원들이 조직의 성공을 위해 일하는 동시에 개개인이 성장하고 성숙할 수 있는 기회가 되도록 하는 분위기를 제공하는 것임을 주장하였다. 이를 통해 종업원들이 잠재적 능력을 더 발휘할 수 있게 되고 동기부여가 증진된다고 보았다.

리더십 이해를 위한 접근 방법

경영학자들은 지난 수십 년간 위대한 리더와 실패한 리더를 구분하기 위한 이론적 근거를 연구해 왔다. 효과적인 리더십은 과연 어디서 오는 것인가에 관한 명확한 해답을 찾기란 대단히 어렵다. 다만 리더십에 대한 다양한 접근 방법에 따라 전개되어온 다음 이론들로부터 리더십에 대한 이해를 도모할 수 있다.

- 특성 이론 : 1940년대에 시작한 리더십에 관한 연구 초기에는 사회적으로 이미 훌륭한 리더로 평가되고 있는 사람들을 중심으로 하여 그들이 지니고 있는 탁월한 **개인적 특성**(예 : 신체적 특성, 지적 특성, 성격 특성 등)을 규명하려는 방법으로 진행되었다.
- 행동 이론 : 1950년대에 들어서면서 점차적으로 리더십의 연구 흐름은 높은 성과를 창출해 내는 리더는 어떻게 행동하는가 하는 **행동유형**(예 : 사람에 중심을 두는가,

일에 중심을 두는가)에 초점을 두는 방향으로 바뀌었다.

- **상황 이론** : 1960년대 이후에는 리더십의 유형과 유효성의 관계에 영향을 미치는 **상황적 특성**(예 : 리더와 구성원과의 관계, 과업구조의 명확성, 리더에게 부여되는 직위 권력 등)을 강조하는 연구 흐름으로 이어졌다.

그간의 리더십 연구들은 이론 그 자체의 옳고 그름을 따지기보다 조직 내 인간관계 관리에 기여하는 측면에서 이해할 필요가 있다(이학종, 2000). 리더십 **특성 이론**은 효과적인 리더십에 관한 리더의 육체적 · 지능적 · 성격적 특성을 연구하고 성공적인 직무수행에 요구되는 구성원의 자격 조건을 분석함으로써 선발과 승진, 그리고 교육훈련 등 인적자원관리에 도움을 주었다. 또한 리더십 **행동 이론**은 리더와 집단 구성원 간의 관계를 연구함으로써 집단 구성원들과 원만한 관계를 유지하고 사기와 성과를 높이는 인적자원관리에 많은 도움을 주었으며 그러한 관리 행동을 개발하기 위한 교육훈련에도 기여하였다. 그리고, 리더십 **상황 이론**은 과업의 성격과 부하의 특성 그리고 권력이나 조직 구조, 정보 체계 등 리더십 과정에 영향을 주는 조직체의 상황 요소를 연구함으로써 성과 달성에 적합한 관리자의 선정과 리더십 환경 조성에 기여하였다.

(1) 리더십의 특성 이론

리더십에 관한 초기 연구는 유능한 리더의 자질이 무엇인가에 관한 리더의 개인적 특성을 규명하는 것을 강조해 왔다. 리더의 특성이론의 기본 관점은 리더의 개인적 자질에 의해 리더십의 성공이 좌우된다는 전제하에 유능한 리더와 그렇지 않은 리더를 구분하는 리더의 개인적 특성이 존재한다고 보는 입장이다. 이러한 리더의 개인적 특성들이 규명된다면 유능한 리더를 발굴 또는 확보하는 데 기여할 수 있다고 보았다.

전통적인 리더십의 연구방법인 특성 이론은 주로 사회적으로 훌륭한 리더로 정평이 난 인물을 중심으로 전개되어 왔기 때문에 리더십의 위인 이론(great man theory)이라고 불리기도 하고 리더의 선천적 자질을 유능한 리더의 조건으로 파악하기 때문에 선천적 리더십 이론(natural leadership theory)이라고도 한다.

① 리더의 특성 요소

리더의 특성을 파악하는 방법으로는 이미 뛰어난 리더로 정평이 난 사람들의 제

리더십 특성 요소 자가평가

1	2	3	4	5
거의 그렇지 않다	가끔 그렇다	자주 그렇다	매우 자주 그렇다	항상 그렇다

내 용	1	2	3	4	5
1. 정한 시간까지 무엇을 하겠다고 말하면, 그것을 실행한다.					
2. 내 주변 사람들(동료, 상관, 부하, 친구 등)의 마음을 상하게 할 행동이나 말을 하지 않는다.					
3. 나에 대한 부정적인 말을 들으면, 진심으로 받아들여 고치려고 노력한다.					
4. 나는 거짓말, 도벽, 속임수 같은 것과는 거리가 멀다.					
5. 나는 모든 사람을 공정하게 다룬다.					
6. 나는 항상 내 능력껏 최선을 다해 일한다.					
7. 상관이 시키지 않아도 내 일은 내 스스로 한다.					
8. 내가 원하는 대로 일이 진행되지 않을 때, 포기하지 않고 필요한 대응 행동을 취한다.					
9. 내 일을 할 때 대부분 남의 도움 없이 처리해 나간다.					
10. 나는 일하는 것이 즐겁고 일이 완성되어 나가는 것을 보는 것에서 즐거움을 느낀다.					
11. 나는 혼자 일하는 것보다 사람들과 일하는 것을 선호한다.					
12. 나는 사람들이 하기 싫어 하는 일을 하도록 잘 설득시킬 수 있다.					
13. 사람들은 나와 일하는 것을 즐거워한다.					
14. 나 혼자서 스타가 되기보다는 내가 속한 집단이 잘 되도록 도와준다.					
15. 나는 사람들을 가르치고 지도하는 것을 즐긴다.					

(채점표)

성실성	근면성	인화력
1 : _____ 점	6 : _____ 점	11 : _____ 점
2 : _____ 점	7 : _____ 점	12 : _____ 점
3 : _____ 점	8 : _____ 점	13 : _____ 점
4 : _____ 점	9 : _____ 점	14 : _____ 점
5 : _____ 점	10 : _____ 점	15 : _____ 점
계 : _____ 점	계 : _____ 점	계 : _____ 점

(해석)

성실성, 근면성, 인화력 각 부분의 만점은 25점으로 세 부분 중 어느 것이 취약점인지, 어느 것이 강점인지를 판단한다.

특성을 관찰하는 방법, 집단 내에서 구성원들이 리더를 선출토록 하여 사후에 관찰하는 방법, 그리고 전기(傳記)를 통해 문헌적으로 분석하는 방법이 있다.

많은 학자들의 리더십 특성 연구에 의하면 유능한 리더에게는 신체적 특성(외모, 신장 등)을 비롯하여 지적 특성, 성격 특성(열의, 자신감), 업무 관련 특성(성취욕, 창의성 등), 사회적 특성(협동심, 대인관계 기술 등)이 있다는 것이다.

또한 최근 연구에서도 핵심적인 리더십 특성으로 추진력(성취, 동기, 에너지, 야심, 솔선력, 끈기), 리더십 동기(통솔 의지를 갖고 있으면서도 권력을 추구하지 않음), 정직성과 성실성, 자신감(감정의 안정성 포함), 인지 능력, 사업을 이해하는 능력 등과 같은 자질을 들고 있다.

② 리더십 특성 이론의 한계점

리더십 특성 이론은 다음의 몇 가지 한계점이 있다.

- 연구가 계속 진행됨에 따라 리더의 특성에 대해 학자마다 견해가 달랐고, 특성의 수도 무제한 증가하였다. 따라서 리더가 구비해야 할 공통의 특성을 일반화하기가 어렵다.
- 리더의 특성과 리더십의 유효성 간의 관계에 대해 각 연구마다 일관성 있는 결과가

나타나지 않아 리더십의 성과에 대한 각 특성의 예측성이 의문시되었다. 리더십의 특성요인은 부하들이나 추종자들에게 영향을 미치는 데 있어서 단편적으로 작용하기보다 복합적으로 작용하는 경우가 대부분이다.

- 리더십을 설명함에 있어 개인적 특성만으로는 설득력이 부족하다는 것이 밝혀지게 되었다. 리더십의 특성 이론은 유능한 리더가 그들의 직무를 수행함에 있어 실제로 무슨 일을 하는지 파악하는게 쉽지 않다. 따라서 유능한 리더와 무능한 리더를 오랜 동안 관찰할 필요가 있다.

그러나 특성이론에서 밝혀진 여러 리더의 특성은 현대의 기업경영에서 효과적으로 인적자원관리를 하는 데 매우 중요한 의미를 지니고 있으며, 이를 실제 활용하기 위해 성공적 리더의 특성에 대한 측정방법의 개발과 실증연구는 계속 진행할 가치가 있다.

(2) 리더십의 행동 이론

리더의 인성이나 신체적 특성을 중요시하던 특성 이론과는 달리 리더십 행동 이론에서는 리더의 실제 행동에 관심을 두기 시작했다. 행동 이론은 유능한 리더와 무능한 리더가 어떻게 다르게 행동하는가에 초점을 두었다. 행동 이론에서는 리더의 행동들은 관찰될 수 있으며 후천적으로 학습을 통해 바뀔 수도 있다고 주장하였다. 이는 보통사람이나 무능한 리더들도 교육이나 훈련을 통해 보다 유능한 리더로 바뀔 수 있다는 의미이다.

행동이론에서는 리더의 서로 다른 행동방식을 인간 지향적인가 혹은 과업 지향적인가로 구분하였으며, 이를 바탕으로 한 이론에는 미시간(Michigan) 대학 모형, 오하이오(Ohio) 주립대학 모형, 관리격자(managerial grid) 모형이 있다.

① 미시간(Michigan) 대학 모형

리커트(Likert)를 비롯한 미시간(Michigan) 대학의 학자들은 인터뷰와 설문조사를 통하여 과업 중심적(job-centered)과 인간 중심적(employee-centered)이라고 지칭되는 두 가지 스타일의 리더십 유형이 있음을 확인하였다.

과업 중심적 리더는 추종자들이 예시된 절차에 따라 직무를 수행하도록 깊이 관여한다. 이러한 리더는 추종자들의 행동과 작업에 영향을 미치기 위하여 강압적 ·

보상적 · 합법적 권력을 사용하기도 한다. 반면 **인간 중심적 리더**는 그들의 의사결정 역할을 과감하게 종업원들에게 위임하여 종업원들이 만족감을 느끼도록 도와주어야 한다는 신념을 갖고 있고 부하직원들의 진급, 성장 그리고 성취감에 높은 관심을 갖는다.

미시간 대학 모형의 한계는 그것이 과업과 인간이라는 단지 두 가지 측면의 리더십을 강조하였을 뿐 어떤 스타일의 리더십이 가장 효과적인지에 대해서는 보여주지 못했다는 점이다.

② 오하이오(Ohio) 주립대학 모형

오하이오(Ohio) 주립대학의 플래쉬맨(Fleishman)을 비롯한 학자들은 그들의 연구결과에서 리더십을 결정하는 요소로 구조주도형(initiating structure)과 인간배려형(consideration)이 있다고 주장하였다(그림 6-5).

구조주도형 리더는 목표 설정과 작업추진 결과를 중시하고 그룹 간의 관계를 분명히 설정하며 의사소통 경로와 형태가 명확하고 직무가 수행되는 방법과 절차를 정확히 지시하는 성향을 가진다. 한편 **인간배려형 리더**는 리더와 부하 간의 우의 · 상호신뢰 · 존중 · 관계를 중시하고 공개적인 대화와 참여를 적극 지지한다.

구조주도형 스타일과 인간배려형 스타일의 결합가능성을 도식화하면 그림 6-5와 같다. 그림에서 '1 유형'은 직무를 철두철미하게 수행하면서도 부하들을 신뢰와 인격으로 대하는 가장 바람직한 리더인 반면 '4 유형'은 기피해야 하는 리더의 모

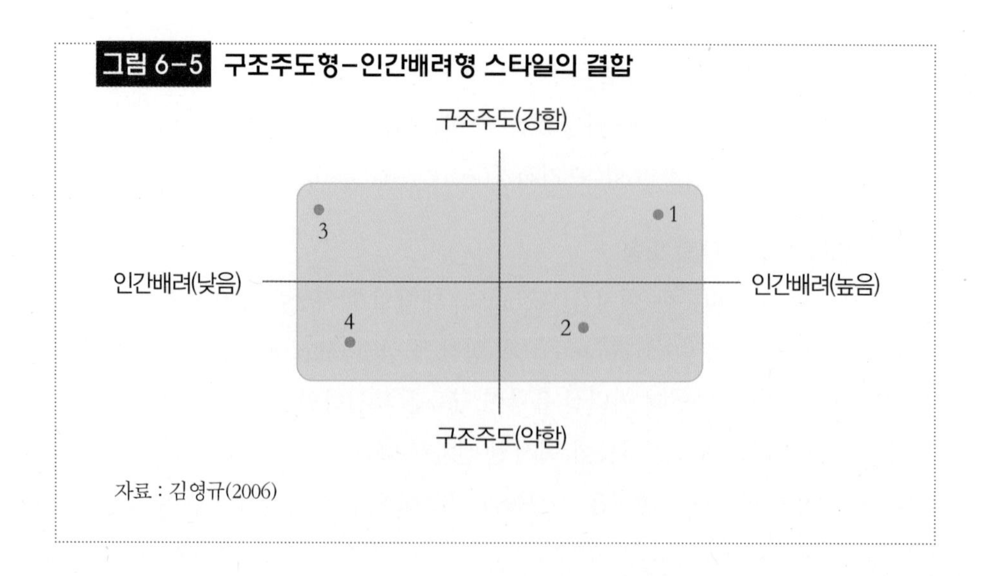

그림 6-5 구조주도형-인간배려형 스타일의 결합

자료 : 김영규(2006)

습이다. 그러나 구조와 인간이라는 요소를 리더가 동시에 해결하기 어려운 측면이 있기 때문에 대부분의 리더들은 '2 유형'이나 '3 유형'인 경우가 많다.

오하이오 주립대학의 리더십 모형은 지나치게 단순하고 일반화시키기 어려우며, 리더십의 유효성을 측정하는 데 있어서 설문조사에 의존한다는 점이 취약점으로 지적되었다. 또한 구조주도와 인간배려라는 단순요소가 큰 장점일 수 있으나 리더십의 유효성을 결정하는 데 중요한 역할을 하는 환경변수나 상황적 요인이 무시되는 약점이 있다.

③ 관리격자(managerial grid) 모형

리더십의 행동적 연구방법의 특성은 블레이크(Blake)와 뮤톤(Mouton)의 관리격자 이론에 가장 잘 나타나 있다. 이는 오하이오(Ohio) 주립대학 팀이 구조주도형과 인간배려형의 2차원적 기준에 의한 네 가지 리더십 유형을 더욱 구체화시켜 현재 리더의 행동을 어떤 방향으로 개선해야 하는 것인가를 알려 줄 수 있는 이론이다.

그림 6-6 관리격자(managerial grid)

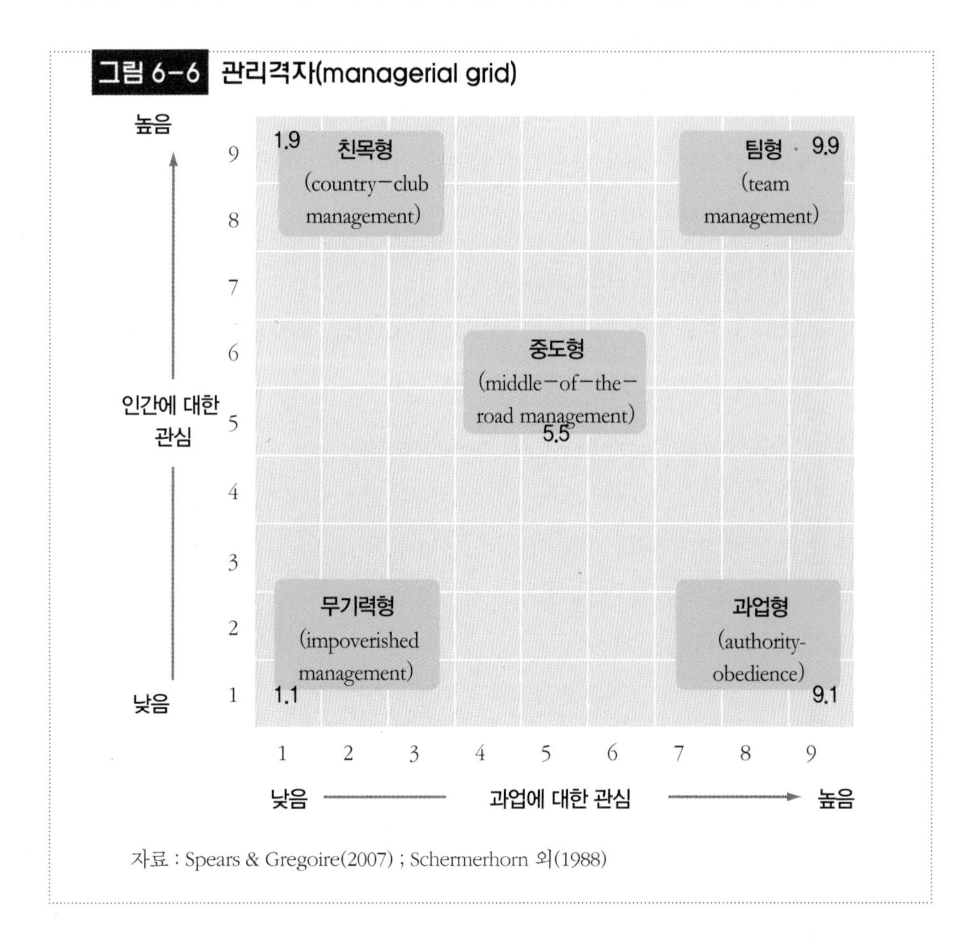

자료 : Spears & Gregoire(2007) ; Schermerhorn 외(1988)

그림 6-6과 같은 관리격자를 만들어 리더가 지향할 수 있는 방향을 과업과 인간에 대한 관심의 2차원으로 구분하였다. 그 다음에 각 차원을 관심의 정도에 따라 9등급으로 나누어 전체적으로 81개의 격자를 구성하였다. 이 중 다섯 가지 유형이 가장 대표적인 형태가 된다(그림 6-6).

- 1.1형 – 무기력형(impoverished management)

관리자는 과업이나 인간 두 가지 중 어느 것에도 거의 관심이 없으며 자기 직무에 대해서만 최소한의 관심을 가질 뿐이다. 이들은 관리자나 리더로서의 의무를 포기하고 단지 시간 때우기 식이거나 정보를 전달하는 심부름꾼에 불과하다.

- 9.9형 – 팀형(team management)

관리자는 과업과 인간에 대해 모두 관심을 가지며 최대한의 헌신성을 보여준다. 또한 구성원들은 서로간의 신뢰와 존경 관계에서 공통의 이해 관계를 위해 조직의 목적을 달성해간다.

- 1.9형 – 친목형(country-club management)

관리자는 과업에 대해서는 거의 관심이 없으며 단지 인간에 대해서만 관심을 갖는다. 편안하고 우호적인 조직 분위기를 조성하지만 기업 목표 달성을 위한 협조적인 노력에는 무관심하게 된다.

- 9.1형 – 과업형(authority-obedience)

관리자는 오로지 효율적인 과업이나 생산에만 관심을 가지고 인간에 대한 관심은 매우 낮다.

- 5.5형 – 중도형(middle-of-the-road management)

관리자는 과업과 인간에 대해 모두 중간 정도의 관심을 갖는다. 과업의 능률과 인간적 요소를 절충하여 어느 정도의 성과는 달성할 수 있으나 탁월한 성과는 거두지 못한다. 이들은 목표를 높게 설정하지도 않으며 사람들에 대해 다소의 인자함과 독재의 양면적 태도를 취한다.

관리격자 이론은 기업에서 경영자의 실제 리더십 개발에 많이 적용되고 있다. 우선 격자 개념에 의하여 경영자의 리더십 유형을 측정하고, 팀형(9.9)의 이상형을 목표로 하여 체계적이고 단계적인 리더십행동개발 프로그램을 활용하고 있다(부록 6-4).

(3) 리더십의 상황 이론

리더십에 대한 연구는 리더에게 어떠한 특징이 있는가를 밝히고자 한 특성 이론에서 출발하여 성공한 리더의 행동 유형을 규명하기 위한 행동 이론으로 발전하였다. 그러나 모든 상황여건에 부합하는 유일의 일반적 리더십 특성이나 행동 유형은 발견되지 않았고 그 결과 경영 전반에 걸쳐 강조되던 상황 이론이 리더십 연구에도 적용되었다.

리더십의 상황 이론에 따르면 리더십의 유효성은 리더의 행동유형과 상황여건에 의해 결정된다. 특정의 상황에 가장 어울리는 리더십이 발휘될 때 그 집단의 성과와 구성원의 만족감이 증대될 수 있다는 것이다. 대표적인 리더십의 상황 이론은 피들러(Fiedler)의 상황적합 이론이다.

① 피들러의 상황적합 이론의 개념

상황 이론 중 가장 대표적인 이론으로 일리노이대학의 피들러(Fiedler) 교수 등이 주장하였다. 이 이론에서는 집단의 작업수행 성과는 리더십 스타일과 상황변수의 상호작용에 의해 결정된다고 보고 각 상황에서 효과적인 리더십의 유형을 규명하고자 하였다.

■ 리더십 스타일 측정을 위한 LPC 척도

피들러는 리더십 스타일을 측정하기 위해 **최소 선호 동료(Least Preferred Co-worker ; LPC)** 척도를 개발하여 LPC 점수가 낮은 **과업 지향적 리더**와 LPC 점수가 높은 **관계 지향적 리더**로 구분하였다(부록 6-5).

LPC 척도는 리더에게 지금까지 일한 경험이 있는 사람들 중 가장 일하기 힘들었던 사람(즉, 자신이 가장 싫어했던 사람)을 생각해낸 뒤 그 사람이 가지는 개인적 특성에 대하여 8점 척도(1~8점)의 문항에 응답하도록 한다. 각 문항의 점수를 더한 총점이 그 리더의 LPC 점수가 되는데, 높은 점수를 받은 리더는 자신이 싫어하는 동료에 대해서도 우호적으로 판단하는 반면, 낮은 점수를 받은 리더는 같이 일하기 싫어하는 동료를 비우호적으로 생각하는 경향이 있다. 피들러는 LPC 점수가 64점 이상인 리더를 관계지향적(high LPCs) 리더로, 57점 이하인 리더를 과업지향적(low LPCs) 리더로, 그리고 58~63점인 리더는 중간 형태(middle LPCs)로 규정하였다.

그림 6-7 상황과 리더십 스타일의 결합

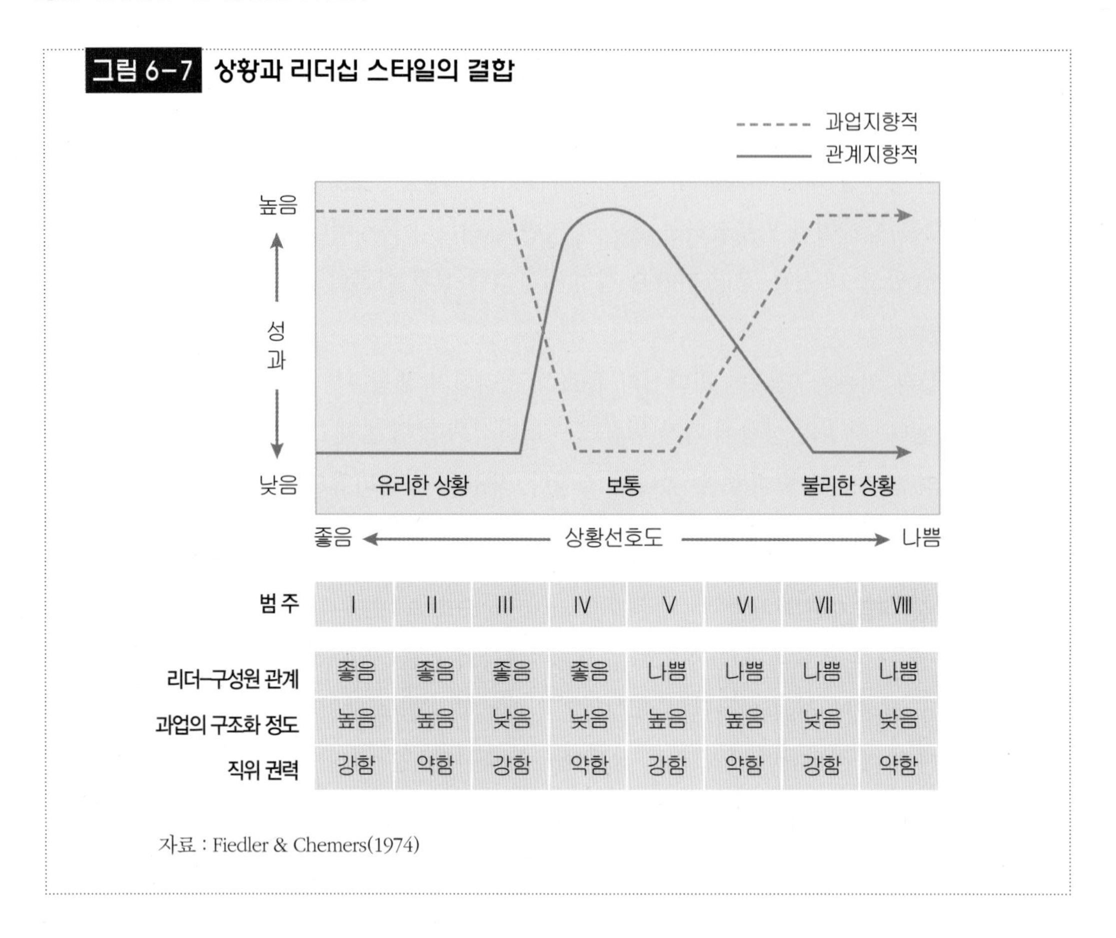

범주	I	II	III	IV	V	VI	VII	VIII
리더-구성원 관계	좋음	좋음	좋음	좋음	나쁨	나쁨	나쁨	나쁨
과업의 구조화 정도	높음	높음	낮음	낮음	높음	높음	낮음	낮음
직위 권력	강함	약함	강함	약함	강함	약함	강함	약함

자료 : Fiedler & Chemers(1974)

■ 상황 변수

피들러는 관계지향적 리더와 과업지향적 리더의 작업수행의 유효성은 세 가지 상황변수에 의해 결정된다고 주장하였다. 이 변수들은 **리더와 구성원의 관계**, **과업 구조**, 그리고 **직위 권력**이며, 이 변수들을 조합하여 8가지 상황(옥탄트)으로 구분하고 각 상황에서 효과적인 리더십의 유형을 규명하고자 하였다(그림 6-7).

여기서 상황 선호도란 앞의 세 가지 상황변수의 조합에 따라 결정되며, 리더와 구성원 간의 관계가 좋고 과업구조가 명확하고 직위 권력이 강한 경우는 상황 선호도가 좋은 반면, 반대의 경우는 상황 선호도가 나쁘다는 것을 뜻한다.

- 리더-구성원 간의 관계(leader-member relations) : 조직 구성원이 리더를 얼마나 신뢰하고 지원하고 있는가를 나타내는 정도로 좋음(good) 또는 나쁨(poor)으로 나타낸다. 피들러는 리더의 관점에서 볼 때 이를 가장 중요한 것으로 여겼으며, 이는 집단 구

성원들이 갖는 리더에 대한 호감, 신뢰도, 추종 정도와 관련되어 있다.

- **과업 구조(task-structure)** : 과업의 목표나 절차 또는 지침이 명확하고 구체적으로 규정되어 있는 정도로 높음(high) 또는 낮음(low)으로 나타낸다. 과업 구조가 명확한 상황에서는 통제가 보다 용이하며 구성원들의 책임감도 커지게 된다.
- **직위 권력(position power)** : 리더의 직위에 부여되어 있는 집단 구성원들에 대한 명령과 지시 권한이라든지 보상과 처벌을 가할 수 있는 권한의 정도로서 강함(strong)과 약함(weak)으로 나타낸다. 명확하면서도 막강한 직위 권력을 가지는 리더는 이러한 권력이 없는 리더보다 쉽게 타의 추종을 받게 된다.

② 상황에 맞는 효과적인 리더십 유형

피들러는 다양한 상황에서 어떠한 리더들이 가장 효율적인지를 조사하기 위해 많은 연구를 수행하였다. 즉, 상황 선호도가 나쁘거나 정반대로 좋은 경우에는 과업지향적 리더가 효과적이지만, 상황 선호도가 중간 정도인 경우에는 관계지향적 리더가 효과적이라고 하였다.

이러한 가정의 기본 바탕을 설명하면 다음과 같다. 상황 선호도가 아주 좋거나 나쁜 경우는 세 가지 상황 변수가 모두 좋거나 모두 나쁜 상황으로 비교적 단순한 상황이라고 할 수 있다. LPC 점수가 낮은 과업지향적 리더는 생각이 비교적 단순한 사람이기 때문에(즉, 싫어하는 사람을 좋지 않게 평가하는 사람) 이러한 단순한 상황에 보다 적합하다고 할 수 있다. 반면에 상황선호도가 중간인 경우 어떤 요인은 좋고 다른 요인은 나쁜 상황이 되는 좀 더 복잡한 상황이라고 하겠다. 따라서 LPC 점수가 높은 관계지향적 리더는 생각이 단순하지 않고 복잡한 사람이기 때문에(즉, 싫어하는 사람을 나쁘게 평가하지 않고 좋게 평가하기 때문에) 이와 같이 비교적 복잡한 상황에 더 적합하다고 볼 수 있다는 것이다.

③ 상황론적 접근의 관리적 의의

피들러의 광범위한 연구는 다음의 2가지 명제로 요약할 수 있다.

- 과업지향적 리더(task-oriented leader)는 강력한 통제 상황이나 매우 약한 통제 상황에서 가장 성공적이다.
- 관계지향적 리더(relationship-oriented leader)는 중간 정도의 통제 상황에서 가장 성공적이다.

이처럼 피들러의 리더십에 대한 상황론적 접근은 조직의 효과를 증대시키기 위한 방안을 보다 현실적으로 제시하고 있다. 즉, 과업지향적 또는 관계지향적 리더십 어느 것도 모든 상황에서 가장 효과적이라고 기대할 수 없으며, 또한 어떠한 상황에서는 유능한 리더가 다른 상황에서는 그렇지 못한 경향이 있다는 것이다. 따라서 피들러의 상황적합 이론에 근거하여 조직이나 집단의 효율을 높이기 위한 방안을 모색하기 위해서는 다음과 같은 세 가지 과정이 필요하다는 것을 알 수 있다.

- 첫째, 리더가 가진 리더십의 유형을 이해한다.
- 둘째, 리더에게 부여된 통제권의 정도에 따라 상황을 진단한다.
- 셋째, 상황에 적합한 리더십의 유형을 찾아 서로 조화시키며, 리더가 업무를 잘 수행할 수 있는 조직환경을 구성하도록 한다.

최근의 리더십 이론

(1) 카리스마형 리더십

카리스마(charisma)의 어원은 그리스 말로 '신이 주신 재능(gift)'이라는 뜻인데, 일반적으로는 논리적으로 설명할 수 없는 권력을 뜻한다. 케네디(J.F. Kennedy), 처칠(W. Churchill) 등 서구의 유명한 정치가나 국내외 유수 기업의 창업자들은 보통사람에게는 없는 카리스마를 지닌 것으로 간주된다. **카리스마형 리더십(charismatic leadership)**이란 새로운 비전, 영웅적 행동, 설득력 있는 언변 혹은 개인적 매력 등에 의해 추종자들에게 강력한 영향을 미치는 유형의 리더십이다. 이런 유형의 리더와 더불어 일하는 부하들은 리더의 권위에 무조건적으로 순종하며 감정적으로 빠져드는 경향이 있다. 리더의 신념과 비전을 자신의 것과 동일시하고 충성심을 강조함으로써 사기가 충전하여 자신들이 중요한 사람이라고 느낀다.

(2) 변혁적 리더십

전통적인 리더십 이론에서는 리더의 역할이 목표를 설정하고 목표에 따른 보상을 약속함으로써 동기부여를 시키는 것으로 보았는데, 이처럼 리더가 원하는 결과

(목표)와 하급자들이 원하는 보상 간의 거래적 교환(transation)이 효과적으로 달성되도록 이끄는 리더십을 **거래적 리더십(transactional leadership)**이라고 한다. 하지만 바스(B.M. Bass)는 이와 같은 거래적 교환단계에 의해서는 하급자들을 장기적으로 이끌어 갈 수는 없다고 보고 **변혁적 리더십(transformational leadership)**을 주장하였다.

개별적인 배려, 지적인 자극 등으로 효과적으로 동기부여시킴으로써 높은 성과와 직무만족을 달성하고자 하는 리더십 형태이다. **변혁적 리더십**은 추종자들에게 장기적 비전(vision)을 제시하고, 또한 비전을 달성하려면 점진적 변화가 아닌 과거와 단절된 변혁이 필요하고 리더는 이러한 변혁을 주도할 수 있는 카리스마가 있어야 한다고 본다. 여기서 변혁적 리더십과 카리스마형 리더십을 유사한 것으로 생각할지 모르나 근본적으로 차이가 있다. 카리스마형 리더가 리더와 부하들 간의 강력한 감정적 · 정서적 유대를 중시하고 자칫 부하들을 나약하고 의존적인 존재로 만들 수 있는 반면, 변혁적 리더는 부하들에게 권한위양을 통해 위상을 높여주고 명확한 비전과 달성 가능한 구체적인 전략을 제시해 주기 때문이다. 또한 가시적 보상에 그치지 않고 하급자들의 가치관 또는 태도 자체를 변화시켜 장기적인 비전을 달성해간다(부록 6-6).

| 사 | 례 |

리더십 개발 및 동기부여에 활용되는 MBTI®(Myers-Briggs Type Indicator®) 검사

MBTI® 검사는 사람들의 성향을 네 가지 측면에서 살펴보는 성격유형검사이다. 100개 이상의 질문으로 구성되며 '에너지의 원천', '정보수집 방식', '의사결정 방법', '생활양식'으로 구성된 네 가지 차원에 대해 개인의 선호를 밝혀내며 16개의 성격 유형조합이 가능해진다. 이런 종류의 정보는 조직들로 하여금 개개인의 의사소통 유형뿐만 아니라 동기부여, 팀워크, 작업 스타일, 그리고 그룹 내에서의 리더십을 이해하는 도움이 된다. MBTI 검사는 교육이나 상담에서도 다용도로 활용되고 있다.

(계속)

■ MBTI® 검사의 활용도

일반상담에서의 활용

- 긍정적인 자아개념 확립
- 상담자와 내담자의 역동 이해
- 효과적인 의사소통 기술 향상
- 다른 사람의 성격유형을 이해함으로써 원만한 대인관계 유지

기업과 조직에서의 활용

- 팀빌딩
- 유형에 맞는 동기부여 방법을 활용하여 직무능력 향상 도모
- 유형별 리더십 스타일 파악 및 리더십 향상 도모
- 스트레스 받는 상황과 대처방법 파악 갈등관리를 위한 객관적 틀 제공

교육장면에서 활용

- 유형에 따른 학습동기 및 교육방법 개발
- 유형에 맞는 효과적인 학습방법 파악 및 적용
- 부모-자녀, 교사-학생의 역동관계 파악
- 진로지도(진학 및 취업)

■ MBTI® 검사의 4가지 차원

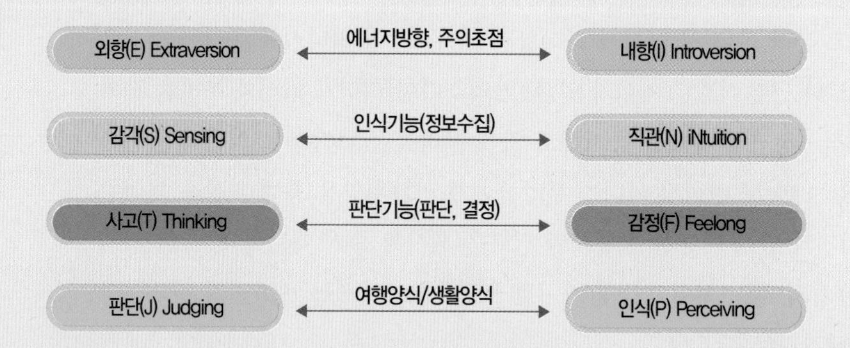

- 에너지 : 외향적인 사람(E)들은 대인관계를 통해 에너지를 얻고, 내향적인 사람(I)들은 내적 생각과 감정에 집중함으로 에너지를 얻는다.
- 정보수집 : 감각(S)을 선호하는 이들은 결정을 준비하기 위해 사실과 자료를 모으려는 경향이 있고, 직관(I)을 선호하는 개인은 사실보다 가능성과 관계에 초점을 둔다.
- 의사결정 : 사고(T)를 선호하는 이들은 의사결정에 보다 객관적이려고 항상 노력하고, 감정(F)를 선호하는 이들은 자신의 감정뿐만 아니라, 다른 사람들이 가지는 대안의 영향력에 대해서도 평가하려는 경향이 있어 다소 주관적이다.
- 생활양식 : 판단(J)을 선호하는 이들은 목표에 집중하고, 마감 시한을 만들며 단호하다. 인식(P)을 선호하는 이들은 예상 밖의 일을 즐기며, 결정 변화에 잘 적응하고, 마감시한을 좋아하지 않는다.

예를 들면, 내향적이고 감각, 사고, 판단을 하는 ISTJ는 신중하고, 조용하며, 실제적이고, 질서정연하고 논리적이다. 그들은 업무를 조직하고, 단호하고, 계획과 목표에 따라 행동한다. 그러나 반대의 성향(외향성, 직관, 감정, 인식)이 없기 때문에 결과적으로 ISTJ는 예상치 못한 기회에 반응하는 것을 어려워하고, 너무 과업중심적이어서 비인격적으로 보이며 성급하게 결정하는 특징이 있다.

자료 : Gregoire(2013), Raymaond, A.N. 외(2010), 한국 MBTI 연구소 홈페이지

3
의사소통

인간은 깨어 있는 시간의 약 70%를 의사소통(communication)에 사용한다. 의사소통을 간단히 정의하면 두 사람 이상의 사람들 사이에 언어, 비언어 등의 수단을 통하여 자신들이 지니고 있는 감정, 정보, 의견을 전달하고 피드백을 받으면서 상호 작용하는 과정이라 할 수 있다. 의사소통은 조직 내 지휘 활동에서 리더십과 동기부여를 위한 중요한 수단으로서 구성원들에게 미치는 영향이 매우 크다(부록 6-7).

의사소통의 과정

의사소통이란 그림 6-8에서와 같이 발신자로부터 수신자가 이해할 수 있는 상태로 수신자에게 정보가 전달되는 과정이다. 의사소통 경로의 주요소는 발신자

그림 6-8 의사소통의 경로

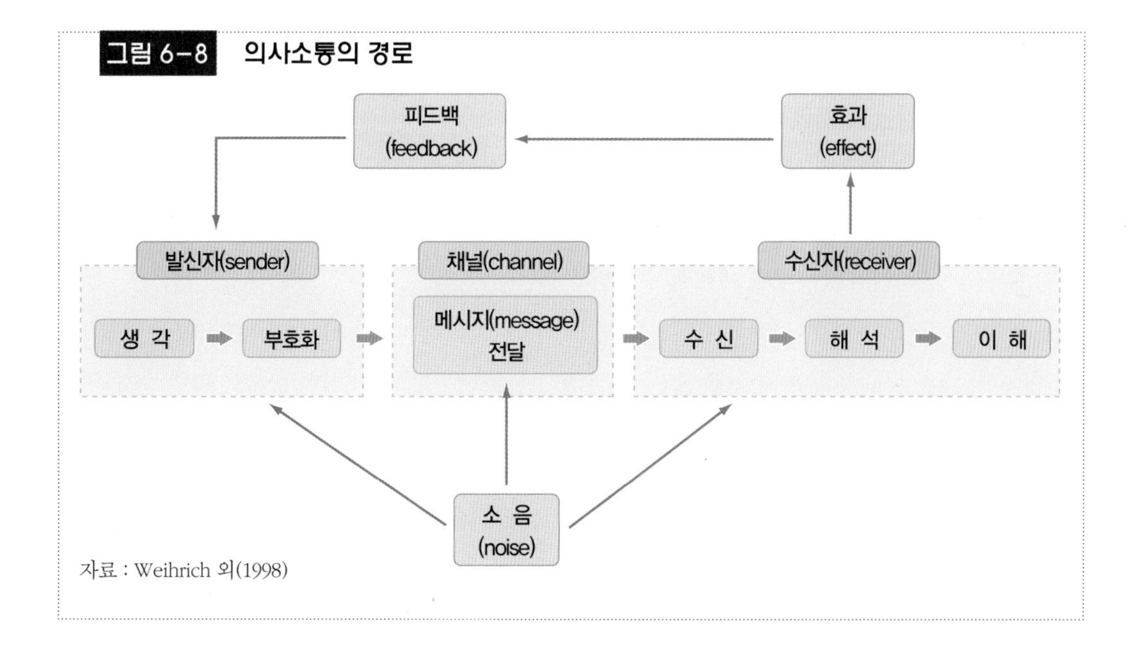

자료 : Weihrich 외(1998)

(sender), 메시지 전달 채널(channel), 수신자(receiver)의 세 측면에 기초를 두고 있으며 원활한 커뮤니케이션의 장애가 되는 주변의 소음과 커뮤니케이션을 촉진시켜주는 피드백에도 주의를 기울여야 한다.

- **발신자(sender)** : 의사소통은 생각 또는 아이디어의 발신자로부터 시작한다.
- **메시지(message)** : 메시지는 발신자로부터 수신자에게 전달되는 생각, 즉 자극이다. 메시지는 언어적 부호(단어)나 비언어적 부호(얼굴 표정, 몸짓) 혹은 그림이 될 수 있다.
- **채널(channel)** : 발신자로부터 수신자에게로 메시지가 전달되는 수단이다. 채널은 대중매체와 대인 간 채널(발신자와 수신자 간의 대면적 교환)로 분류될 수 있다.
- **수신자(receiver)** : 수신자는 메시지의 수용자이다. 발신자가 수신자를 간과하여 의사소통이 실패로 끝나지 않도록 하기 위해서 효과적인 의사소통자는 수신자 지향적이어야 한다.
- **효과(effect)** : 의사소통의 효과는 메시지 전달의 결과로서 일어나는 수신자의 변화이다. 의사소통의 효과는 일반적으로 수신자의 지식의 변화, 태도 변화 및 행동 변화의 순으로 나타나게 되며, 이러한 변화는 결국 의사소통의 궁극적인 목적이 된다.
- **피드백(feedback)** : 피드백은 발신자가 보낸 메시지에 대해 수신자가 나타내는 반응이다. 따라서 발신자는 후속적인 메시지를 변경하는 데 있어서 피드백을 고려할 수 있다. 긍정적인 피드백은 의도된 메시지 효과가 이루어졌음을 알려주며, 부정적인 피드백은 의도된 효과가 달성되지 못하였음을 알려주는 것이다.
- **소음(noise)** : 의사소통은 소음에 의하여 영향을 받는다. 소음이란 발신자, 전달 및 수신자 등에 대하여 의사소통을 방해하는 것으로, 메시지를 수신할 때 주의를 기울이지 않는 것을 예로 들 수 있다.

의사소통의 유형

(1) 공식적 의사소통과 비공식적 의사소통

의사소통은 공식적인 방법에 의해 이루어지느냐, 그렇지 않느냐에 따라 공식적 의사소통과 비공식적 의사소통으로 나누어진다. 조직 내의 메시지나 정보는 일단 공식적인 경로를 통해 전달되는 것이 원칙이지만 반드시 그렇지만은 않다. 오히려 비공식적인 의사소통을 통한 정보의 유통량이 많다고도 한다.

공식적 의사소통(formal network)은 체계적이고 계획적이며 권한구조에 따라 주로 이루어진다면 **비공식적 의사소통**(informal network)은 조직 내에서 자연스럽게 생겨난 비공식적 조직(향우회, 취미서클, 동아리 활동 등)을 통해서 의사소통이 이루어지는 것을 말한다. 실제로 조직 안에서 이루어지는 정보와 의사 교환 중 많은 부분이 비공식적 조직을 통해서 이루어지고 있다. 조직 구성원들은 비공식적 의사소통을 통해서 자신의 감정이나 느낌을 자연스럽게 표현하게 되므로 조직 내에서 매우 중요하다. 흔히 조직 내에서 비공식적 의사소통망을 **풍문**(grapevine)이라고 한다.

한편 비공식 의사소통을 의도적으로 경영자가 이용하는 경우도 있다. 예를 들어, 정보를 의도적으로 새어나가게 한다든가, 개인적으로 친밀한 사람에게 암암리에 정보를 흘릴 수도 있다. 이는 공식 경로보다 비공식 경로에 의한 의사소통이 더욱 신속하게 소기의 목적을 달성하는 데 유용하기 때문이다. 그러나 비공식 경로에 의한 정보가 왜곡되어 급속히 확산되는 경우에는 경영자는 이것을 신속히 막아야 할 것이다. 그러므로 풍문에 의한 의사소통은 경영자가 적절히 활용해야만 그 효과가 있다.

비공식적 의사소통의 하나인 **배회관리**(management by walking around)는 관리자가 조직의 이곳 저곳을 돌아다니면서 구성원이나 고객들과의 대화를 통하여 원하는 정보를 주고 받는 것을 말한다. 이는 경영자가 직접 찾아다니면서 의견을 청취하고 개진하게 되므로 조직에 활력을 불어넣는 역할을 하게 된다. 특히 공식적인 커뮤니케이션이 작동하지 않을 경우에는 배회관리가 매우 중요하다.

(2) 수직적 의사소통과 교차적 의사소통

의사소통은 그 방향에 따라 **수직적 의사소통**과 **교차적 의사소통**으로 나눌 수 있

그림 6-9 조직 내 다양한 의사소통 유형

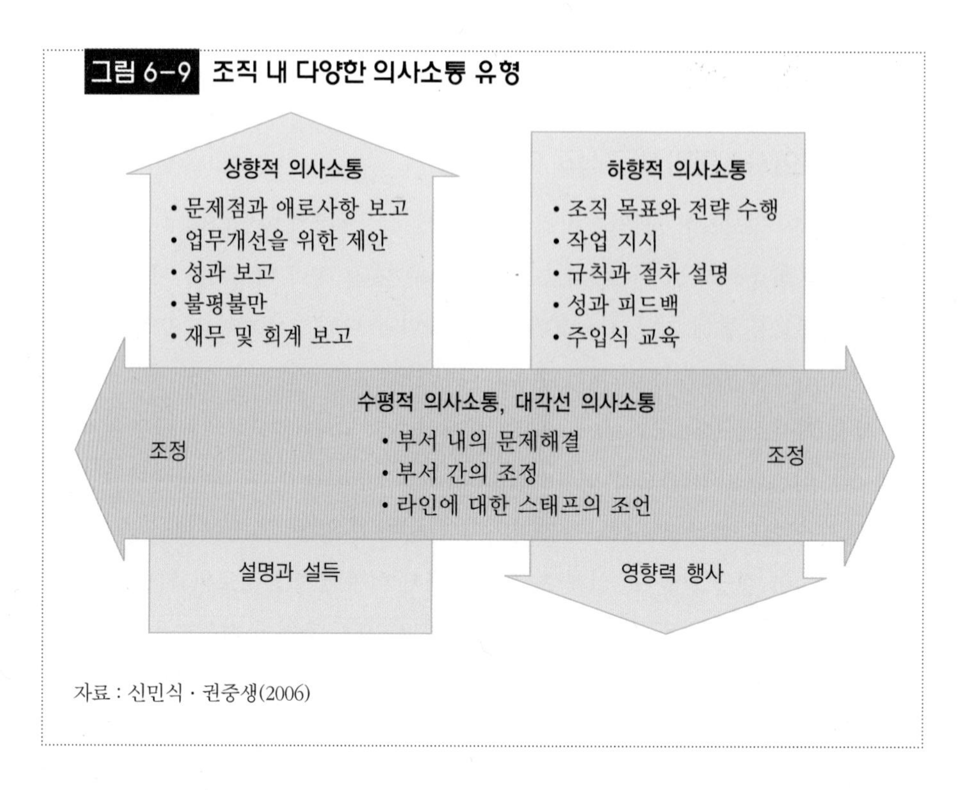

자료 : 신민식 · 권중생(2006)

다. 수직적 의사소통에는 하향적 의사소통, 상향적 의사소통이 있으며, 교차적 의사소통에는 수평적 의사소통, 대각선 의사소통이 있다(그림 6-9).

① 수직적 의사소통

- **하향식 의사소통(downward communication)** : 조직의 권한 계층을 따라 상층 부문으로부터 하위 계층 부문으로 전달되는 의사소통이다. 이는 조직 내의 회의, 공문 발송, 서면, 전화, 편지, 메모이다. 또한 조직 내 공무와 관련된 업무지침(job instruction) 시달, 정책(policy)에 대한 설명회 등도 이에 해당된다.
- **상향식 의사소통(upward communication)** : 조직의 하층 부문으로부터 상위 계층으로 메시지가 전달되는 것으로 업무 보고, 제안제도 등이 여기에 해당된다. 효과적 조직 운영을 위해서는 하향식 소통뿐만 아니라 상향식 의사소통도 원활하게 이루어져야 하는데, 조직 규모가 커질수록 상향식 소통이 이루어지기가 힘들다. 상향식 의사소통이 이루어지는 정도는 조직 풍토나 분위기에 많이 좌우된다. 즉, 비지시적이고 참여적이고 민주적인 조직환경일 때 상향식 의사

소통이 많이 나타난다. 상향적 의사소통을 촉진하기 위해서 제안함(suggestion box)이나 그룹 미팅(group meeting), 고충처리(grievance handling) 제도 등의 방법을 사용하기도 한다.

② 교차적 의사소통

- **수평적 의사소통(horizontal communication)** : 조직 내에서 부서와 부서 간, 또는 동일 부서 내의 부문끼리의 의사소통을 증진시키기 위해 이루어진다. 예를 들어, 병원 내 간호부서와 영양부서 간 또는 급식소 내 조리부서와 배식부서 간의 의사소통이 이에 해당된다. 수평적 의사소통의 주요 내용으로는 부서 내의 문제해결, 부서 간의 조정, 라인에 대한 스태프의 조정 등이 있다.
- **대각선 의사소통(diagonal communication)** : 타 부문의 상위, 하위자와의 의사소통을 의미하며, 예를 들어 생산 부서에서 필요한 물품을 구매하고자 할 때 부서 관리자를 거치지 않고 직접 구매 담당직원에게 청구하는 경우가 여기에 해당된다.

의사소통의 장애요인과 극복방안

(1) 장애요인

의사소통 장애는 개개인의 배경(background), 교육 정도, 과거 경력, 경험, 지능의 차이로 인하여 발생하게 되며, 사람의 태도, 주장, 가치관의 차이가 의사소통 채널(channel)을 방해하거나 메시지를 와전시키기도 한다. 또한 편견, 선입관으로 인해 발신자와 수신자가 의사소통의 주제에 대해 다르게 인지할 수 있으며 가정(assumption), 기대도(expectation) 등이 의사소통을 왜곡시킨다(그림 6-10).

그림 6-10 의사소통에서의 장애

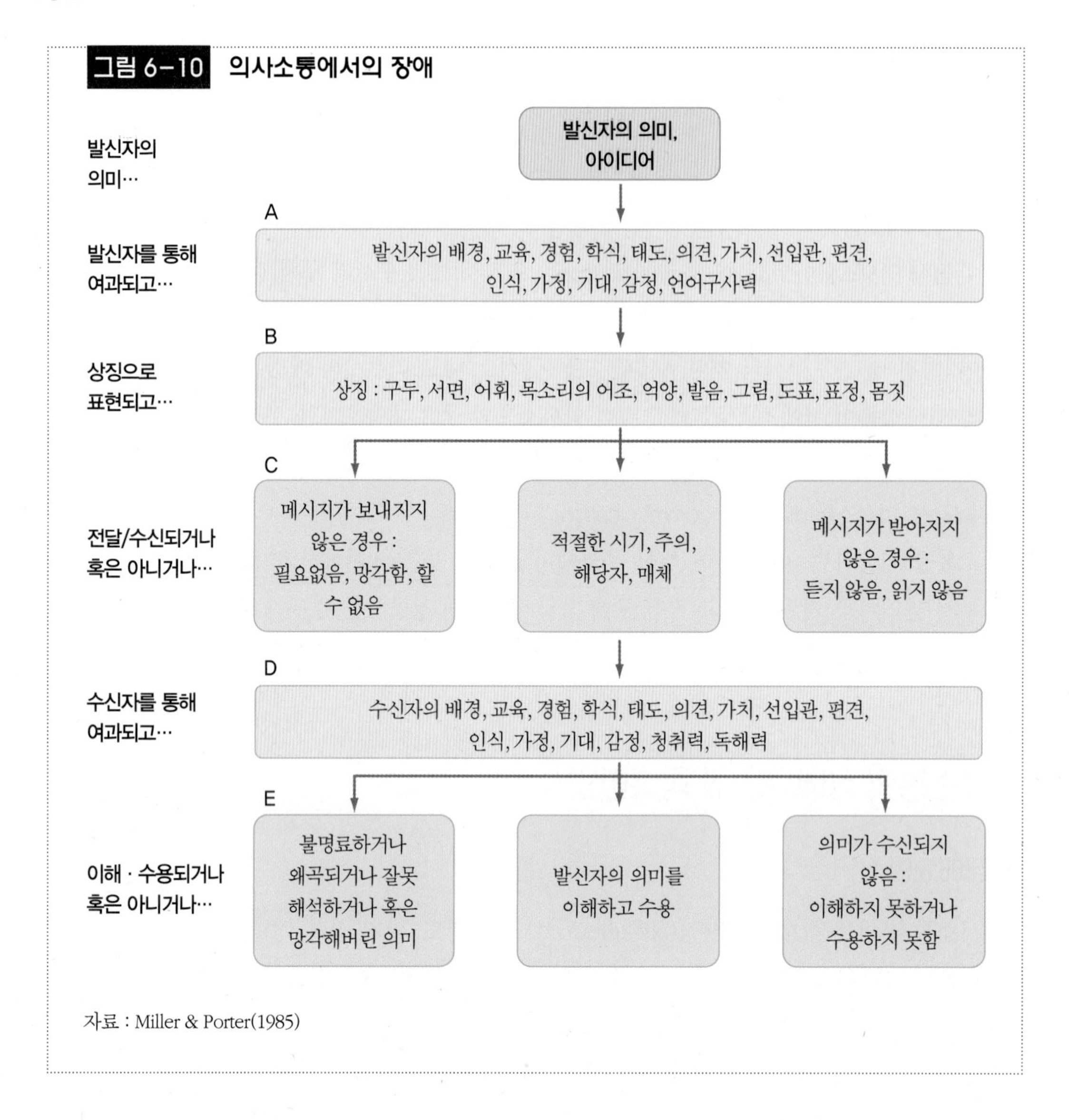

자료 : Miller & Porter(1985)

(2) 극복방안

효과적인 의사소통을 위해서는 대화의 목적을 미리 결정하고 대화 전에 생각을 체계화하여 전달하여야 한다. 또한 상대방의 이야기를 잘 듣고 피드백으로부터 배우며 자기 스스로 기록하거나 녹음하는 방법을 사용하여 점검해 보도록 한다. 조직 구성원들은 바람직한 의사소통을 위한 기술을 습득하여 의사소통을 개선하기 위해 노력해야 한다. 실제 의사소통에 있어서 좋은 표현과 나쁜 표현의 예는 표

6-7에 정리하였다. 또한 개인적 수준과 조직적 수준에서 발생할 수 있는 의사소통의 장애요인과 이의 극복방법은 표 6-8과 같다.

표 6-7 바람직한 의사소통 기술

의사소통 기술	좋은 표현	나쁜 표현
사람이 아닌 논지에 초점을 둘 것(문제를 다룰 때는 사람을 비난하지 말 것)	김 선생님의 예약을 찾을 수가 없네요.	수경 씨, 김 선생님의 예약을 왜 빠뜨렸나요?
말과 행동이 일치할 것	승진을 못해서 기분이 좋지 않아요.	화가 났냐구요? 아니요, 난 승진 못한 것에 신경 쓰지 않아요!
평가적인 언어보다는 기술적인 언어를 사용할 것	이번 연수내용에 실망했어요. 다음에는 실기교육도 병행했으면 좋겠어요.	이번 연수는 엉망이었어요. 다음에는 잘 했으면 좋겠어요.
다른 사람의 의견을 존중할 것	이 문제에 대한 당신의 의견은 무엇입니까?	당신은 이 문제에 실질적으로 참여하지 않았으니 내 계획에 따르세요.
메시지를 명확히 할 것	영철 씨는 지난 주에 2번 지각했어요.	영철 씨는 요즘 종종 늦는군요.
앞에 한 말에 관련 있는 말을 할 것	수경 : 우리 새 컴퓨터가 목요일에 도착한대요. 영철 : 몇 시에 도착하는지 알아요?	수경 : 우리 새 컴퓨터가 목요일에 도착한대요. 영철 : 오늘 우리 팀장님 옷이 멋지지 않아요?
남의 말을 인용하지 말고 본인의 의견을 말할 것	나는 새 사무실의 배치를 바꾸자는 당신의 의견에 동의하지 않아요.	사무실 배치를 바꾸자는 당신의 계획이 참 좋기는 한데, 현정 씨가 결코 동의하지 않을 거예요.
적극적으로 들을 것	일 때문에 지방에 가지 않아도 된다는 말씀이지요?	예... 예... 그럼요. (명확히 하지도 않고, 이해에 대한 확인도 안한다.)

자료 : Go 외(1996)

표 6-8 의사소통의 장애요인과 극복방법

구 분	장애요인	극복방법
개인적 수준	개인 간의 차이 채널과 미디어의 선택 오류 어의상의 오해 단서의 불일치	적극적 경청 적절한 채널의 선택 상대방의 입장 이해 배회관리의 활용
조직적 수준	지위와 권력의 차이 부서 간 욕구와 목표의 차이 과업수행에 부적합한 커뮤니케이션 네트워크 공식적 채널의 부족	신뢰와 개방적 분위기 조성 공식적 채널의 다양한 개발 커뮤니케이션에 적합한 조직구조 개편 다양한 공식적 및 비공식적 채널 활용

자료 : 신민식 · 권중생(2006)

| 활 | 동 |

온택트 시대, 일하는 방식 변화에 따른 새로운 소통 기술 필요

대한상공회의소가 국내 100대 기업을 대상으로 실시한 '바람직한 인재상' 설문조사에서 가장 중요하다고 응답한 항목이 2008년에는 '창의와 도전'이었으나 10년이 지난 2018년에는 '소통과 협력'으로 나타났다. 4차 산업혁명 디지털 기술 발전으로 '스마트 워크(smart work)' 환경이 조성되고 언제 어디서나 효율적으로 일할 수 있는 유연한 근무형태가 확산되어 일하는 방식 자체가 변화하게 되면서 새로운 소통 기술이 필요해진 것이다.

2016년부터 부각되기 시작한 '언택트(untact)' 현상은 코로나19의 영향으로 '온라인을 통한 외부와 연결(on)'을 개념이 더해진 '온택트(ontact)'로 변화했다. 온라인 회의와 교육, 라이브커머스, 라이브 공연 등 온택트 현상은 산업과 일상 전반에 확산되었고, 기업들은 온택트 환경에서 효과적으로 소통하며 성과를 창출할 수 있는 새로운 업무 방식에 대해 고민하고 있다.

온택트 시대에는 리더의 역할이 더욱 중요하다. 오프라인 중심의 업무환경에서는 대면을 통한 깊은 교감과 세심한 코칭과 관리가 가능했지만, 재택근무가 늘어나고 고객과 거래처를 직접 만나는 기회가 크게 줄어들면서 어떻게 원활한 소통을 하며 의사결정과 성과관리를 해나가야 할 것인가가 중요한 과제로 대두된 것이다. 화상회의 등 온라인 커뮤니케이션을 잘 할 수 있는 소통기술을 갖추는 것이 필수적인 역량이 되었고 효과적인 협업을 위한 협업 툴(tool)의 선정과 적용 또한 필수 요소가 되었다. 온라인 업무환경에 맞게 선제적인 내부 시스템 정비와 인프라 지원, 정서적 배려 등을 통해 구성원의 적극적인 참여와 자율성을 극대화 할 수 있는 리더십이 요구되고 있다.

CU를 운영하고 있는 BGF그룹은 위드 코로나 시대에 임직원들의 교류를 활성화하고 화합과 사기 진작을 위해 랜선 모임 '온택트 Cheer up 프로그램'을 진행한 바 있다. 비대면 문화체험인 'BGF 문화다방' 프로그램에서는 화상회의 시스템을 이용하여 와인 테이스팅, 가죽공예, 북 콘서트, 다문화 음식, 목공예 DIY 등 다양한 분야의 전문강사들로부터 온라인 원데이 클래스를 열고, 전국 각지에 있는 신입사원들을 위한 온라인 회식자리인 'BGF 문화의 밤'도 개최하였다.

자료 : 식품저널(2021.11.04), 굿모닝경제(2020.11.11)

1. 온택트 시대 온라인을 통한 소통과 협업 상황이 많아지고 있는데, 화상커뮤니케이션에서 전달력 유지를 위한 소통 기술에는 어떠한 것들이 있는지 생각해 보자.

2. 온택트 업무 환경에서 리더의 역할이 중요하다. 기업의 의사결정과정에 구성원들의 참여를 극대화하기 위해 어떠한 노력이 필요한지 토의해 보자.

용어·요점 정리

- **동기부여** : 조직 구성원들이 조직의 목표를 자신의 목표로 받아들이도록 함으로써 목표달성을 위해 스스로 노력하도록 유도해 가는 과정
- **동기부여 이론** : 매슬로우의 욕구계층 이론, 알더퍼의 ERG(Existence, Relatedness, Growth) 이론, 허즈버그의 이요인 이론, 맥클리랜드의 성취동기 이론, 브룸의 기대(Expectancy) 이론, 아담스의 공정성(Equity) 이론
- **매슬로우(Maslow)의 욕구계층 이론** : 생리적 욕구, 안전 욕구, 사회적 욕구, 존경 욕구, 자아실현 욕구의 5단계
- **알더퍼의 ERG 이론** : 생존(existence) 욕구, 관계(relatedness) 욕구, 성장(growth) 욕구
- **허즈버그의 이요인 이론**
  - **위생요인(hygiene factors)** : 불만요인(dissatisfiers) 혹은 유지요인(maintenance factors)이라고도 하며 작업 조건, 임금, 동료, 감독자, 부하, 회사 정책, 고용 안정성, 대인 관계와 같은 요인이 포함
  - **동기부여요인(motivators)** : 만족요인(satisfiers)이라고도 하며 성취감, 인정, 승진, 직무 자체, 성장 가능성, 책임감과 같은 요인이 포함
- **맥클리랜드의 성취동기 이론** : 성취 욕구(needs for achievement), 권력 욕구(needs for power), 친화 욕구(needs for affiliation)
- **브룸의 기대 이론** : 노력하면 높은 성과를 달성할 수 있다는 기대 정도, 성과를 달성함으로써 보상이 주어질 것이라는 기대 정도, 성과의 결과로 받는 보상이 가치 있을 것이라고 생각하는 정도의 세 가지 요소가 동기부여의 강도를 좌우하게 됨
- **아담스의 공정성 이론** : 자신의 업적에 대한 보상이 다른 사람에 비해 공정하냐에 따라 동기부여의 방향이 달라짐
- **직무만족** : 조직 구성원이 자신의 직무에 대해서 갖고 있는 태도로 직무에 대한 개인의 정서 반응
- **리더십** : 집단이나 조직의 목표 달성을 위해 다양한 방법으로 집단이나 조직 구성원에게 영향을 미치는 과정
- **리더십의 이론**
  - **특성 이론** : 리더십은 리더가 지닌 자질에 의해 발휘된다고 보는 견해
  - **행동 이론** : 리더가 보이는 행동유형에 따라 리더십의 효과가 좌우된다고 보는 견해
  - **상황 이론** : 리더와 추종자, 조직의 여건이라는 상황변수에 의해 효과적인 리더십의 유형이 달라진다고 보는 견해
- **미시간 대학 모형** : 리더의 행동유형에 따라 과업 중심적 리더와 인간 중심적 리더의 두 가지로 분류
- **오하이오 주립대학 모형** : 구조주도형과 인간주도형의 두 가지 요소에 의해 리더의 행동유형을 4가지 스타일로 정의함
- **블레이크와 뮤톤의 관리격자** : 과업에 대한 관심도와 인간에 대한 관심도에 따라 격자로 관

리자나 리더의 행동유형을 보다 세분화하였으며 이 중에서도 무기력형, 팀형, 친목형, 과업형, 중도형의 5가지가 가장 대표적임

- **피들러의 상황모형에서의 상황 변수**
  - **리더십- 구성원 간의 관계** : 종업원들이 리더를 얼마나 지원하는가
  - **과업 구조** : 업무의 목표나 처리 절차가 구체적으로 정해져 있는가
  - **직위 권력** : 리더에게 부여된 권력으로 종업원들에게 보상을 주거나 처벌할 수 있는 자유재량권
- **LPC(Least Preferred Coworker) 척도** : 피들러는 리더십 스타일을 측정하기 위해 LPC 척도를 개발하였으며, LPC 점수가 높은 사람은 주로 인간관계 지향적 리더이고 LPC 점수가 낮은 사람은 주로 과업 지향적 리더라고 하였음
- **피들러의 상황적합 이론** : 피들러는 리더십의 유효성은 리더의 행동유형과 상황여건에 따라 결정된다고 하였음. 상황선호도가 나쁘거나 좋은 경우에는 과업 지향적 리더가 효과적이며, 상황선호도가 중간 정도인 경우에는 관계지향적 리더가 효과적임
- **변혁적 리더십** : 조직 구성원의 가치나 신념 체계를 변화시킴으로써 성과를 거두고자 하는 리더십의 유형
- **의사소통** : 공통의 목표를 달성하기 위해서 사람들을 조직 내에서 서로 연결하는 수단으로 의사소통의 구성요소로는 발신자, 메시지, 채널, 수신자, 효과, 피드백, 소음이 있음
- **의사소통의 유형** : 공식적 의사소통과 비공식적 의사소통(풍문, 배회관리), 수직적 의사소통(하향식, 상향식)과 교차적 의사소통(수평적, 대각선) 등이 있음

PART 3

급식경영 업무적 기능

7 급식 인적자원관리

8 급식서비스 마케팅

9 급식서비스 품질경영

chapter

7 급식 인적자원관리

우수한 인적자원의 확보와 육성은 조직 전체의 효율성을 높이는 데 가장 중요한 요인이다. '인사(人事)는 만사(萬事)이다', '조직은 곧 사람이다'라는 말처럼 인사 활동은 조직 운영에서 매우 중요하고 필수적인 부분이다. 인력 의존도가 높은 서비스 기업에서 인적자원관리의 중요성은 더욱 커진다. 급식경영에 있어서도 물적자원보다는 인적자원의 우수성이 조직의 경쟁력을 좌우함은 물론이다.

시대가 변화하면서 인적자원관리의 패러다임도 과거 사람중심의 연공주의에서 직무중심의 성과와 능력주의로 전환되고 있다. 정년, 직급제도와 같은 관행과 고정관념이 사라지고 있으며, 평생직장의 시대에서 평생직업의 시대로 바뀌고 있다. 이에 따라 조직 구성원의 능력개발이 개인이나 조직 모두에게 중요해지고 있다. 최근 부각되고 있는 인적자원관리의 주요 과제로는 유능한 인재확보, 핵심역량 강화 및 경쟁력 향상, 핵심인력의 조기 육성 및 개발 등을 들 수 있으며, 환경변화에 대한 전략적이고 탄력적인 대응이 어느 때보다도 중요해지고 있다.

또한 노동시장 구조, 근로자의 직업윤리, 의식구조도 과거와 다른 방향으로 변화되고 있다. 종업원 개개인의 노동력을 효율적으로 관리하고 활용하는 것도 중요하지만, 이에 못지않게 급변하는 경영환경 속에서 기업의 경쟁력에 중요한 과제 중 하나가 노사관계관리이다. 노사관계가 갈등과 대립이 아닌 상호 협력관계로 발전되기 위한 노사관계 관리가 요한 것이다.

이 장에서는 급식 인적자원관리의 개념, 기능과 함께 노사관계 관리 방안에 대해 살펴보기로 한다.

학습 목적

급식경영에 적용되는 인적자원관리의 기본 개념과 인적자원의 확보, 개발, 보상, 유지 기능 및 노사관계와 노동조합에 대해 이해한다.

학습 목표

1. 인적자원관리의 개념을 정의한다.
2. 직무분석의 정의, 용도, 방법을 설명한다.
3. 직무기술서와 직무명세서를 비교 · 설명한다.
4. 직무설계 전략을 서술한다.
5. 모집과 선발의 진행 과정을 나열한다.
6. 교육 훈련에 사용되는 방법을 나열한다.
7. 직무평가의 목적과 평가 요소, 단계, 방법을 설명한다.
8. 인사고과의 목적, 단계, 방법 및 문제점을 설명한다.
9. 인사이동의 유형을 설명한다.
10. 노사관계 관리의 의의를 설명한다.
11. 노사관계 발전과정을 나열한다.
12. 노동조합의 목표와 기능을 설명한다.
13. 노동조합의 형태와 노동조합 가입 방식의 차이를 설명한다.

1
인적자원관리의 개념

우리나라에서는 오랫동안 인적자원관리와 유사한 개념으로 **인사관리**(Personnel Management ; PM)라는 용어를 사용하여 왔다. **인사관리**란 기업에서 사람과 관련된 모든 활동을 일컬어 왔는데, 근래 인적자원의 중요성이 부각되고 근로자관이 변화되면서 인적자원의 개발을 강조하는 **인적자원관리**(Human Resource Management ; HRM)로 불리고 있다.

과거 인사관리의 관점에서는 인력을 현재 가지고 있는 능력 수준으로만 판단하는 비용(cost) 요소의 하나로 간주하였다. 하지만 오늘날 인적자원관리의 관점에서는 인적자원을 잠재적인 능력을 개발하고 활용하여 기업 부가가치 창출에 기여하게 되는 투자할 가치가 있는 자산(asset)의 일부로 보게 된 것이다. 더욱이 인적자원은 물적자원과 달리 동기부여와 만족도, 개발여하에 따라 성과나 그 가치가 달라지는 특수성을 지니고 있는데, 노동집약적인 급식산업의 특징을 고려할 때 인적자원관리의 중요성은 매우 크다고 할 수 있다.

인적자원관리는 조직의 목표달성에 필요한 인적자원을 **확보**(procurement), **개발**(development), **보상**(compensation), **유지**(maintenance)하여 조직 내 인적자원

표 7-1 인적자원관리의 주요 기능

주요 기능	세부 내용
확 보 (procurement)	• 조직 목적달성에 필요한 인적자원의 종류와 인원수의 적정한 확보 • 주요 활동 : 조직 · 인력 계획, 직무분석 및 직무설계, 모집과 선발 및 배치 활동
개 발 (development)	• 훈련을 통하여 올바른 직무 수행에 필요한 기술 향상 • 주요 활동 : 교육과 훈련, 경력 개발, 조직문화 개발
보 상 (compensation)	• 조직 목적달성에 대한 적정하고 공평한 대가의 제공 • 주요 활동 : 직무 평가, 임금 및 보상 관리
유 지 (maintenance)	• 유능하고 자발적인 노동력의 지속적인 유지 • 주요 활동 : 인사고과, 인사이동과 징계 관리, 안전 · 보건 관리

을 최대한 효과적으로 활용하고자 하는 관리활동이다(표 7-1).

21세기의 새로운 환경은 과거와는 질적으로 다른 인적자원관리의 과제를 안겨주고 있다. 날로 심화되는 경쟁에서 살아남기 위해 기업의 전략목표 달성에 필요한 인재를 확보하고 개발한다는 측면에서 **전략적 인적자원관리(Strategic Human Resource Management ; SHRM)**라는 개념이 등장하였다. 인적자원의 제반 관리활동에만 관심을 기울이는 것이 아니라 조직의 전략과 인적자원관리를 통합하여 기업의 성과를 높일 수 있게 하는 전략적 인적자원관리의 필요성이 커지고 있다.

또한 국내 기업들도 과거 성장위주의 경영 방침에서 벗어나 '가치 중시 경영'으로 경영패러다임이 변화되면서 이에 맞춰 인적자원관리부서 역할의 변화도 요구되고 있다. 연공서열보다는 성과를 우선시하게 되면서 조직구조의 수평화, 성과지향형 보상제도가 구축되고 있다. 또한 여성인력의 개발과 활용, 비정규직 인력의 합리적 관리, 정년연장 등 새로운 인적자원관리의 과제들이 대두되고 있다(한국노동연구원, 2000).

2 인적자원의 확보

인적자원계획

인적자원계획(human resources planning)은 인력계획(manpower planning)이라고도 하며 기업 내 · 외의 환경변화와 사업계획을 고려하여 필요한 인력을 적절히 확보하기 위한 방법들을 확정하는 과정이다. 인적자원계획의 핵심 목적은 기업이 필요로 하는 인력을 적절히 확보하는 데 있다(김영규, 2006).

인적자원계획의 수립은 조직의 외부환경 및 내부환경의 분석을 토대로 현재 보유하고 있는 인적자원을 평가하고, 앞으로 어떠한 유형의 인적자원을 얼마나 필요로 할 것인가와 얼마나 공급될 수 있을 것인지를 예측하여 수요와 공급의 불균형이 예상될 경우 이를 조정할 수 있는 방안을 결정하는 절차를 통해서 이루어진다.

오늘날의 인적자원계획은 이처럼 조직의 제반 환경 요인에 적응할 수 있는 계획이어야 한다는 뜻에서 **전략적 인적자원계획**(strategic human resource planning)이라 하며, 다음과 같은 네 가지 활동이 포함된다.

- **적정 인원 계획** : 세부 조직별로 필요한 전문 기술을 가진 인적자원이 얼마나 필요한가를 파악하는 활동
- **인원 수급 계획** : 세부 조직별로 현재의 종업원과 필요한 종업원 간의 수급 불균형을 어떻게 맞출 것인가를 계획하는 활동
- **구인 · 해고 계획** : 필요한 인적자원을 채용하는 구인 계획과 불필요한 인적자원을 줄이는 해고 계획을 수립하는 활동
- **인적자원 개발 계획** : 종업원 능력을 개발하기 위한 인적자원 개발 계획을 수립하는 활동

이와 같은 인적자원계획 활동을 수립할 때에는 특히 생산 계획 일정 및 예산, 정부의 고용 관계 법규, 인력 재배치 방법 등을 고려하여야 한다. 인적자원관리 분야에 관련된 법적인 사항은 표 7-2에 정리한 바와 같다. 한편, 영양사 및 조리사 보수교육에 관한 사항은 식품위생법에 명시되어 있으며, 학교급식운영 및 인력관리에 관한 제반사항은 학교급식법에 의거하여 시행되고 있다.

직무분석과 직무설계

인적자원관리 제반 과정을 시작하기 위해서는 직무의 요건을 규명하기 위한 직무분석과 함께 직무의 과업과 책임의 범위를 정하는 직무설계가 이루어져야 하며, 이를 통해 조직에서 필요로 하는 능력을 갖춘 인재 선발과 적재적소 배치가 가능해진다.

(1) 직무분석

① 직무분석의 정의

직무(job)란 조직의 목적을 달성하기 위해 각 사람들에게 주어지는 과업들

표 7-2 인적자원관리 관련 법령 및 내용

부 문	관련 법령	설치 목적	주요 내용	비고
고용 서비스	고용정책 기본법	• 고용안정 • 근로자의 경제적 · 사회적 지위 향상	• 고용에 대한 근로자 및 사업자의 책무 • 고용정보의 수집 및 제공 • 근로자 등의 고용촉진 지원	
	직업안정법	• 근로자 각자의 능력을 계발 · 발휘할 수 있는 취업 기회 제공 • 산업에 필요한 노동력의 충족 지원	• 직업안정기관의 직업소개 및 직업지도 • 근로자 모집 및 공급사업	
직업 훈련 · 자격	근로자직업 능력개발법	• 실근로자의 생애 직업능력개발 촉진 · 지원 • 고용안정 및 사회 · 경제적 지위 향상 • 실업시 근로자 생활안정 · 구직 활동 촉진 • 기업의 생산성 향상 도모	• 직업능력개발훈련 실시기준 • 국가 · 지방자치단체 등에 의한 직업 능력개발 • 직업능력개발사업 지원 • 직업능력개발훈련시설 • 직업능력개발훈련교사 및 훈련기준 • 직업능력개발사업의 평가	
	국가기술 자격법	• 산업현장의 수요에 적합한 자격 제도 확립 • 기술인력의 직업능력 개발	• 사업주 등의 협조 • 국가기술자격제도발전기본계획의 수립 • 국가기술자격 정책심위위원회 • 등급, 응시자격, 취득, 과목, 취득자 교육훈련, 취소 등	기능사 자격 취득, 교육 및 유지
근로 기준 관련	근로기준법	• 근로자의 기본적 생활 보장 및 향상 • 임금산정 기준 및 근로시간에 대한 기준 마련	• 근로조건의 법적기준 명시 • 임금 및 수당 지급 해고 기준 • 근로시간과 휴식 기준 • 취업규칙 작성의무	일용직 조리 종사원의 임용 및 관리
	최저임금법	• 최저수준 임금 보장 • 근로자의 생활안정과 노동력의 질적 향상	• 최저임금 기준 • 최저임금위원회 설치	
	근로자퇴직 급여보장법	• 근로자 퇴직급여제도 설정 및 운영규정 • 근로자의안정적인노후생활보장	• 퇴직금제도 설정 • 퇴직연금제도 설정 • 퇴직연금사업자 및 업무수행	
	파견근로자 보호 등에 관한 법률	• 근로자파견사업의 적정 운영 • 파견근로자의 근로조건 등에 관한 기준 확립 • 파견근로자의 고용안정과 복지 증진	• 근로자파견사업의 적정운영 • 파견근로자의 근로조건	
	기간제 및 단시간 근로자보호 등에 관한 법률	• 기간근로자 및 단시간근로자에 대한 불합리한 차별 시정 • 근로조건 보호 강화	• 기간제 및 단시간 근로자의 근무 조건 • 차별적 처우의 금지 및 시정	기간제 및 단시간 근로 자 처우

(계속)

부 문	관련 법령	설치 목적	주요 내용	비고
근로 기준 관련	근로복지 기본법	• 근로복지정책의 수립 및 복지사업 수행 사항 규정 • 근로자의 삶의 질 향상	• 공공근로복지 • 기업근로복지 • 근로복지진흥기금, 보칙, 벌칙	주거안정, 생활안정, 보상관리
노동 조합 관련	노동조합 및 노동관계 조정법	• 근로자의 단결권 · 단체교섭권 및 단체행동권 보장 • 근로조건의 유지 · 개선과 근로자의 경제적 · 사회적 지위 향상 도모 • 노동쟁의 예방 · 해결 · 노동조합의 설립 및 관리	• 단체교섭 및 단체협약 • 쟁의행위 • 노동쟁의의 조정 및 중재 • 부당노동행위	
고용 · 산재 보험 관련	고용보험법	• 실업 예방, 고용촉진 및 근로자의 직업능력의 개발과 향상 도모 • 국가의 직업지도와 직업소개 기능 강화 • 실업 시 근로자 생활안정 · 구직 활동 촉진	• 고용보험 가입의무 • 고용안정 · 직업능력개발 사업 • 실업급여, 구직급여, 취업촉진수당, 육아휴직급여, 산전후 휴가급여, 고용보험기금	일용직 조리 종사자의 고용보험 가입
	산업재해 보상보호법	• 업무상 재해 보장 • 재해근로자의 재활 및 사회 복귀 촉진 • 보험시설 설치 · 운영 • 재해 예방 등 근로자 복지 증진	• 근로복지공단 • 보험급여 • 근로복지사업 • 산업재해보상보험 및 예방기금	일용직조리 종사자의 산재보험 가입
산업 안전 보건 관련	산업안전 보건법	• 산업안전 · 보건에 관한 기준확립, 책임소재 명확화 • 산업재해 예방, 쾌적한 작업환경 조성	• 안전 · 보건관리체계 및 규정 • 유해 · 위험예방 조치 • 근로자 보건관리 • 산업안전지도사 및 산업위생지도사	
고용 평등 관련	남녀고용평등과 일 · 가정 양립지원에 관한 법률	• 남녀의 평등한 기회 및 대우 보장 • 모성 보호, 직장과 가정생활 양립 지원 • 여성의 직업능력개발 및 고용 촉진 지원	• 고용 시 남녀의 평등한 기회보장 및 대우 • 직장 내 성희롱 금지 및 예방 • 여성 직업능력개발 및 고용촉진 • 적극적 고용개선 조치 • 모성보호 및 직장과 가정생활 양립 지원	
	장애인고용 촉진 및 직업재활법	• 장애인 고용촉진 및 직업재활 도모 • 고용 시 차별 대우 금지	• 장애인의 촉진 및 직업재활실시 규정 • 장애인 고용 의무 및 부담금 • 장애인고용촉진공단 • 장애인 고용촉진 및 직업재활기금	

자료 : 고용노동부 홈페이지, 국가법령통합관리시스템 홈페이지

(tasks)의 집합이다. 미국 노동성의 정의에 의하면 **직무분석**(job analysis)이란 각 직무의 내용, 특징, 자격 요건을 분석하여 다른 직무와의 질적인 차이를 분명하게 하는 절차라고 할 수 있다. 즉, 직무분석은 직무를 구성하고 있는 활동, 그 직무를 수행하기 위해 담당자에게 요구되는 경험, 기능, 지식, 능력, 책임뿐만 아니라 그 직무가 타 직무와 구별되는 요인을 명확히 밝혀서 기술하는 수단이다.

② 직무분석의 용도

직무분석의 일차적인 용도는 직무기술서(job description)와 직무명세서(job specification)를 작성하기 위한 것이다. 이러한 양식들은 종업원의 채용 및 선발의 기준, 교육 내용의 결정, 인사고과 등 인적자원관리의 기초자료로 활용되고 있다(그림 7-1).

그림 7-1 인적자원관리에서 직무분석의 활용

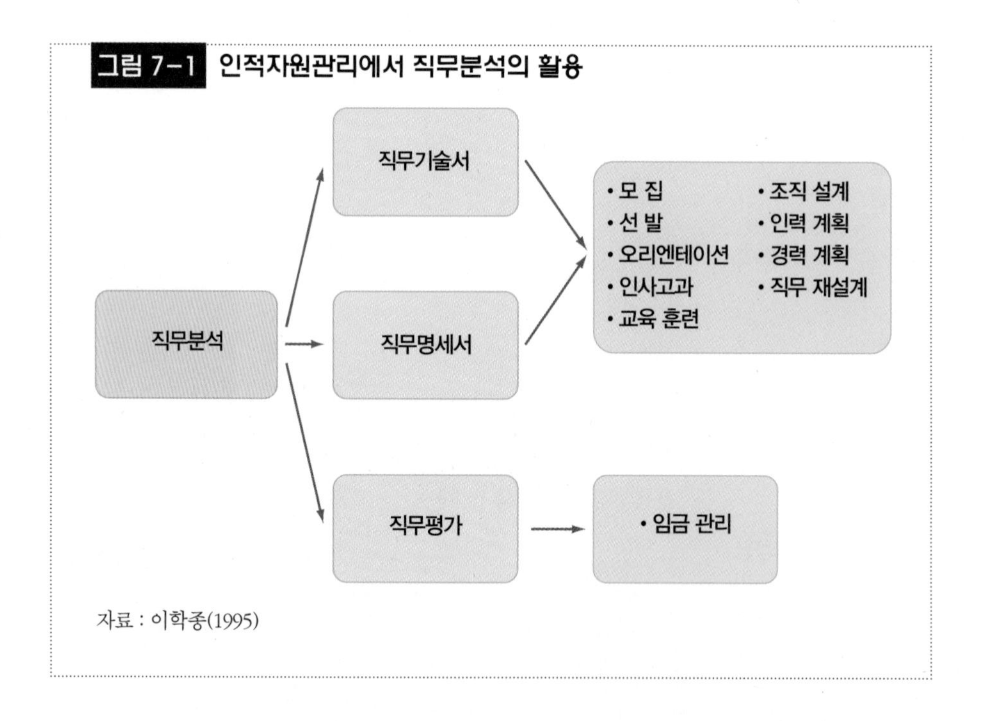

자료 : 이학종(1995)

직무기술서(job description)는 특정 직무의 의무와 책임에 관한 조직적이고 사실적인 해설서로 직무에서 수행하는 과업의 내용, 의무와 책임, 직무 수행에서 사용되는 장비 및 직무 환경 등 종업원과 관리자에게 **직무에 관한 개괄적인 정보**를 제공한다(그림 7-2).

그림 7-2 외식업체 점장의 직무기술서 예시

직무기술서

가. 직무명 : 점장

나. 직무 요약

점장은 식자재의 관리, 메뉴 계획, 음식 제공, 직원관리 등 업장 운영에 관한 전반적인 사항을 파악하고 관리한다.

다. 직무 내용

1. 작업 표준을 설정, 유지 관리한다.
2. 직원들의 직무와 영업 준비를 지시한다.
3. 슈퍼바이저, 웨이터, 웨이트리스, 버스보이의 교육 훈련과 감독을 한다.
4. 직원의 근무시간표를 작성한다.
5. 업소의 조리기술에 대해 어느 정도의 지식을 갖춘다.
6. 예약 접수 현황과 준비 상태를 점검한다.
7. 영업 준비물이 제대로 갖추어져 있는지 점검한다.
8. 테이블 세팅이 제대로 되었는지 확인한다.
9. 서비스 직원과 주방 직원 상호간의 협동체제를 유도 관리한다.
10. 직원들의 채용과 교육 훈련을 담당한다.
11. 직원들의 불만 요인, 고민 등에 관한 상담을 한다.
12. 경영자에게 업무에 관한 사항을 보고하고 명령받은 사항을 실행한다.
13. 손상된 객장 내의 가구, 기기 등의 신속한 보수 조치 및 교환을 한다.

자료 : 신재영 외(1995)

직무명세서(job specification)는 특정 직무를 수행하는 데 있어서 직무담당자가 갖추어야 할 지식, 기술, 능력, 기타 신체적 특성과 인성 등의 **인적 요건**을 기록한 양식이다(그림 7-3). 직무기술서와 중복되는 면이 있으나 신규 인력 채용 시 필요한 요건을 보다 명확히 하기 위한 목적으로 작성된다.

그림 7-3 사업체 급식소 영양사의 직무명세서 예시

직무명세서

가. 직무명 : 영양사

나. 직무 수행 요건

1. 학 력 : 대학 졸업자 이상
2. 전 공 : 식품영양학
3. 자격/면허 : 영양사
4. 숙련 도달 기간 : 1년
5. 실습 필요 기간 : 1~3개월
6. 필요한 연수 교육 및 직장교육 : 정기 보수교육, 급식경영 과정 단기 연수, 직장 내 훈련(OJT)

다. 필요 지식

1. 학술적 지식 : 영양학, 식품학, 조리원리, 단체급식, 식품구매, 식품위생, 영양교육, 급식경영학, 식사요법 등
2. 실무적 지식 : 급식 관련 실무 위생, 단체급식 관련 법규, 급식 전산 실무 등

라. 직무 특성

1. 정신적 요건 : 작업을 계획하고 수행하기 위한 일정 수준 이상의 창의력과 의사결정 및 작업 방법 선택을 위한 판단 능력이 요구됨
2. 신체적 요건 : 신체 사용이나 기기 조작에 있어서 다소의 정확성과 민첩성을 갖추어야 함
3. 직무 고유 책임 : 직무상의 실수가 있을 때에는 다소의 손실을 초래할 수 있음
4. 기밀 보전 책임 : 주요 기밀 문서를 취급하며 누설될 경우 회사에 불이익이 초래됨
5. 관리 감독
   - 받는 정도 : 주로 업무를 지시 받아 계획 · 수행함
   - 행하는 정도 : 부서를 감독하거나 같은 일을 하는 동료 감독
6. 직무상 대인 접촉 : 부서 내 · 외부의 사람들과 빈번히 접촉하며, 외부인과도 접촉함
7. 직무 환경
   - 위험도 : 약간의 위험 정도가 있음
   - 쾌적도 : 약간의 불쾌 요소가 있음

자료 : 차진아 외(1997)

위탁급식회사 채용사이트에 소개된 직무정보 예시

■ **MD(merchandiser, 상품기획자)**

회사의 구매방침에 따라 그룹 계열사 및 사내·외 공급처에 상품력과 경쟁력을 갖춘 농산물을 공급하기 위하여 사업팀장, 부서장의 업무수행 지침을 받거나 계열사 상품개발 담당자, 공장 QC의 요청사항을 전달받아 업무를 수행하며 부서 및 관계사 선임자의 협조를 통하여 가격 및 안정적 공급관리, 협력업체 관리를 수행하는 직무

■ **주요고객 및 접촉대상**

1. 내부 대상
   - FS 메뉴기획팀, 점포영양사, 고객서비스 파트, 수발주/클레임 담당, 유통사업부, B2B/단체급식/직판/식재영업 담당자(발생 주기는 주 3~5회 발생업무로 유선, 메일, 회의 등을 통하여 접촉하며 소요 시간은 사안별로 1시간~3일 소요)
   - 물류전략, E-BIZ, 품질가공 파트, 상품지원, 재무팀, 심사 파트 담당자(발생주기는 수시이며 발생빈도는 월 2~3회 유선, 메일, 회의를 통하여 접촉함)
   - 그룹사 상품개발 담당자(푸드빌, 김포공장, 이천공장, 부산2공장, 모닝웰 등), 식품안전센타 담당자(부정기적 발생 업무이며 빈도는 낮지만 중요도는 높은 업무임)
2. 외부 대상
   - 협력업체 대표자(실무자), 매출 거래처 담당자, 동종업체 구매담당자
   - 농업관련 기관 및 단체 담당자, 유통업체/외식업체 구매담당자
   - 식품관련 업계 임직원, 업무관련 국가기관 임직원

■ **직무수행 요건**

- 정규 교육수준 / 전공 : 대졸 / 농학, 식품학, 유통관련학과 전공자
- 직무관련 필요경력 또는 훈련 : 농산물 구매경력 3년 이상
- 직무관련 전문기술 / 요구 자격증 : 없음

■ **주요직무 책임 및 업무수행 단위**

- 구매계획에 따른 상품의 구매업무
- 신상품(제품) 개발과 수출입 업무
- 거래처 선정 · 가격결정 · 품질관리 업무
- 시황조사 및 상품관련 조사정보의 보고 업무
- 거래 관리 및 법적 서류의 관리 업무
- 중개(계) 영업 활동
- 식자재 클레임 개선 업무
- 마감업무 및 문서관리 업무

자료 : CJ 프레시웨이 홈페이지

위탁급식기업 직무내용

■ 신세계푸드

• 직무내용

영양사와 조리사는 고객에게 안전하고 맛있는 식사 제공을 통해 고객을 만족시키는 업무를 수행하며, 크게 메뉴관리, 위생관리, 식당 운영 관리의 업무로 구분할 수 있습니다. 세부적인 내용은 다음과 같습니다.

첫째, 고객이 만족하고 건강할 수 있도록 맛있고, 영양소를 골고루 갖춘 메뉴를 작성하며 최고의 맛으로 고객에게 제공합니다.

둘째, 고객에게 안전한 식사를 제공하기 위하여 개인위생에서부터 식자재, 환경 위생에 이르기까지의 전반적인 위생 안전 관리를 담당합니다.

셋째, 고객과의 접점에서 고객 만족을 실현하며, 내부 고객인 조리원의 관리와 식당운영에 수반되는 영업관리를 담당합니다.

• 업무에 필요한 자질 및 역량

영양사와 조리사는 고객과의 접점에 있는 만큼, 고객의 니즈를 파악하여 고객을 만족시키는 서비스 마인드를 함양하고 적극적인 communication 능력을 갖추고 있어야 합니다. 또한 적게는 3~4명에서 많게는 4~50명에 이르는 조리원을 관리하기 위한 리더십과, 조직 내 이슈가 발생 했을 때 슬기롭게 대처하는 문제 해결 능력이 요구됩니다.

이를 바탕으로 최신 메뉴 트랜드에 대한 지속적인 관심과 긍정적인 성격, 적극성, 고객과의 접점에서 활동한 경험이 있다면 업무를 수행하는데 많은 도움이 될 것 입니다.

자료 : 신세계푸드 직무 https://www.shinsegaefood.com/recruit/employ.sf

■ 현대그린푸드

자료 : 현대그린푸드 https://recruit.ehyundai.com/company-introduction/hyundai-greenfood/job-introduction/index.nhd

■ CJ프레시웨이

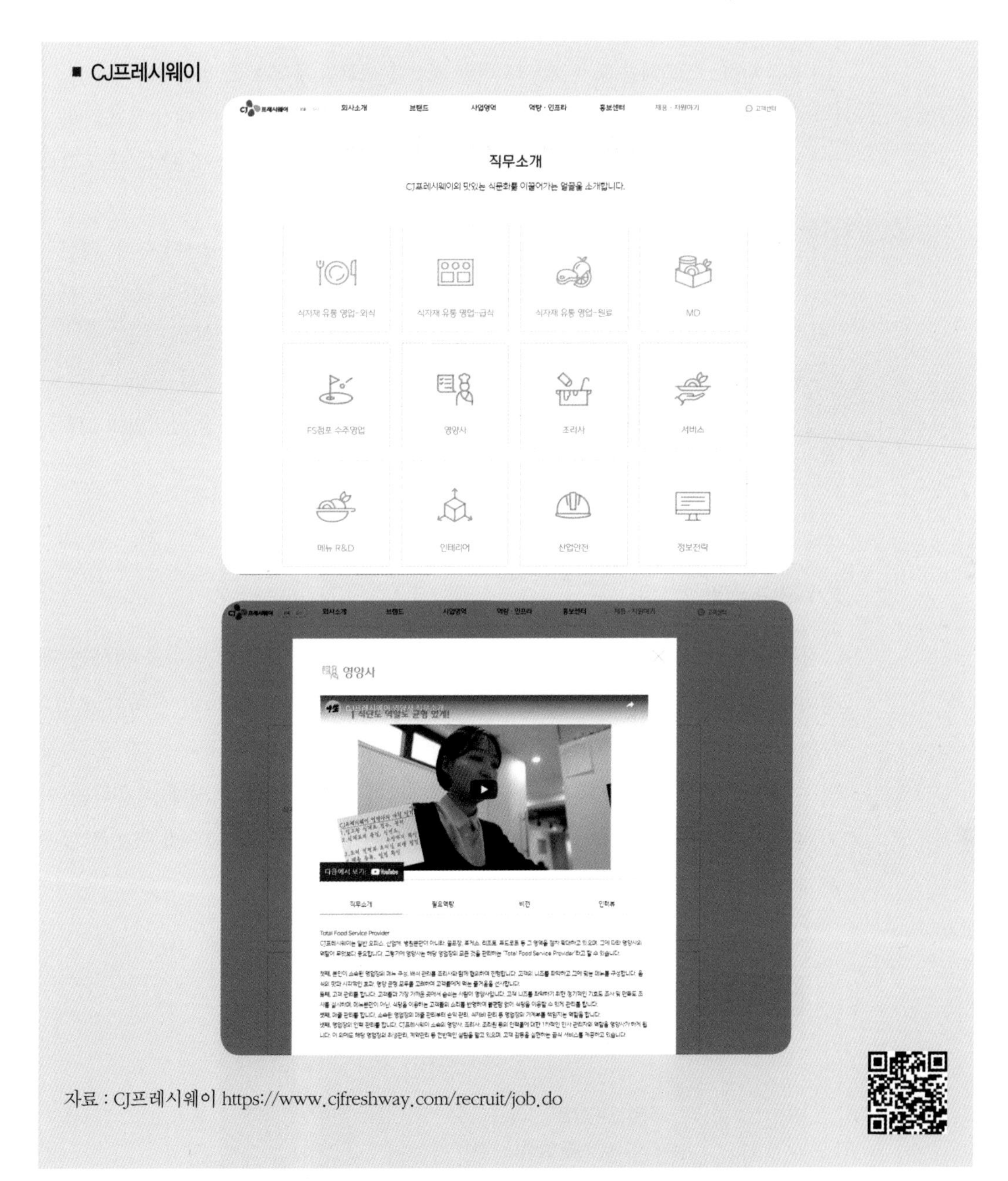

자료 : CJ프레시웨이 https://www.cjfreshway.com/recruit/job.do

③ 직무분석의 방법

직무분석에 널리 사용되고 있는 방법으로는 질문지법, 관찰법, 면담법이 있으며, 이외에 직무 담당자가 일기 형식으로 직접 기록하는 작업일지 작성법이 있다.

- **질문지법** : 질문지를 통해 직무에 대한 정보를 구하는 방법으로, 질문지의 내용 및 구성 방식, 응답자의 작성 능력 및 태도 등이 중요하다. 여러 직무에 대한 정보를 비교적 빠른 시간 내에 얻을 수 있는 반면, 질문지의 개발에 시간과 비용이 소요되고 진실하지 않은 응답을 할 수도 있다는 단점이 있다.
- **관찰법** : 직무가 관찰 가능한 물리적 활동으로 구성되어 있을 때에 사용된다. 정신적 활동이나 간혹 행해지는 활동으로 구성된 직무의 경우에는 적절하지 못하다. 관찰법은 면담법이나 다른 조사방법과 병행하는 것이 바람직하다.
- **면담법** : 직무담당자와의 면담은 개별 면담 혹은 집단 면담의 두 가지 유형이 있다. 집단 면담은 동일하거나 유사한 직무 활동을 수행하는 종업원들을 한꺼번에 면담하는 방식이어서 빠른 시간 내에 많은 정보를 수집할 수 있다.

(2) 직무설계

직무설계(job design)는 개개인이 수행해야 할 과업과 책임의 범위를 정하는 과정이다. 그림 7-4에서 보는 바와 같이 누가(직무 담당자의 정신적, 신체적 요건), 무엇을(어떠한 과업을), 어디서(소속 부서나 팀, 작업조), 언제(근무 시간 또는 작업 수행 및 완료 시간), 왜(부서에서 달성하고자 하는 목적), 어떻게(이용하는 기기, 도구 및 방법) 할 것인가와 같은 다양한 요소들을 고려하여 직무의 구조를 명백하게 설정하게 된다.

그림 7-4 직무설계의 고려 요인

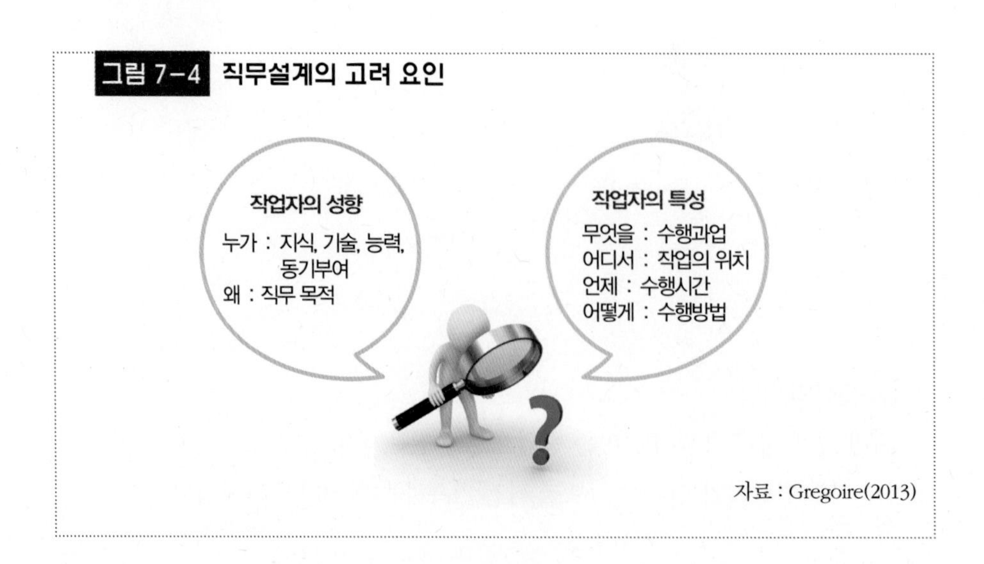

자료 : Gregoire(2013)

직무설계의 변천 과정

직무설계에 대한 학문적 접근은 1900년대의 과학적 관리법에서 그 출발점을 찾을 수 있다. 테일러와 그의 동료들은 작업의 효율성을 증가시키기 위해 직무 수행에 필요한 정확한 시간과 동작 연구 방법을 근거로 하여 직무 단순화 전략을 도입하였다. 과학적 분석에 의해 작업의 능률을 극대화할 수 있도록 최대한 전문화하고 단순하게 설계함으로써 미숙련공을 싼 임금으로 활용하여 비용절감 효과를 달성하고자 하는 것이 직무 단순화 전략의 근본 목표였다. 하지만 지나친 단순 반복 업무는 직무에 대한 불만, 무관심, 소외감, 개인적 성장의 결여로 인하여 오히려 생산성을 저하시킴으로써 높은 성과를 거두기 어렵다는 문제점을 초래하고 말았다.

이러한 문제점을 해결하기 위한 방안으로 1940년대 무렵에 시도한 전략이 직무 확대 및 직무 순환이었다. 그러나, 이러한 전략 역시 직무의 실질적인 내용에는 별다른 변화를 주지 못하며 직무 확대의 경우는 오히려 작업량을 증대시킴으로써 종업원의 인원 감축 수단에 불과하다는 비난이 제기되었다.

이에 따라 1960년대에는 작업자의 동기부여에 초점을 맞추어 허즈버그의 직무 충실화 전략과 같은 현대적 접근 방법이 등장하였으며, 1970년대는 직무 환경 변화를 수용할 수 있도록 하는 직무 특성에 의한 설계나 팀 접근 방법 등이 도입되어 오늘에 이르고 있다.

① 직무설계 방법

개인과 조직체 내의 직무를 설계하는 것은 매우 복잡한 과정이다. 어떠한 직무를 수행하는가는 구성원의 일상생활에 있어 매우 중요하며 동시에 인간으로서의 성장과 자아실현에도 지대한 영향을 미친다. 따라서 개인의 능력, 향후 인력 수급 가능성, 시스템 내 직무 간의 상호작용, 직무에 의해 충족될 수 있는 인간의 심리적 · 사회적 욕구 등을 파악하여 직무를 설계하여야 한다. 직무설계에서 가장 중요한 과제는 직무의 성과와 직무만족도를 동시에 높일 수 있게 하는 것이며 이를 위해 다양한 직무설계 방법이 동원된다(표 7-3).

표 7-3 직무설계 방법

직무설계 방법	내 용
직무 단순화 (job simplification)	작업절차를 표준화하여 명확하고 전문화된 과업에 종업원을 배치시키고자 함.
직무 순환 (job rotation)	서로 다른 임무를 갖는 직무에 대해서 주기적으로 종업원을 순환시켜 다양한 과업을 수행하도록 함으로써 동일 작업에서 발생하는 불만을 감소시키고자 함.
직무 확대 (job enlargement)	종업원이 수행하는 과업의 수와 다양성을 부여함으로써 종업원의 직무 성과와 만족을 증대시키고자 함.

표 7-4 허즈버그의 직무 충실화 원칙

원 칙	관련되는 직무 내용 측면
1. 감독자는 종업원에 대한 책임을 계속 유지하지만 그들에 대한 엄격한 통제를 완화시킨다.	책임감과 성취감
2. 종업원이 자신의 직무에 대해 보다 큰 책임감을 갖도록 한다.	책임감과 인정
3. 사업부처럼 완전한 사업단위를 형성한다.	책임감이나 성취감
4. 종업원에게 권한을 위양함으로써 직무의 자율성을 부여한다.	인정
5. 감독자보다는 종업원에게 직접 보고서를 주기적으로 제공한다.	인정
6. 종업원에게 새롭고 보다 어려운 과업을 부여한다.	성장과 학습
7. 종업원이 전문가가 될 수 있도록 특정 사업을 수행하게 한다.	책임감, 성장, 승진

② 직무 충실화

허즈버그(Herzberg)는 직무의 단순화나 확대 및 순환의 원칙하에 직무를 수행하는 사람으로부터 높은 만족과 성과를 기대하는 것은 비논리적이라고 주장하면서, 동기부여 요인을 직무 내용에 통합시키기 위한 방안으로 **직무 충실화(job enrichment)**를 제안하였다. 직무 충실화는 직무의 범위뿐만 아니라 직무의 내용을 확대하려 한다는 점에서 여타의 직무설계 전략과 구별되며 허즈버그는 이를 직무의 수직 확대라고 불렀다.

허즈버그가 직무 충실화를 위해 제시한 일곱 가지 원칙은 표 7-4에 정리하였다. 이 원칙들은 직무 내에 동기부여 요인을 부여하기 위하여 설계된 것으로 종업원들은 자신의 작업 성과뿐만 아니라 작업 계획과 평가까지도 관여하게 된다.

③ 직무특성에 의한 직무설계

헤크만(Hackman)은 허즈버그의 직무충실 이론을 더욱 정교하게 발전시켜 직무특성에 의한 직무설계 이론(job characteristics theory)을 제시하고 직무충실화를 위한 실천적 전략을 제안하였다(Hackman 외, 1975). 직무충실화 및 직무특성을 이용한 직무설계 전략은 직무내용 자체의 설계보다는 조직 구성원의 동기부여와 성과 향상에 그 의의가 있다.

헤크만의 직무설계 이론에서는 핵심적인 직무특성으로 기술의 다양성, 과업의 정체성, 과업의 중요성, 자율성, 피드백의 다섯 가지 요소를 꼽는다. 이러한 요소들은 개인의 직무 수행에 있어 일의 보람이나 책임감, 결과에 대한 이해를 증대시킴으로써 개인 및 직무의 성과를 달성할 수 있도록 한다(김식현, 2000).

- **기술의 다양성(skill variety)** : 직무 수행에 있어서 여러 가지 기능과 개인의 재능이 요구되는 정도
- **과업의 정체성(task identity)** : 직무 수행에 있어서 전체적으로 다른 과업과 뚜렷이 구별될 수 있도록 작업이 완성되는 정도
- **과업의 중요성(task significance)** : 다른 사람이나 그들의 직무 또는 전체 작업에 영향을 미치는 정도
- **자율성(autonomy)** : 작업 일정이나 작업 수행 방법의 결정에 있어서 직무 담당자에게 실질적인 자유나 독립성, 재량권을 주는 정도
- **피드백(feedback)** : 직무 수행의 효율성에 대해 직무 담당자가 직접적이고 명백한 정보를 얻을 수 있는 정도

모집과 선발, 배치

채용은 모집, 선발, 배치의 단계로 진행된다. 능력 있고 혁신적인 인력의 채용은 인적자원관리의 핵심적인 출발점이 된다. 채용관리는 조직에 적합한 능력을 가진 우수한 인력의 확보를 목적으로 하므로, 합리적인 모집방법과 선발기준에 따라 채용절차를 진행해야 한다.

(1) 모 집

모집(recruitment)이란 직무 명세서에서 요구하는 자격을 갖춘 직무 후보자 집단을 조직으로 유인하기 위한 일련의 활동이다. 모집방법은 일반적으로 대상자를 기업 내부와 외부 중 어디에서 찾느냐에 따라 내부모집과 외부모집으로 나누어지며 각각의 장단점을 고려하여 효과적으로 활용해야 한다(표 7-5).

내부모집과 외부모집 중 어느 쪽이 유리한가에 대해서는 정확한 판단이 쉽지 않다. **내부모집**은 현직 혹은 전직 종업원 중에서 적합한 인재를 찾으므로 어느 정도 검증된 인력을 채용할 수 있어서 안정적이다. 반면에 **외부모집**은 모집 범위가 넓고 새로운 인재를 찾을 수 있다. 일반적으로 인적자원 수급에 문제가 생겼을 때 일단 내부로부터 충원하되 적임자가 없을 때에는 외부에서 충원하는 것이 바람직하다.

표 7-5 내부모집과 외부모집의 장단점

장단점	내부모집	외부모집
장점	• 능력이 검증된 인력의 채용 • 신속한 충원과 충원비용 절감 • 내부 승진에 의한 모집 시 구성원들의 동기유발 • 장기근속에 대한 유인 제공 • 조직 적응 시간의 단축	• 조직 내 새로운 정보, 지식의 유입 • 연쇄적 이동에 따른 혼란 방지 • 경력자 채용 시 인력개발 비용 절감
단점	• 모집범위나 유자격자에 한계가 있음 • 조직 내부 연쇄적 이동으로 인한 혼란 야기 • 승진되지 않은 구성원의 좌절감	• 부적격자 채용의 위험성 • 시간비용 및 충원비용 소요 • 안정되기까지의 적용기간 소요 • 내부인력의 사기 저하

자료 : 이학종(2000) ; 김식현(2000)

① 내부모집

내부모집 방법으로는 사내공모, 내부승진, 배치전환, 직무순환, 재고용이나 재소환 등이 있다.

조직 내에서 적절한 대상을 찾기 위한 **사내공모제도(job posting)**는 현직 종업원에게 현재 결원이 발생한 직무를 알려주고 응모하도록 하는 방법으로 종업원들에게 성장, 개발 및 동등한 승진의 기회를 제공해 준다.

내부승진, 배치전환, 직무순환은 인사이동에도 해당되며, 조직이 주도하는 내부모집 방법이기도 하다. 기업 내 현직에 있는 종업원 중 **내부승진(promotion)**을 통해 적임자를 확보하는 방법은 종업원들에게 직장의 안정감을 줌으로써 장기근속을 촉진하는 효과가 있다. 또한 종업원의 **배치전환(transfers)**을 통해서도 적임자를 확보할 수 있으며, 이와 같은 전직은 미래의 승진을 예고하기도 한다. **직무순환(job rotation)**은 단기적이기는 하나 종업원들에게 여러 직무에의 경험을 갖도록 하는 데 널리 활용되고 있다.

비록 현직에 종사하고 있지는 않더라도 해고된 종업원의 **재고용**이나 이직한 종업원의 **재소환** 방법도 비용이 적게 들기 때문에 내부 모집의 효율적 방안으로 활용될 수 있다.

대부분의 기업에서는 내부모집을 효과적으로 진행하기 위해 기능재고제도를 갖추고 있다. **기능재고제도(skill inventory)**는 종업원이 갖고 있는 기능에 관한 정보

(인적사항, 채용정보, 보유 자격 및 기능, 교육훈련, 경력, 인사고과 정보 등)들을 인사 파일의 형태로 보관해 두는 것이다. 최근에는 인사 파일에서 필요한 정보를 찾는 데 소요되는 시간과 노력을 절약하기 위하여 전산화된 **인적자원정보시스템**(Human Resource Information Systems ; HRIS)을 활용하고 있다.

② 외부모집

외부모집 방법으로는 TV, 라디오, 신문, 잡지 등의 대중매체나 인터넷을 이용한 공개모집, 관련분야 교육기관(직업훈련원, 대학 등)의 추천, 다른 기업에서의 스카우트, 기업설명회 및 취업박람회 활용, 현직 종업원들로 하여금 외부의 적임자를 찾아 응모하도록 하는 방법 등이 있다.

최근에는 인터넷의 구인구직 사이트나 기업의 채용 게시판을 이용한 공개모집이 일반화되고 있다. 대부분의 위탁급식업체에서 신입직 채용 시 인턴사원제도(internships)를 활용하고 있다. 경력직의 경우 헤드헌터(headhunter)와 같은 전문 대행업체에 의뢰하여 스카우트하기도 한다.

(2) 선 발

모집 활동이 직무에 적합한 후보자 집단을 모으는 과정이라면 선발 활동은 다음 단계로 모집된 사람들 중 가장 적합한 인재를 선별하여 뽑는 과정이다. 조직이 유능한 인재를 **선발**(selection)할 수만 있다면 인적자원관리의 어려움이 상당 부분 해결될 수 있을 것이다. 선발은 응모자 중에서 조직이 필요로 하는 인적 요건에 가장 부합되는 사람(적재)을 뽑아 특정 직무(적소)에 배치하는 것, 즉 **적재적소 배치**가 최대 목표가 된다.

선발기준은 응모자들이 그들의 능력을 최대한 발휘하여 특정 직무를 훌륭하게 수행해 낼 수 있는지의 여부가 된다. 이는 단순히 지식이나 기술적인 능력뿐만 아니라 인적 특성도 포함된다. 따라서 조직의 목표를 달성할 수 있고 선발의 공정성을 유지하면서 신속한 의사결정을 할 수 있도록 효과적인 선발기준과 방침을 확립해야 한다.

선발과정은 일반적으로 서류전형 → 각종 선발시험(인성 및 적성검사, 능력검사, 필요한 경우 실기시험 실시)과 면접(대부분 1차와 2차로 나누어 실시) → 신체검사, 경력조회 → 최종선발 및 배치의 순으로 진행된다. 그러나 실제 선발과정은 기업에 따라 다르고 또 같은 기업 내에서도 모집분야에 따라 다를 수 있다.

① 서류전형 또는 선발시험

서류전형은 지원자들의 서류심사를 통해 일차적으로 선별하는 과정이다. 지원자가 많다거나 자격을 갖춘 사람만을 뽑아서 면접을 진행하고자 할 때에도 서류전형을 실시한다.

위탁급식업체에서 신입 또는 경력사원을 채용할 경우 서류전형을 거쳐 바로 선발시험 없이 면접을 진행하기도 하고, 지원자 중 선발시험을 통과한 사람들만 면접을 보기도 한다.

선발시험은 개인의 지식, 성과, 태도, 행동, 능력, 적성, 흥미, 인성과 같은 특성을 계량적 형태로 측정하여 선발하는 기준으로 삼게 된다. 지금까지 대부분 초기시험을 통해 지식 교육적 배경을 조사하였으나, 복잡한 인간 행동을 단편적 지식으로만 파악하기에는 문제가 있으므로 최근에는 능력, 적성 및 인성에 관한 심리 검사들이 널리 사용되고 있다.

② 면 접

공식적인 **면접**(interview)은 선발시험과 더불어 널리 활용되며 선발의 타당성을 높여줄 수 있는 보완적인 방법으로 그 중요성이 날로 강조되고 있다. 면접에서는 직무 후보자와 관리자가 서로 만나서 대화함으로써 문서상으로는 파악할 수 없는 인간적인 측면의 판단이 가능하다.

면접이 성공적으로 진행되기 위해서는 무엇보다도 면접에 임하는 면접위원들의 기본적인 자세, 세밀한 사전 준비, 과학적인 평가 방법이 뒷받침되어야 한다. 또한 정규직 외에 시간제 직원을 고용할 때에는 시간제 직원 면접표를 마련하여 질문사항에 따른 평가가 올바르게 행해질 수 있어야 한다. 면접 시 사용되는 다양한 방법들은 다음과 같다(최병우 외, 2006).

- 구조화된 면접(structured interview) : 미리 계획된 질문을 모든 응답자들에게 동일하게 차례로 질문해 나가며 여기서 벗어나는 질문은 하지 않는 방법
- 비구조화된 면접(unstructured interview) : 지원자에게 최대한 의사표시의 자유를 주고 지원자에 관한 정보를 얻는 방법
- 스트레스 면접(stress interview) : 지원자를 압박하는 질문이나 요구를 통해 감정의 안정성과 좌절에 대한 인내 정도를 관찰하는 방법
- 패널 면접(panel interview) : 한 사람의 지원자를 다수의 면접 패널들이 함께 평가

하는 방법
- **집단 면접(group interview)** : 지원자 그룹에 특정 과제를 부여하고 이에 대한 토론이나 문제해결과정에서 각 지원자들의 적격여부를 심사하는 방법

③ 신체검사

신체검사는 직무를 수행하는 데 있어서 요구되는 육체적 · 정신적 능력과 적합성을 평가하는 과정이다. 이 과정에서 신체적 부적격자, 질환 소유자, 약물 중독자 등을 발견하게 된다.

④ 선발 결정

선발 결정은 선발 과정의 최종 단계이다. 선발 결정에는 선발 절차의 각 단계마다 부적합한 자를 탈락시켜 나가기도 하고 모든 선발 과정을 마친 후 전체를 종합하여 최종적인 판단을 내리기도 한다.

(3) 배 치

배치(placement)란 선발과정을 통해 입사한 종업원을 각 직무에 배속시키는 활동이다. 배치 활동은 채용한 종업원을 직무기술서에 명시된 수행직무와 요건에 맞게 연결시키는 과정, 즉 적재를 적소에 배치하는 의사결정과정이다. 이는 개인과 조직의 경쟁력 강화에 영향을 미치게 되므로 합리적이고 신중하게 이루어져야 한다.

3 인적자원의 개발

인적자원 개발의 의의

꾸준한 인재육성과 개발은 급격한 경영환경 변화 대응에 필수적이다. 조직구성

원의 모집, 선발, 배치가 완료되면 직무에 적합하도록 교육훈련하고 개발하는 과정이 필요하다. 교육훈련은 조직구성원의 사고, 지식, 기능, 태도를 변화시키고 조직의 경쟁력 강화에 기여한다.

교육훈련은 조직 차원과 개인 차원 모두에서 그 의의가 있다. 조직 차원에서 볼 때 인재육성을 통해 기술 축적, 조직 역량 확대를 기할 수 있으며 커뮤니케이션 향상을 통해 구성원의 협력이 증대된다. 개인 차원에서 볼 때 교육훈련은 자기개발을 통한 동기유발 효과가 있으며 직무만족도를 높여주고 이직률을 낮추게 된다.

교육 훈련과 개발의 개념

교육 훈련은 종업원의 직무와 관련된 **지식, 기술, 능력(Knowledge, Skills and Abilities ; KSAs)**을 촉진시키기 위해 조직이 제공하는 일련의 계획화된 노력이다(Wexley 외, 1991). 교육과 훈련은 유사한 개념으로 사용되고 있으나 엄밀히 구분하자면 **교육(education)**은 직무 수행과 관련된 지식(knowledge)의 습득을 목표로 하는 반면, **훈련(training)**은 기초 지식을 포함하여 특정 직무 수행에 필요한 업무 기술(skill)을 향상시키는 것을 강조한다.

교육 훈련이 주로 종업원의 현재 직무성과에 중점을 두고 있는 것에 비해 **개발(development)**은 미래의 성장이나 경력의 개발에 중점을 둔다. **경력개발(career development)**이란 기업의 요구와 개인의 요구가 일치될 수 있도록 각 개인의 경력을 개발하는 활동을 말한다. 이를 위하여 많은 기업들이 외부의 교육기관과 연계를 맺어 프로그램을 운영하거나 내부에 자체 교육과정을 개설하여 경력을 개발하도록 하고 있다(지호준, 2000).

교육 훈련을 시행할 때에는 필요성을 충분히 검토하고 평가한 후 교육 훈련 목표와 프로그램의 내용 및 평가 기준을 설정한다. 또한 목표에 가장 적합한 교육 훈련 방법을 선택하고 그 방법에 따라 실제로 프로그램을 실행한 후 결과를 계획한 목표와 비교·평가하도록 한다.

교육 훈련의 분류

교육 훈련 담당자들은 훈련에 대한 필요성과 목적에 따라 종업원들의 KSA를 효

| 사 | 례 |

급식기업의 인재육성 전략

급식기업에서의 교육프로그램은 전략적 인재양성을 목표로 그 구성이 다양해지고 있는 추세이다. 현대그린푸드는 신입사원과 중견사원과정으로 나누어 단계별 맞춤식 교육을 진행하고 있다. 신입(인턴)사원 교육은 GCP(Green Care Program)이라고 불리는데 직군별로 6개월에서 1년 과정으로 진행되며 입문교육, 사내/외 특강, 직무특별교육, 멘토활동, 현장체험, 문화체험 등 다채로운 프로그램으로 구성하고 있다. 또한 중견사원 대상으로는 각 전문분야별 업무 수행을 위한 전문가 육성을 목표로 운영된다. 전문직군은 전문직공통교육을 기반으로 직군별로 일반직, 영양사/조리사, 제과사, 연구직 군별로 전문지식과 스킬 함양을 목표로 실시된다. 또한 매월 사외 위탁교육을 실시하여 분야별 최신이론, 트렌드 습득 및 전문성 강화에 중점을 두고 있다.

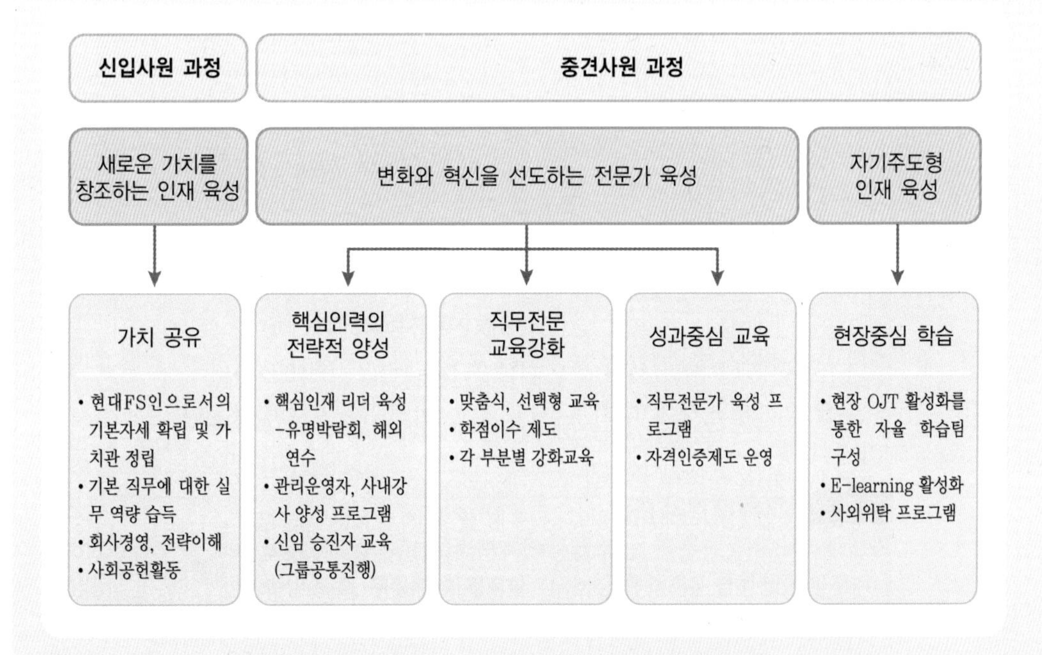

자료 : 현대그린푸드 홈페이지

식품 · 외식기업 청년 일자리 창출 및 우수 인재 양성

청년 구직자와 식품 · 외식기업 간의 일자리를 매칭하는 식품 · 외식기업 인턴십 사업은 2018년 67명 수료생 배출을 시작하여, 2019년에는 100명의 인턴 수료, 2020년에는 코로나19의 어려움 속에서 추경예산 확보를 통해 당초 목표 200명을 상회하는 390여명의 청년 일자리를 지원했다. 농림축산식품부와 한국농수산식품유통공사(aT)는 4년 차를 맞는 식품 · 외식기업 청년인턴십의 사업 규모

(계속)

를 확대하고, 참가기업을 확대 · 모집하였다.

인턴십 지원사업은 미취업 청년을 인턴으로 채용하는 참가기업에게 최대 3개월까지 인턴 연수비의 50%를 지원하고, 연수생 대상 식품 위생 · 안전 교육을 제공하는 사업이다. 특히 참가기업은 인턴 채용인원의 50% 이상을 정규직으로 전환하도록 하는 등 현장 실무경험 기회 제공이 실제 일자리 창출로 이어지고 있다.

또한 ▲공휴일을 유급휴일로 새롭게 전환한 기업 ▲본사가 비수도권인 기업 ▲인턴십 사업을 통해 채용한 인턴을 금년까지 고용 유지한 기업을 대상으로 가점부여 및 연수비용 추가 지급 등의 인센티브를 지원하여 양질의 일자리 창출을 유도할 계획이다.

이는 식품 · 외식기업 인턴십을 통해 식품 · 외식 산업에 특화된 우수 인재를 양성하고 양질의 청년 일자리 창출의 긍정적 측면이 있으므로 식품외식 기업의 참여가 요구된다.

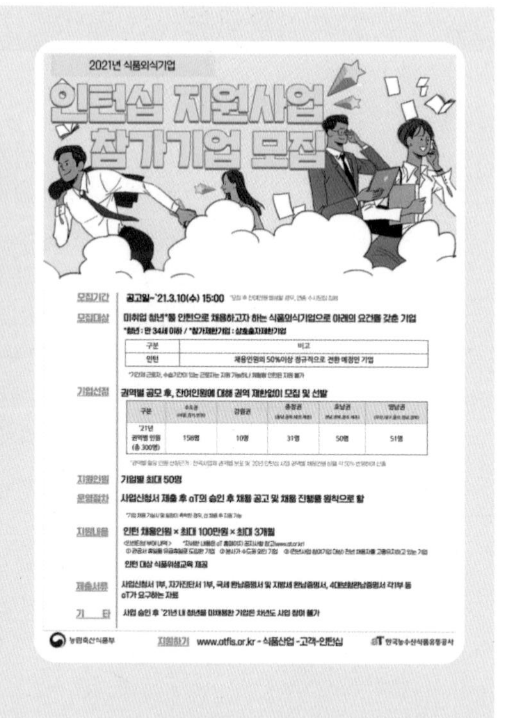

자료 : 대한급식신문(2021.2.24.)

과적으로 배양시킬 수 있는 교육훈련 프로그램을 선택하도록 한다. 교육훈련 방법은 수행 장소와 대상에 따라 표 7-6과 같이 여러 유형으로 분류된다.

표 7-6 교육 훈련의 분류

구분	교육 유형	교육 방법
수행 장소	직장 내 훈련 (On-the-Job Training ; OJT)	• 상사나 지도원에 의한 훈련 • 교육 스텝에 의한 훈련 • 전문가나 외부 강사에 의한 훈련
	직장 외 훈련 (Off-the-Job Training)	• 파견 교육 훈련 • 외부 교육기관 및 연수기관 훈련 • 해외 연수
수행 대상	신입사원 교육 훈련	• 기초직무훈련(오리엔테이션) • 실무 훈련
	현직자 교육 훈련	• 계층별 교육(일반 종업원 교육, 감독자 훈련, 관리자 훈련, 경영자 훈련 등)

(1) 수행 장소에 따른 분류

- 직장 내 훈련(On-the-Job Training ; OJT) : 이 방법은 종업원을 작업 현장에 배치하여 직무에 종사하면서 숙련된 상사나 지도원 등으로부터 기술을 지도받는 방법이다. 학습자의 수준에 맞는 실제적인 교육훈련이 가능하고 비용이 적게 들며 상사, 동료 간의 상호이해와 협력을 도모할 수 있는 장점이 있다. 하지만 적합한 지도자가 없거나 OJT만으로 습득하기 어려운 전문적인 지식과 기능의 경우는 직장 외 훈련과 병행하는 것이 필요하다.
- 직장 외 훈련(Off-the-Job Training) : 이 방법은 직장 내 훈련(OJT)에서 습득하기 어려운 지식을 습득하기 위한 목적이나 사원들의 경력개발 차원에서 외부의 교육기관이나 연수기관에서 제공하는 각종 교육 훈련 프로그램에 참여하도록 하는 방법이다. 다수의 종업원들을 대상으로 통일적이고 전문적인 교육훈련을 실시할 수 있고 직장을 떠나서 훈련에만 전념할 수 있다는 장점이 있다. 하지만 작업시간의 감소나 교육훈련에 따른 경제적 부담이 증가한다는 단점이 있다.

(2) 교육 대상에 따른 분류

- 신입사원 교육 훈련 : 처음 입사한 종업원을 대상으로 하는 기초직무훈련과 실무훈련으로 구성된다. **기초직무훈련**은 오리엔테이션(orientation)이라고도 부르며 수습기간 동안이나 채용 직후 일정 기간 동안 실시된다(표 7-7). 오리엔

표 7-7 위탁급식회사와 외식업체에서 실시하는 오리엔테이션 내용

위탁급식회사의 인턴사원 대상	외식업체의 신입사원 대상
1. 회사의 역사와 규모, 기업 이념	• 본사에서 실시하는 교육
2. 취업 규칙	1. 회사의 경영 이념
3. 서비스 기업 경영의 기본 이해	2. 경영 계획과 비전
4. 급식산업의 전망과 급식 시장의 현황	3. 취업 규칙의 설명
5. 조직 및 인사 제도	4. 노동 계약서의 작성
6. 급식관리자 역할과 직무	• 업장에서 실시하는 교육
7. 서비스 예절	1. 근무 규칙의 이해와 실천
8. 급식위생관리	2. 업장 견학
9. 고객 만족 경영	3. 업장 조직 체계의 이해
10. 손익 관리	4. 서비스 품질에 관한 기본적 이해

테이션은 조직의 전반적인 정책, 규제, 목적 등을 설명하고 직무에 관한 요건, 근무 태도 등을 훈련시키는 것이다. 또한, 회사에 대한 제반 사항을 이해시키고 조직의 기구 및 동료를 소개함으로써 새로운 조직 구성원들이 조직에 보다 빨리 적응할 수 있도록 도움을 준다. 이 기간은 신입사원들에게 회사에 대한 좋은 인상이나 친밀감, 애사심 등을 심어줄 수 있는 좋은 계기가 되며, 오리엔테이션을 실시할 경우 수습 시간, 비용, 불안감, 이직률의 감소와 작업에 대한 성과 증대 등의 효과가 있다. **실무훈련**은 기초직무훈련이 마무리된 후 담당직무를 중심으로 실제 직무수행을 위해 받게 되는 교육훈련을 의미한다.

- **현직자 교육 훈련** : 이는 현직 종업원이나 관리자를 대상으로 하는 직장 내 또는 직장 외 교육 훈련이다. 관리자들의 경우는 계층에 따라 필요한 자질을 갖추도록 훈련하고 있다. 상위 경영자층의 경우는 의사결정 능력이나 리더십개발이 주안점이 되는 반면 일선 감독자층의 경우는 현장에서의 감독 능력을 함양하게 된다. 대부분의 위탁급식회사나 외식업체들은 각 조직 구성원들의 능력 향상을 위한 교육 훈련 프로그램들을 갖추고 있다. 인적자원 의존도가 높은 급식조직에서는 교육 훈련에 조직의 성패가 달려 있다는 인식이 정착되고 있기 때문이다.

교육 훈련의 방법

교육훈련은 목적과 교육대상에 따라 다양한 방법들이 사용된다. **전통적인 교육훈련방법**으로는 강의법, 세미나법, 프로그램학습, 컴퓨터 조력 학습, 사례법, 역할연기 등을 들 수 있는데 이는 종업원이나 관리자들의 지식 교육과 기능개발에 효과적이다. 또한 **관리자를 대상으로 하는 교육훈련 방법** 중 인간관계기술 개발을 목적으로 하는 감수성 훈련, 의사결정기술을 개발하기 위한 경영 게임, 서류함 기법 등이 있다.

- 강의법(lecture) : 다수를 대상으로 교육하므로 비용면에서는 가장 경제적이다. 훈련 대상자들이 비교적 동질적인 경우에는 구체적인 수준의 강의까지 이루어질 수 있는 반면 다양한 계층으로 구성되어 있을 때는 일반적인 내용의 강의만 가능하게 된다. 하지만 일방적인 의사소통만 이루어지므로 지식의 전달 정도가 높지 못하다는 단점이 있으며 연습이나 피드백 제공 기회가 적기 때문에

훈련의 전이효과가 크지 않다.

- **세미나법(seminar)** : 훈련자와 피훈련자 간의 토론 과정을 거치므로 훈련 내용에 대한 명확한 이해가 필요할 때 유용한 방법이다. 특히 양방향의 의사소통이 촉진되기 때문에 피훈련자가 적극적으로 훈련 과정에 참여하게 되어 동기 수준을 높일 수 있으며 피드백을 제공할 수 있다는 장점이 있다. 경우에 따라서는 강의와 세미나 방식을 혼합하여 사용하면 매우 효과적이다.
- **프로그램 학습(programmed instruction)** : 자기 학습(self-directed learning) 방법이라고도 하며, 강사나 훈련자 없이 피훈련자가 스스로 속도 조절을 하면서 자율적으로 학습하는 학습도구(teaching machine)를 이용하는 훈련 방법이다.
- **컴퓨터 조력 학습(Computer-Assisted Instruction ; CAI)** : 프로그램 학습을 발전시킨 형태로 컴퓨터를 이용한 반복적인 연습과 문제 해결, 시뮬레이션과 게임 등 다양한 기법이 도입되어 현대 조직의 효과적인 교육 훈련 방법으로 인정되고 있으며 근래에는 인터넷을 이용한 웹 기반의 학습방법으로 옮겨가고 있다.
- **사례법(case method)** : 조직 내에서 문제해결이 요구되는 특정 사례에 대한 상황을 제시하고 피훈련자에게 해결책을 모색하도록 한 후 이를 평가하고 피드백을 제공하는 훈련 방법이다. 이는 강의법에 의해 일방적으로 전달된 지식이나 원리를 실제 사례 문제의 해결에 적용해보는 수단으로 매우 효과적인 방법이다.
- **역할연기(role playing)** : 단순히 사례나 문제 상황을 제시하여 해결책을 모색케 하는 데 그치지 않고 피훈련자에게 직접 문제 상황에서의 역할을 해보게끔 하는 방법이다. 역할 연기는 피훈련자의 적극적인 참여를 끌어낼 수 있고, 다른 사람들의 역할연기를 통해 행동을 모방하거나 모델링하는 효과가 있으며, 자신의 역할 행동에 대해 다른 사람으로부터 피드백을 받을 수 있는 등 다양한 학습효과를 기대할 수 있다.
- **감수성 훈련(sensitivity training)** : 소집단의 구성원들을 대상으로 하며 지식의 전달보다는 인간성 개발을 통한 행동 변화에 목표를 둔다(서용원, 1995). 이 훈련은 타인에 대한 감수성을 증진시킴으로써 대인관계 기술의 향상, 대인간 신뢰의 조성 또는 분노의 표현 방법을 개선하기 위한 치료목적에서 시작되었다.

  참가자들은 별도의 훈련 장소에서 3~4일 동안 함께 지내면서 훈련이 진행된다. 이때 참가자들은 서로 모르는 경우가 많고 알더라도 직장에서의 지위나 상하 관계, 직장의 규범 등은 일체 무시된다. 훈련 기간 동안 자신이 갖고 있는 가치, 행동

방식, 생활 양식, 타인을 대하는 태도, 타인에 대한 지각 등을 서로 이야기하고 분석함으로써 자신과 타인에 대한 감수성을 증진시킬 수 있도록 진행된다.

- 경영 게임(business game) : 주로 관리자들을 대상으로 하며 최근 컴퓨터의 발달로 보편화되고 있다. 앞서 역할연기가 타인의 입장을 연기하도록 하는 데 비해 경영 게임은 관리자 자신의 입장에서 컴퓨터 시뮬레이션 게임을 통해 훈련이 이루어지도록 한다.

  경영 게임의 내용은 대부분 회사의 재정 운용, 중장기 사업 계획, 의사결정, 마케팅 전략, 대인관계나 의사소통 등 경영관리의 일반적 원리를 다루고 있다. 특히 최근 컴퓨터 시뮬레이션 분야의 기술적 발전이 급속히 이루어짐에 따라 조직 내 실제 상황을 폭넓게 다루는 프로그램 개발이 가능해졌으며, 조직을 전체 입장에서 고려하는 시스템 관점에 대한 이해를 촉진하며 피훈련자들의 흥미와 열성을 유발한다는 점 등에서 유용성이 인정되고 있다.

- 서류함 기법(in-basket training) : 고위 경영자들을 대상으로 이들의 의사결정 유형을 조사하는 일종의 검사도구로 개발되었으나 훈련의 기법으로도 사용된다. 훈련 참가자들은 책상, 전화, 달력, 서류함 등이 갖춰진 사무실에 혼자 들어가서 서류함에 놓여진 서류와 메모를 검토하고 이에 대한 일처리 내용을 기록하도록 한다.

  보통 15~20개 정도의 서류가 주어지며 이 서류들은 사전에 치밀하게 조직화하여 작성한 것으로 예를 들면 물품 구매에 관한 결재 서류, 특정 종업원에 대한 징계 사안, 다른 부서에 협조를 요청해야 할 일 등 일상적인 관리 업무와 관련된 내용으로 되어 있다. 2~3시간 정도의 시간 내에 기록한 일처리 내용을 몇 가지의 평가차원에서 심사하여 처리한 일의 양과 질, 의사결정 능력, 권한 위임 정도, 설득력, 유연성, 계획성, 직무 지식 등을 평가하게 된다.

4 인적자원의 보상

직무평가

직무평가는 직무의 가치를 평가하는 것으로 직무담당자의 업무 수행성과를 평가하는 인사고과와는 근본적으로 다르다. 직무평가의 가장 큰 목적은 조직 내 임금구조를 보다 합리적으로 하는 데 있으며, 다음과 같은 용도로 사용된다(이학종, 2000).

- 조직 내 직무의 기본 임금과 공정한 임금 구조를 위한 기준을 마련한다.
- 새로운 직무 또는 변경된 직무에 적용할 수 있는 임금 책정 방법을 제공한다.
- 조직 구성원이나 노동조합에게 단체교섭에 필요한 임금 결정에 대한 자료를 제공한다.

특히, 임금의 기준을 직무의 상대적 중요성에 따라 다르게 정하는 직무급 제도를 도입하고자 할 때에는 직무 평가가 반드시 선행되어야 한다. 각 직무마다 지식, 기술, 책임, 작업조건 등이 다르므로 이를 반영한 직무 간의 임금 격차를 결정하는 것이 중요한 관건이 되기 때문이다.

직무평가에서는 직무의 중요도와 공헌도를 어떻게, 무엇을 기준으로 하여 평가할 것인지를 결정하는 것이 핵심이다. 직무평가 시 사용되는 기준을 평가 요소라고 하며 가장 널리 사용되고 있는 네 가지 평가 요소는 다음과 같다.

- **기술(skill)** : 지적 기술과 신체 사용 기술
- **노력(effort)** : 정신적 노력과 육체적 노력
- **책임(responsibility)** : 대인적 책임과 대물적 책임
- **작업조건(working condition)** : 위험도와 불쾌도

그림 7-5 직무평가의 단계

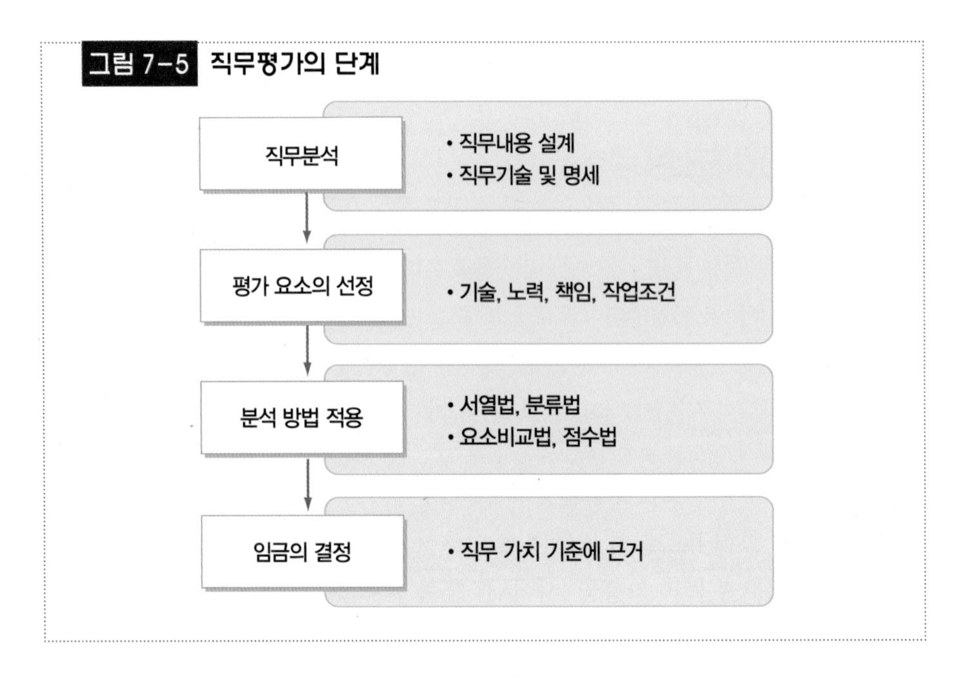

직무평가의 방법으로는 **서열법**과 **분류법**과 같이 평가자의 주관적 판단이나 경험에 의한 방법(주관적 평가방법 또는 질적인 방법)과 **요소비교법**과 **점수법**과 같이 사전에 마련된 평가기준에 의해 행해지는 방법(객관적 평가방법 또는 양적인 방법)이 있다. 직무평가의 단계는 그림 7-5와 같으며 직무평가 방법은 표 7-8에 정리한 바와 같다(이진규, 2001 ; 이학종, 2000).

보상 관리

(1) 보상체계의 구성

보상(compensation)은 개인이 조직에 제공한 노동에 대한 대가로 지불되는 금전적 혹은 비금전적 대가를 의미한다.

일반적으로 보상이라 함은 금전적인 대가로 주어지는 **경제적 보상**을 일컬으며 기본급, 부가급, 상여금 등의 **임금**(wage, 직접적 보상)과 의료지원, 연금보조 등의 **복리후생**(fringe benefit, 간접적 보상)이 있다(그림 7-6). **비경제적 보상**에는 직무와 관련하여 교육 훈련 기회 및 승진 기회를 제공하거나 쾌적한 직무환경 제공, 탄력근무시간제 운영 등이 있다.

표 7-8 직무평가의 방법

종 류	특 징
서열법	• 방법 : 종업원과 경영자의 대표들로 구성된 위원회에서 두 개의 직무를 비교하여 서열을 매긴 후에 그 두 직무와 다른 직무를 비교하면서 계속해서 서열을 매긴다. • 장점 : 평가 방법이 비교적 간단하다. • 단점 : 평가 방법이 주관적이어서 일관성 있는 기준이 없으며, 직무의 수가 많을 때에는 이용하기에 불가능하다.
분류법	• 방법 : 평가자가 각 직무의 숙련도, 지식, 책임감 등에 대해 주관적으로 종합 판단하여 사전에 정해 놓은 등급에 따라 각 직무의 가치를 구분한다. • 장점 : 서열법에서처럼 평가 방법이 간단하다. • 단점 : 직무 특성상 등급 분류가 용이하지 않거나 등급 분류 자체가 부정확하면 하나의 직무가 두 개의 등급에 속하게 될 수도 있다.
요소비교법	• 방법 : 평가의 표준이 될 수 있는 중심 직무(key jobs)를 선택하여 평가 기준을 근거로 중심 직무의 각 기준 요소별로 기본 임금 비율을 정한다. • 장점 : 평가 기준이 분명히 명시되고 평가의 결과가 금전 단위로 나타난다. • 단점 : 중심 직무의 선정과 중심 직무 기준 요소별 임금률 배분이 어렵다.
점수법	• 방법 : 평가 요소를 등급별로 점수화하고, 각 직무를 평가 요소별로 등급을 매김으로써 얻어진 점수들의 합계를 계산하여 직무의 가치를 결정한다. • 장점 : 비교적 정확한 평가가 이루어지고, 최종적으로 얻어진 점수를 근거로 임금 비율을 비교적 쉽게 산정할 수 있다 • 단점 : 평가 요소의 선정과 요소의 점수화가 용이하지 않다.

다양한 유형의 보상 중에서도 임금이 차지하는 비중이 제일 크기 때문에 전통적으로 보상관리는 직접적 보상인 임금관리에 초점을 두어왔다. 그러나 최근에는 임

그림 7-6 보상체계의 구성

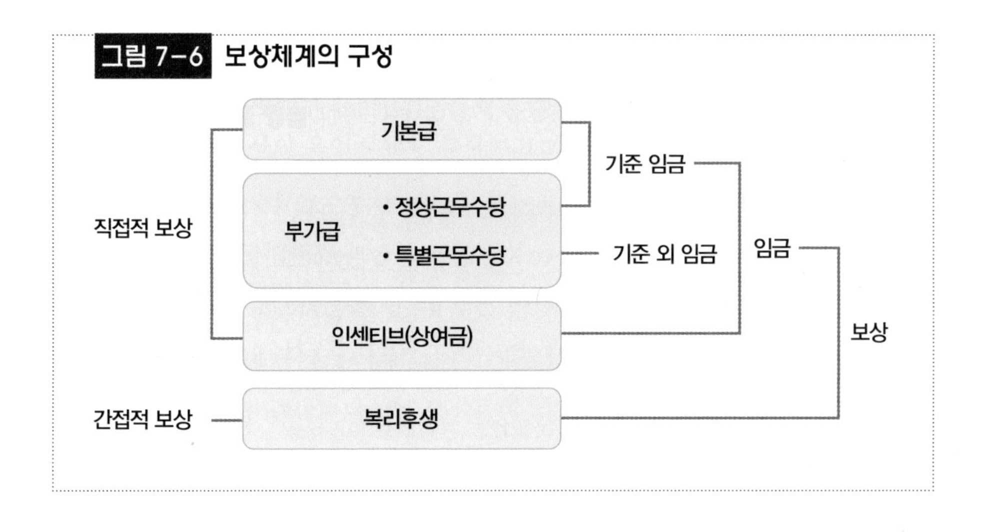

| 사 | 례 |

동기부여 효과 극대화를 위한 총보상제도의 도입

총보상제도(total compensation)란 기업이 종업원에게 제공하는 다양한 보상 전체를 종합적인 관점에서 이르는 개념이다. 즉, 종업원에게 지급하는 급여나 복리후생과 같은 보상 외에도 종업원들을 위한 교육 및 개발 기회 제공이나 근로자들을 위한 근무환경 개선과 같은 혜택까지 함께 포함해야 한다는 것이다.

CJ 프레시웨이에서는 경제적 보상과 비경제적 보상을 모두 포함한 보상의 개념으로 총보상제도를 운영하고 있다. 이러한 총보상제도는 성과주의와 밀접한 관련이 있다. 성과주의는 개인과 팀이 달성한 실적과 연계하여 급여, 승진 등 보상을 실시하는 인사시스템이다. 이때 성과에 대한 보상으로 연봉이나 성과급과 같은 경제적 보상만이 아니라 돈으로 환산되지 않는 경력개발 기회, 승진 승격, 교육 훈련 제공과 같은 비경제적 보상을 제공함으로써 동기부여 효과를 극대화할 수 있기 때문이다.

총보상

광의의 임금
총급여
복리후생
기본연봉
변동급
기타수당
건강관리 지원
휴가
카페테리아 포인트

교육 및 개발
경력개발
성과관리
경력관리
학습

근무환경
사무/조직환경
리더십
성과지원
일/개인생활 균형

자료 : CJ 프레시웨이 홈페이지

금관리뿐만 아니라 간접적 보상인 복리후생의 관리도 그 중요성이 강조되고 있으며, 총 보상제도의 개념에 의해 비경제적 보상에 대한 관심도 커지고 있다.

(2) 임금관리

① 기본급

기본급은 임금의 구성 항목 가운데 가장 중요한 부분으로서 기준 임금으로 분류되어 상여금과 퇴직금의 산정기준이 된다. 임금 지급과 관련된 근로시간의 기준이나 이에 따른 제반 사항은 근로기준법에 근거하여 노사협약으로 정하도록 하고 있다. 기본급 결정에 어떠한 기준을 사용하는가에 따라 다음의 네 가지로 분류할 수 있다.

| 사 | 례 |

성과급 제도의 활용

신세계푸드는 매년 연봉계약을 통한 연봉 책정 시에 업무능력과 업적을 평가하여 동일직급이라도 차등연봉을 지급하는 성과주의 보상체계를 구축하고 있다. 업무성과에 따른 성과급 지급으로 구성원들의 자발적 동기부여 및 업무역량을 최고로 발휘할 수 있게 하는 것이다. 이를 위해 개인별 업무수행능력 및 성과중심의 업적평가를 통해 공정하고 투명한 평가제도를 시행하고 있으며, 승격 및 연봉책정의 기준자료로 활용하여 사원들의 업무역량증진 및 건전한 경쟁력을 제고하고 있다.

신세계푸드 인사시스템
H/R SYSTEM

신세계는 능력과 업적에 따른
인사제도 실현, 조직의 기동성 확보,
인격과 개성을 존중하는
기업문화 정착을 인사의 기본전략으로
삼아 초일류 유통기업으로서의
성장과 발전을 목표로 합니다.

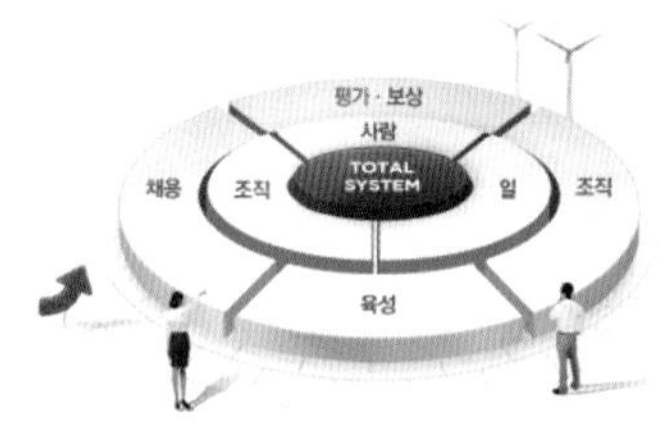

급여제도

매년 연봉계약을 통해 당해년도 연봉이 책정되며,
업무수행과정에서 드러난 능력과 업적을 평가하여
동일직급이라도 차등연봉을 지급하는 성과주의 보상체계 구축
및 업무성과에 따른 성과급 지급으로 구성원들의 자발적
동기부여 및 업무역량을 최고로 발휘 할 수 있는 기반을 마련
하였습니다.

평가제도

개인별 업무수행능력 및 성과중심의 업적평가를 통해 공정하고
투명한 평가제도를 시행하고 있으며, 승격 및
연봉책정의기준자료로 활용하여 사원들의 업무역량증진 및
건전한 경쟁력을 제고하고 있으며, 우수사원에 대해서는 발탁의
기회를 확대하고 있습니다.

자료 : 신세계푸드 홈페이지

- **연공급** : 연공급은 근속연수에 비례하여 임금을 산정 · 지급하는 방법으로 직무를 맡은 사람의 근무연한에 따라 임금의 차이가 결정된다.
- **직무급** : 직무급은 동일 노동에 동일 임금이라는 원칙에 따르는 임금지급방법으로 하는 일의 난이도에 따라 임금의 차이가 결정된다.
- **직능급** : 직능급은 직무에 공헌할 수 있는 능력을 기초로 하여 임금을 책정 · 지급하는 방법으로 일을 맡은 사람의 능력이 많은가, 적은가에 따라 임금의 차이가 결정된다.
- **성과급** : 성과급은 말 그대로 종업원의 성과에 따라서 임금을 지불하는 방법으로 업적에 따라 임금의 차이가 결정된다.

② 부가급

부가급은 기본적 임금에 부수적으로 이를 보충하는 형식으로 지급되는 것이다. 우리나라 기본급 체계는 대부분 연공급 성격이 강하여 직무의 특성과 개인의 능력을 반영하는 제도적 장치가 미흡하여 이를 보완하기 위해 각종 수당이라는 부가급을 지급하고 있다.

부가급에는 정상근무시 지급되는 기준임금에 해당되는 정상근무수당(직무수당, 안전수당, 근속수당, 교통수당 등)과 연장근로나 휴일근로시 지급되는 기준 외 임금에 해당되는 특별근무 수당(연장근로 수당, 야간근로 수당, 휴일근로 수당 등)이 해당된다.

③ 상여금과 퇴직금

상여금은 보너스, 인센티브(incentive) 등으로 불리며 구성원에게 기본급과 수당 이외에 부정기적으로 지급되는 임금이다. 직무가 초과 달성된 경우, 근로 의욕을 북돋우고자 할 경우에 사용되고 있다.

기준임금과 기준 외 임금 지급에 대한 법적 기준

▪ 기준 임금

기준 임금이란 노사간에 정한 기준 근로시간을 근로했을 때 발생하는 임금이다. 현행 근로기준법 제50조에서는 근로시간에 대해 휴식 시간을 제하고 1일 8시간 또는 1주 40시간을 초과할 수 없다고 규정하고 있다. 기준 임금에는 기본급(본봉)과 정상근무 수당(예 : 직무수당, 안전수당, 근속수당, 교통수당 등)이 포함된다.

▪ 기준 외 임금

기준 외 임금이란 노사간에 정한 기준 근로시간 이외에 추가로 근로했을 때 지급하는 임금이다. 특별근무 수당(연장 근로나 휴일 근로 수당)이 여기에 해당된다. 근로기준법 제56조에는 사용자는 연장근로(제53조 · 제59조 및 제69조 단서에 따라 연장된 시간의 근로를 말한다)에 대하여는 통상임금의 100분의 50 이상을 가산하여 근로자에게 지급하여야 한다. 휴일근로에 대해서는 8시간 이내의 휴일근로는 통상임금의 100분의 50, 8시간을 초과한 휴일근로는 통상임금의 100분의 100 이상을 근로자에게 지급하여야한다고 명시되어 있다. 사용자는 야간근로(오후 10시부터 다음 날 오전 6시 사이의 근로를 말한다)에 대하여는 통상임금의 100분의 50 이상을 가산하여 근로자에게 지급하여야 한다.

자료 : 국가법령정보센터 홈페이지, 근로기준법

퇴직금은 일정기간 이상 근무한 후 퇴직한 사람에게 지불하는 부가급이다. 퇴직금의 경우 근로자 퇴직급여 보장법 제2장 제8조에서 계속 근로 연수 1년에 대하여 30일분 이상의 평균 임금을 퇴직금으로 지급하도록 명시하고 있다.

계속고용제도와 임금피크제

급속한 고령화에 따른 장년인구의 활용, 노동시장 인력구조의 고령화에 대응하여 정년연장과 연계한 장기적 기업 경쟁력 확보를 위해 임금체계 개편의 일환으로 도입 필요성이 증대되고 있다.

합리적 임금체계 개편이 수반되지 않는 정년연장은 장기적으로 기업 부담을 가중시키고 이는 장년층 고용에도 부정적 영향을 미치게 된다. 임금피크제 도입은 정년연장에 따른 임금체계 개편의 일환이다. 기업경쟁력을 확보하기 위한 완충적 대안으로 적극적인 도입 · 활용의 필요성이 커지고 있다.

임금피크제는 고용을 연장(정년연장 또는 재고용)하면서 연령 등을 기준으로 임금을 감액하는 제도로, 기업이 근로자의 고용을 연장하면서 '일정 연령'을 기준으로 임금을 조정한 경우, 줄어든 소득 일부를 지원금으로 직접 근로자에게 지원하는 임금피크제 지원금도 지원하고 있다.

계속고용제도란 「고용상 연령차별금지 및 고령자고용촉진에 관한 법률(약칭: 고령자고용법)」 제19조에 따른 정년을 운영 중인 사업주가 정년을 연장 또는 폐지하거나, 정년의 변경 없이 정년에 도달한 근로자를 계속해서 고용하거나 재고용하는 것을 의미한다.

계속고용제도를 운영하는 방법은 정년연장, 정년 폐지, 정년 변경 없이 정년에 도달한 근로자를 퇴직 후 6개월 이내 재고용하는 방법이 있다. 이를 위해 정부는 2020년부터 고령자 계속고용장려금을 신설하여 장년층의 고용을 지원하고 있다.

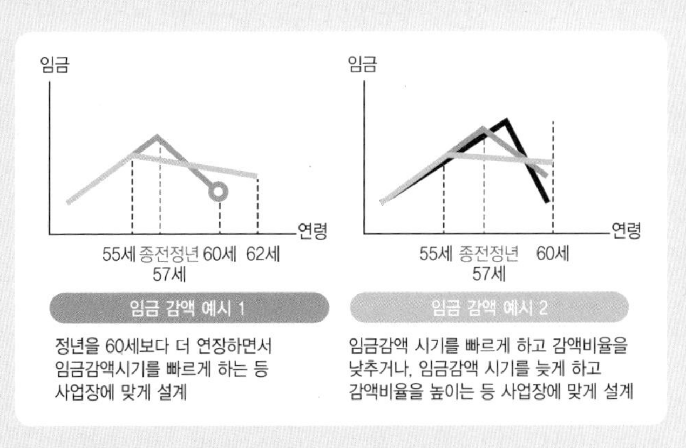

자료 : 고용노동부 홈페이지, 국가법령정보센터
고령자 계속고용장려금 가이드북(2021), 임금피크제의 이해(2015)

임금직무정보시스템

임금직무정보시스템은 노사가 합리적인 임금체계를 만들 수 있도록 고용노동부(한국노동연구원과 한국고용정보원이 관리)에서 운영하는 정보시스템으로 임금정보, 직무정보, 임금체계 개편 사례 등을 볼 수 있다.

과거 임금근로시간정보시템은 2019년 11월 임금직무정보시스템으로 개편 운영되고 있다. 이곳에서는 임금정보를 사업체 규모, 산업, 직업, 학력, 연령, 성별, 근속년수, 경력년수에 따른 본인의 임금수준을 진단해주고, 임금현황 및 정보 등을 제공해 준다.

자료 : 임금직무정보시스템 홈페이지 http://www.wage.go.kr/introduction/summary.jsp

(3) 복리후생관리

효과적인 보상관리의 마지막 요건은 종업원들에게 균형 있는 보상을 제공하는 것이다. 종업원의 경제적인 안정을 위해서는 금전적인 임금지불은 물론 인간적인 대우가 필요한데, 이를 통틀어 **복리후생**(fringe benefit)이라고 한다.

복리후생은 크게 법률에 의해 기업이 의무적으로 종업원과 그 가족들에게 제공해야 하는 **법정복리후생**(legally required benefits)과 기업이 자발적으로 혹은 노동조합과의 협의하에 제공하는 **비법정 복리후생**(voluntary benefits)으로 구분된다.

■ 법정복리후생

- **의료보험** : 질병, 부상, 분만, 사망에 대하여 보험 급여를 실시하여 국민보건을 향상시키고 사회보장의 증진 도모
- **연금보험** : 국민의 노령, 폐질, 사망과 같은 노동력의 사용가치의 상실에 대비
- **산재보험** : 직장에서의 업무 수행과 관련하여 발생한 부상, 질병, 사망 등의 재해에 대한 경제적 보상

- **고용보험** : 실직한 근로자에게 실업 급여 지급, 적극적인 취업 알선을 통한 재취업의 촉진, 근로자의 직업 안정 및 고용 구조 개선을 위한 고용안정사업을 실시

■ 비법정 복리후생

- **경제적 복리후생** : 주택 대여, 주택 소유를 위한 재정적 지원, 종업원과 가족의 교육비 지원, 급식, 구매 등 소비 생활 보조, 퇴직금과 의료비 등 법정 복리 이외의 추가 혜택 부여
- **보건 위생 복리후생** : 종업원 및 그 가족의 질병 치료 및 예방, 건강 유지 등 종업원의 건강한 생활을 보장하기 위한 제도나 시설을 제공
- **기타** : 문화, 체육, 여가 관련 복리후생, 휴가 및 실제 일하지 않은 날과 시간에 대한 보상

| 사 | 례 |

급식기업들의 다양한 복리후생제도

- **CJ 프레시웨이** : CJ 계열사 특별할인, 카페테리아 포인트 혜택, 경조사 지원, 임직원 의료지원, 건강생활지원, 의료비지원, 문화생활지원, 여행지원, 서울N타워/제주나인브릿지 할인, 주택지원, 교육지원, 자기계발 지원, 유연근무제, 장기근속휴가제도, 휴직제도, 자녀입학돌봄 휴가 등
- **현대그린푸드** : 가족까지 행복한 회사, 직원의 건강을 책임지는 회사, 직원의 리프레시를 지원하는 회사, 능력을 키워주는 회사, 여성이 근무하기 좋은 회사의 영역별 가족복지와 자녀학자금, 경조금 지원, 주택자금지원, 건강검진 등 각종 복리후생제도

(계속)

- **신세계푸드** : 복지기금 대부, 건강진단, 교육비지원, 의료비 지원, 명절 및 기념일 선물, 경조사 지원, 휴가제도, 휴양시설 지원 등
- **아워홈** : 교육지원, 여가생활지원, 본인의료비지원, 명절 및 기념품 혜택, 경조지원, 아워홈 외식업장 및 웨딩 할인, 주택자금 저금리지원, 경조지원, 장기근속 해외여행 등

자료 : 각기업 홈페이지

https://www.cjfreshway.com/recruit/info.jsp

https://recruit.ehyundai.com/company-introduction/hyundai-greenfood/benefits/index1.nhd

https://www.shinsegaefood.com/recruit/welfare.sf

5 인적자원의 유지

인사고과

(1) 인사고과의 개념

학생들이 학교에서 자기가 배운 것에 대하여 평가를 받는 것처럼 조직 구성원도 업무 성과, 능력, 근무 태도와 인간관계 등에 대해 조직체의 공식적인 절차와 기준에 의해 평가를 받는다.

| 사 | 례 |

인사고과 제도의 활용

CJ프레시웨이는 글로벌 경쟁시대의 흐름에 발맞추어 연공서열이 아닌 성과와 역량을 기반으로 한 성과주의 인사제도를 운영하고 있다. 보수적이고 딱딱한 기업 위계에서 벗어나 선진 성과주의 문화를 기반으로 한 인사제도 실천을 통해 보다 유연한 조직으로 변화해 가고 있으며, Global Leading Lifestyle Company로 발돋움하고 있다.

CJ프레시웨이는 PMDS(PMDS - Performance Management & Development System)라는 성과관리 시스템을 통해 회사가 지향하는 가치와 바람직한 성과에 대한 구성원의 인식을 바탕으로 회사의 발전뿐 아니라 직원의 역량 개발을 통한 성장을 동시에 도모하고 있다.

자료 : CJ프레시웨이 홈페이지

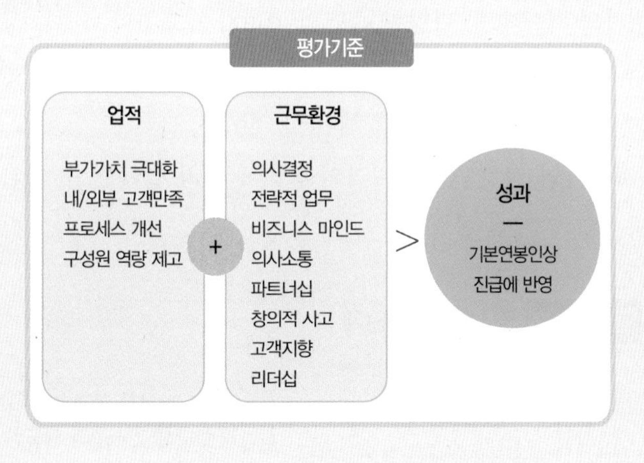

인사고과(performance appraisal)는 조직구성원들의 현재 또는 미래의 능력과 업적을 비교·평가함으로써 각종 인사관리활동에 필요한 정보를 획득·활용하는 체계적인 활동을 말한다(최병우 외, 2006). 인사고과는 승진, 승급, 징계 등의 상벌 결정과 조직 구성원의 동기부여와 태도 형성 및 능력 개발에 매우 중요한 요소로 작용하게 된다.

과거의 인사고과가 실적이나 인적특성에 따라 상대적인 서열이나 우열을 비교하는 데 중점을 두었다면 현대의 인사고과는 성과평가와 동시에 인력개발과 잠재적 능력 육성에 초점을 두고 있다. 인사고과의 목적은 다음과 같이 정리할 수 있다.

- **상벌 결정** : 성과를 주기적으로 측정하여 승진, 승급, 징계 등을 결정
- **적재적소 배치** : 조직 구성원의 성격과 능력에 적합한 직무에 배치

- **인력 개발** : 장 · 단점을 파악하고 능력과 자질 개발에 필요한 교육훈련
- **피드백(feedback)** : 성과 달성에 대한 피드백을 통해 동기부여와 강화
- **기타** : 기능재고(skill inventory) 목록 개발, 모집 및 선발의 타당성 검토

(2) 인사고과의 절차

인사고과를 시행함에 있어서 평가 결과나 평가자의 공정성에 대한 조직 구성원의 느낌은 구성원의 동기부여에 많은 영향을 주게 된다. 따라서 공정하고 정확한 평가가 매우 중요시되며 평가 방침, 평가 요소, 평가 방법, 평가자에 대한 훈련, 평가 결과의 피드백 등 다양한 측면의 고려가 필요하다. 또한, 평가 결과에 대한 종업원들의 저항을 줄이고 동기를 유발하기 위해서는 합리적인 평가 기준을 마련하고 신중한 평가가 이루어지도록 해야 할 것이다.

인사고과의 절차는 인사고과의 목적에 따라 달라질 수 있으나 일반적으로 그림 7-7과 같은 단계로 진행된다.

그림 7-7 인사고과의 단계

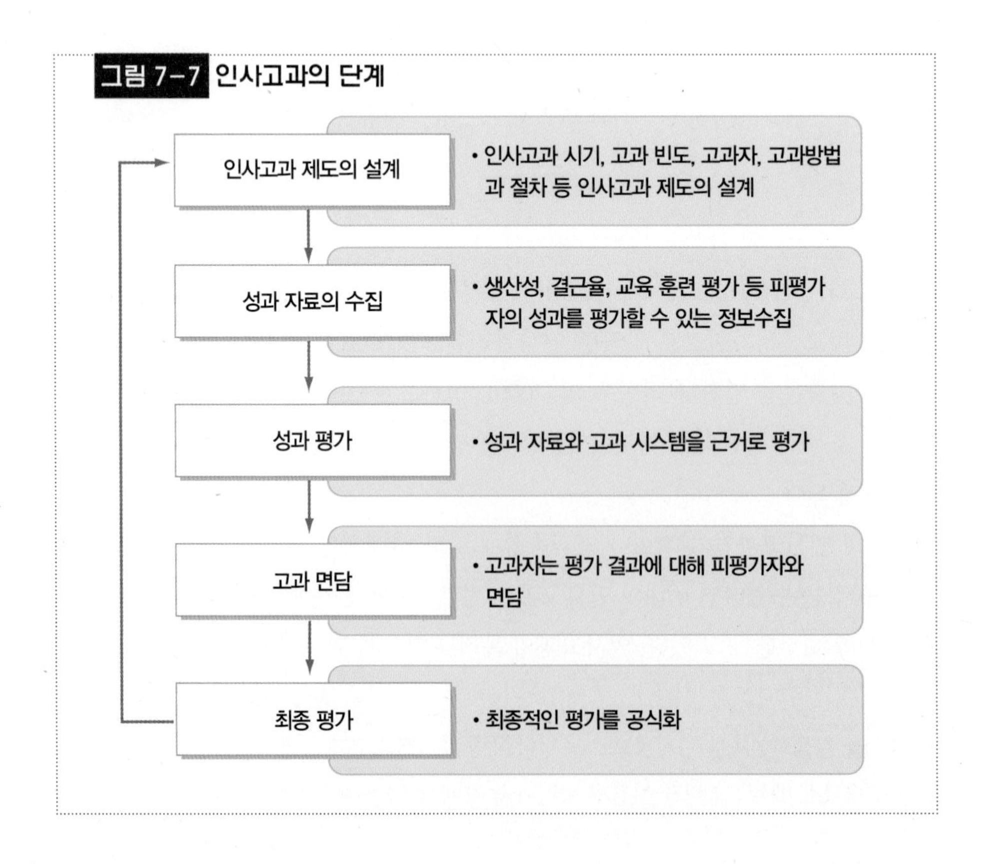

① **인사고과의 시기**

인사고과는 어느 일정한 시기에 공식적으로 진행하는 것이 일반적이다. 하지만 현실적으로는 경영자의 편의나 승진, 승급 결정 등과 같은 실질적인 문제가 인사고과 시기 결정에 작용하게 된다.

인사고과는 피평가자의 과업 사이클(task cycle)에 맞추어 중요 과업이 완료되고 평가자가 충분한 시간을 투입할 수 있는 시기에 시행하는 것이 가장 효과적이다. 이러한 의미에서 근래에는 성과를 개인별로 신축적으로 평가할 수 있는 목표관리(Management by Objective ; MBO)에 의한 인사고과가 사용되고 있다.

② **인사고과의 빈도**

인사고과를 얼마나 자주 해야 하는가 역시 신중히 고려할 사항이다. 대개 공식적인 인사고과는 매년, 반기별, 분기별로 진행되지만 비공식적으로는 매주, 매일 혹은 계속적으로 진행될 수 있다. 따라서 공식적인 인사고과는 주기적으로 진행하더라도 비공식적인 피드백을 피평가자에게 자주 제공함으로써 동기를 강화해주는 것이 보다 중요하다.

③ **인사고과자**

과거의 인사고과는 보통 상급자가 부하사원을 평가하는 **상급자 평가**가 일반적이었으나, 최근에는 자기 평가, 동료 평가, 상향 평가, 고객 평가 등으로 다양해지

그림 7-8 360도 다면평가

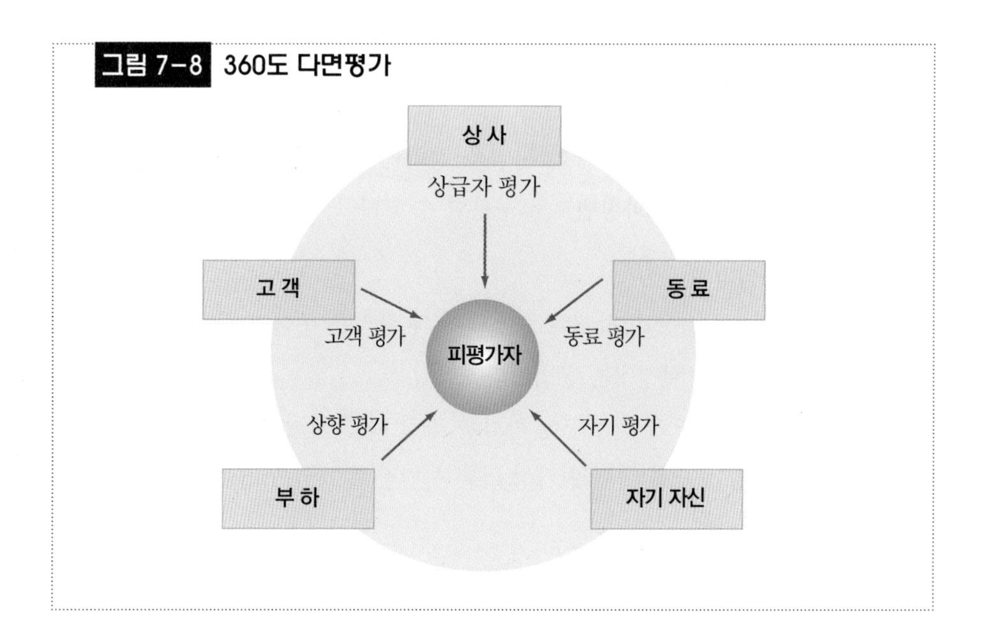

고 있다.

자기 평가는 자신의 능력과 희망을 기술하여 정기적으로 보고함으로써 이를 고과하는 방법으로 MBO에서 널리 활용되고 있으며, 종업원 개발 목적에 적합하다. **동료 평가**는 상사보다 동료가 잠재력을 더 정확하게 평가할 수 있는 것으로 보고 동료가 서로를 평가하도록 한다. **상향 평가**는 부하가 상사를 평가하고 고과함으로써 동적인 상하관계를 구축할 수 있는 평가 방법이다. **고객 평가**는 서비스 업무에 활용될 수 있다. 고객의 관여도가 높은 서비스 업무나 서비스 제공 과정에서 상사가 부하의 행위를 관찰하기 힘든 경우 고객 평가는 중요한 평가 정보를 제공할 수 있다.

각각의 평가 방법은 특유의 정보를 제공하므로 이를 효과적으로 결합해서 사용하는 것이 좋으며 이러한 평가를 **360도 다면평가**라고도 부른다(그림 7-8). 360도 다면평가는 종업원 개발 목적에 더 적합한 인사고과 방법으로 개방적이고 조직 구성원의 참여도가 높은 분위기에서 더 효과적이다.

④ 고과 면담의 중요성

고과 면담은 고과 결과에 대한 토의뿐만 아니라 평가자와 피평가자 간의 의사소통을 활성화시켜 상호 이해를 증진시키고, 필요에 따라서는 조직체의 방침 설명과 피평가자를 위한 상담 기회가 될 수 있다. 또한, 고과 면담은 피평가자의 참여를 촉진시키고 평가자로 하여금 인사고과에 보다 높은 책임감을 갖게 함으로써 인사고과에 충실을 기할 수 있게 된다.

(3) 인사고과의 방법

인사고과는 피평가자들의 상대적 서열을 정하는 **상대적 고과방법**과 개인별로 우열을 판단하는 **절대적 고과방법**으로 구분할 수 있다.

■ 상대적 고과방법

- 서열법 : 성과수준을 종합하거나 요소별 성과 순위를 주어 종합한 결과에 따라 1, 2, 3등의 순위를 결정짓는 방법이다.
- 상호서열법 : 성과가 가장 우수한 사람과 가장 나쁜 사람을 찾고 남은 사람 중에서 다시 가장 우수한 사람과 가장 나쁜 사람을 뽑아서 서열을 매기는 방법이다(그림 7-9).
- 짝비교법 : 종업원들을 각각 두 명씩 짝을 지어가며 여러 가지 평가항목별로 서

그림 7-9 상호서열법에 사용되는 평가지

상호서열 평가지

기 준 : ____________

모든 종업원들의 명단을 상황에 맞게 평가자가 순위를 매긴다. 가장 높은 순위의 종업원의 이름을 첫번째에 기입하고 가장 낮은 순위의 종업원 이름을 20번에 기입한다. 그 다음 높은 순위를 2번에 기입하고 두 번째로 가장 낮은 순위를 19번에 기입한다. 같은 방식으로 모든 종업원이 등급이 매겨질 때까지 계속한다.

가장 높은 순위 종업원

1. ____________	11. ____________
2. ____________	12. ____________
3. ____________	13. ____________
4. ____________	14. ____________
5. ____________	15. ____________
6. ____________	16. ____________
7. ____________	17. ____________
8. ____________	18. ____________
9. ____________	19. ____________
10. ____________	20. ____________

가장 낮은 순위 종업원

자료 : Dessler(1997)

그림 7-10 짝비교법의 예

「작업 품질」 부문

종업원 순위 :

비교	A군	B양	C군	D양	E군
A군		+	+	−	−
B양	−		−	−	−
C군	−	+		+	−
D양	+	+	−		+
E군	+	+	+	−	

여기서 B양이 가장 높은 순위

「창의성」 부문

종업원 순위 :

비교	A군	B양	C군	D양	E군
A군		−	−	−	−
B양	+		−	+	+
C군	+	+		−	+
D양	+	−	+		−
E군	+	−	−	+	

여기서 A군이 가장 높은 순위

*'+' : 보다 나음, '–' : 보다 못함

자료 : Dessler(1997)

로 우열을 비교하여 우수한 결과가 많이 나온 순서대로 순위를 결정하는 방법이다(그림 7-10).

- **강제할당법** : 정규분포나 상중하의 분포에 따라 강제로 인원을 할당하여 서열을 정하는 방법이다. 고과자의 엄격함이나 관대함에서 오는 오류를 피할 수 있다.

■ 절대적 고과방법

- **체크리스트법(checklist method)** : 정해진 체크리스트에 따라 해당 내용을 체크하는 방법으로 대조법이라고도 한다. 체크리스트에는 종업원의 직무 태도, 잠재력 능력, 업무 성과와 관련된 표준 행동이 기술되어 있으며, 중요도에 따라 가중치를 부여하기도 한다. 고과자는 종업원의 행동을 평가 항목에 나열된 내용에 따라 '예'와 '아니오'로 평가하여 인사 부서에 제출하면 인사 부서에서는 전체 종업원들을 종합적으로 비교 평가한다(표 7-9).
- **도식척도법(graphical rating scales)** : 종업원의 특성을 각 항목별로 점수화하여 평가하는 방법으로 평정척도법이라고도 한다. 각 조직의 목적에 맞는 평가 항목을 개발하여 사용할 수 있으며, 계량화된 평가 결과를 얻을 수 있고 체크리스트법에서와 같이 중요도에 따라 가중치를 부여할 수 있다는 장점을 지니고 있으나 주관적인 판단에 의한 오류가 발생할 수 있다는 단점도 있다(표 7-10).
- **중요사건기록법(critical incident method)** : 직무 수행 과정에서 나타난 성공이나 실패 사실, 직무 수행상 특정적인 행동, 동료들과의 특이한 유대관계 등과 같은 중요사건을 기록하는 방법이다. 고과자는 종업원의 행동을 주시하면서 바람직한 사실(favorable incidents)과 바람직하지 못한 사실(unfavorable incidents)을 구분하여 기록한다.
- **자유서술법(essay method)** : 이는 종업원의 성과나 행동 특성을 주어진 평가 요소를 중심으로 피평가자에 대하여 자유로이 서술하는 방법이다. 가장 단순한 방법으로 종업원의 장단점과 현재 및 과거 성과, 미래의 잠재적 능력에 대해 사실적으로 기록한다. 이 방법은 양적인 자료보다는 질적인 자료를 제공해 주므로 임금 인상, 승진 등의 의사결정에는 활용하기 쉽지 않다.
- **자기신고법(self-description method)** : 피평가자가 자신의 업적, 능력, 특성 및 희망사항 등을 평가하거나 자유롭게 기술하게 함으로써 인사고과 및 인적자

표 7-9 체크리스트법(대조법)의 예

행동 평가 항목	예	아니오
1. 고객에게 친절한 언행을 하는가?	______	______
2. 고객의 주문을 바로 입력하고 주방에 바로 연락하는가?	______	______
3. 고객들에게 깨끗한 복장으로 서비스하는가?	______	______
4. 다른 종업원들과 유대관계가 좋은가?	______	______
⋮	⋮	⋮

자료 : 이진규(2001)

표 7-10 도식척도법의 예

평 가 요 소	매우 낮음		보통		매우 높음
가. 정확성	①	②	❸	④	⑤
나. 성과의 질	①	②	③	❹	⑤
다. 작업 속도	①	❷	③	④	⑤
라. 창의성	①	②	❸	④	⑤
마. 리더십	①	②	❸	④	⑤
⋮			⋮		

자료 : 김식현(1999)

원관리를 위한 자료로 활용하는 방법이다.

- **인적평정센터법(Human Assessment Center ; HAC)** : 중간경영층의 승진목적을 위해 개발되었으며, 몇 일간 합숙하면서 각종 의사결정게임과 토의, 심리검사를 실시하여 다수의 고과자들이 평가하는 방법이다.

(4) 인사고과의 문제점

인사고과의 목적을 달성하려면 평가자나 평가 요소, 고과 방법 등의 인사고과 시스템이 제대로 체계를 갖추어야 한다. 인사고과 중 가장 큰 문제는 평가자와 피평가자의 고과에 대한 인식과 훈련의 부족이다. 고과에 대한 평가자의 훈련이 부족하면 정확한 평가가 어렵게 되고 피평가자가 인사고과에 대한 인식이 부족하면 평가자의 평가 절차를 잘 받아들일 수 없게 된다.

① 평가자의 오류

- **중심화 경향** : 중심화 경향은 피고과자를 평가하는 데 있어서 평가 결과가 정규분포를 이루지 못하고 평균에 지나치게 치우치는 경향을 말한다. 이 오류는 고과자가 극단적인 평가를 피하려는 심리적인 현상에서 발생하는 오류이며, 평가 방법을 잘 모르거나 피평가자를 정확히 잘 모르는 경우에도 발생하게 된다.
- **관대화 경향** : 고과자가 자신의 관대한 가치 체계를 기준으로 하여 피고과자를 지나치게 관대하게 평가하는 경향을 말한다.
- **평가 표준의 차이** : 평가 척도에 사용되는 용어에 대한 지각과 이해가 다름으로써 나타나는 고과상의 오류를 말한다. 즉, 우수, 보통, 만족 등에 대한 기준이 평가자의 생각에 따라 달라지게 되므로 똑같은 피평가자에 대하여 평가결과가 다르게 나올 수 있다.
- **현혹 효과** : 피고과자의 전반적인 인상이나 어느 특정한 고과 요소가 다른 고과 요소에 대해 영향을 주는 오류를 말한다. 예를 들어, 출근율이 좋다라는 점에 현혹되어 이와 무관한 창의력을 높이 평가한다든지 용모나 인상 등이 평가결과에 영향을 미치게 되는 오류가 이에 해당된다.
- **논리 오차** : 고과 요소끼리 서로 논리적인 상관성이 있는 경우에 한 가지 요소에 대한 평가 결과가 다른 요소의 평가에 영향을 미치는 오류이다. 예를 들어, 기술과 생산량은 일반적으로 상관관계를 가지는데 어떤 종업원이 기술이 좋은 경우에 실제 생산량을 평가해 보지도 않고 생산량이 많다고 평가하는 오류가 이에 해당된다.
- **편견** : 피고과자의 성별, 연령, 출신 학교, 지역, 직종에 대한 고과자의 편견이 평가에 영향을 미치는 오류이다. 예를 들어, 나이가 적은 사람이 나이 많은 사람보다 잠재 능력이 높다는 편견을 가지기 쉽다.
- **유사성 오류** : 유사성 오류는 고과자가 자신의 지각 수준에 근거하여 피고과자를 평가함으로써 발생하는 오류이다. 예를 들어, 고과자 자신이 공격적 성향이라고 지각하는 사람은 피고과자의 공격적인 면만을 찾아 평가하고자 한다.

② 피평가자의 문제점

평가자들의 오류는 평가를 부정확하게 만들고 인사고과에 불공정성을 야기시킴으로써 피평가자에게도 문제를 가져오게 된다. 따라서, 평가자의 평가 결과에 공신력이 없어질 뿐만 아니라 이와 관련된 피드백과 상벌 결정에 신임이 없어질 수 있다. 더구나 피평가자가 인사고과의 목적과 과정을 잘 인식하지 못하는 경우에 이 문제는 더욱 가중된다.

인사이동

인사이동은 조직이 변화하는 내·외적 환경 변화에 대응하여 직무 수행의 효율성을 증진시키기 위한 방법이다. 종업원은 금전적 보상과 더불어 인사이동에 큰 관심을 가지므로 객관성과 공정성 있게 인사이동을 관리하여야 모든 종업원이 신뢰를 갖고 직무 수행에 최선을 다할 것이다.

(1) 전 직

전직(transfers)은 종업원이 동등한 수준에 있는 다른 직위 또는 직무로의 수평적 이동을 하는 것을 말하며 전근이라고도 한다. 전직의 경우는 직무의 내용, 책임, 보상 등에 있어서 이동 전의 직무와 커다란 차이가 발생하지 않는다.

전직은 다른 작업장, 교대 근무, 다른 지역이나 국가로의 이동 등 형태가 다양한데, 다른 지역이나 국가로 종업원을 인사 이동할 때에는 개인적인 사정을 고려해 주어야 한다.

(2) 승 진

승진(promotion)은 종업원을 직무 서열 또는 자격 서열에서 높은 수준의 직위로 수직적 상향 이동시키는 것을 의미하며, 이때에는 보수와 권한 및 책임의 확대가 수반된다. 이러한 승진은 개인에게 자아 발전 욕구를 충족시켜 주는 수단이 되고, 조직의 입장에서는 효율적인 인적자원 개발의 근간이 된다고 할 수 있다.

(3) 이 직

이직(separation)은 종업원에 대한 기업의 고용관계가 단절됨을 의미한다. 고용관계의 단절은 종업원의 자의에 의해 일어날 수도 있고, 자의와 상관없이 발생할 수도 있는데, 전자를 자발적 이직이라 하고 후자를 비자발적 이직이라 한다.

자발적 이직은 사직(resignation)과 휴직(leave)으로 분류할 수 있으며, **비자발적 이직**에는 레이오프(layoff), 해고(discharge), 정년퇴직(retirement) 등이 있다.

① 자발적 이직

- 사직 : 사직은 종업원이 임금 및 승진의 공정성 결여, 직무 내용이나 작업 환경에 대한 불만, 직무와 적성의 불일치 등의 이유로 자의에 의해 기업이나 조직을 떠나는 것을 말하며 대개 다른 직장으로 옮기는 경우가 대부분이다. 종업원의 사직은 조직의 유지, 종업원의 정착, 다른 종업원의 사기 저하 등 인적자원 관리상의 심각한 문제를 야기시킬 수 있다. 따라서 사직을 방지하기 위해 고충처리기구나 상담제도 운영 등의 제도적 장치를 마련함으로써 종업원의 사직 원인을 규명하고 그에 대한 해결책을 강구해야 한다.
- 휴직 : 휴직은 종업원에게 특정한 사유가 발생하여 일정 기간 동안 직무를 수행하지 못하는 경우에 발생하는데, 기업은 이 기간 동안 고용 관계는 지속시키면서 근무를 면제해 준다. 여기서의 특정한 사유에는 일반적으로 병으로 인한 장기 치료나 요양, 외국 유학이나 공직 수행을 위한 장기 결근 등이 해당된다. 또한 휴직과 관련하여 휴직 기간의 길이, 휴직 동안의 임금과 임금 지급 방법, 승진이나 승급, 퇴직금 산정 방식 등에 관한 명백한 규정이 명시되어 있어야 한다.

② 비자발적 이직

- 레이오프(귀휴) : 레이오프는 종업원의 의사와 관계없이 기업이나 조직의 사정에 의해 발생하는 것으로서, 일시 귀휴라고도 칭한다. 이는 기업이나 조직의 작업량이 감소했다든지 조직 전반의 개혁으로 종업원 감축이 발생하였을 때 일어나는 현상이다. 일반적으로 레이오프 절차와 이후 재고용에 대한 절차는 노사협약에 명시되어 있다.
- 해고 : 해고는 일반적으로 종업원에 대한 징계의 일환으로 발생한다. 징계는 규칙이나 규정을 위반한 종업원에 대해 경영자가 취하는 행위로서 해고는 여

러 가지 징계 조치 가운데 최후 수단으로 사용된다.

- **정년퇴직** : 정년퇴직이란 종업원의 의사와 노동 능력 유무와 관계없이 단체협약의 규정이나 취업 규칙 등에 명시된 일정 연령에 달하면 노동 계약이 자동적으로 소멸되어 직장을 떠나게 되는 비자발적 이직 중의 하나이다.

(4) 징 계

인사이동의 마지막 형태는 **징계**(discipline action)에 의한 강등이나 해고를 들 수 있다. 징계는 일반적인 행동 기준에서 어긋나는 행동으로 인하여 구성원간의 상호관계나 조직체의 목적 달성에 위협을 줄 경우 적절한 조치를 취하는 인적자원관리 과정이다.

일반적으로 급식조직에서 징계 대상이 되는 행동은 표 7-11과 같으며, 이러한 위반 행동에 대한 징계 절차는 일반적으로 구두 경고 → 인사 파일에 구두 경고 사항

표 7-11 일반적인 징계 사유

문제 유형	내 용
근무 태도의 문제	• 무단 결근이나 상습적인 결근 • 무단 지각 또는 빈번한 지각 • 작업장 무단 이탈
정직성 문제	• 절 도 • 고용 서류의 위조 • 회사 자산에 대한 고의적 손실 • 다른 종업원의 타임카드를 대신 찍어줌 • 작업기록의 위조
직무상 행동의 문제	• 작업 중 음주, 약물 복용 • 명령 불복종 • 근무 중 과격한 장난, 폭행 또는 공격적 행동 • 금연지역에서의 흡연 • 도박 • 안전 및 건강관리 규정의 위반 행위 • 부주의 • 근무시간 내 잠자는 행위 • 감독자에게 욕설이나 위협적인 언동

자료 : Spears(2000)

기록 → 서면 견책 → 직무 정지 → 해고의 순으로 진행된다.

관리자들이 징계 방침과 규정을 명확히 하는 징계 관리 시스템을 설계하게 되면 문제 행동을 미연에 예방할 수 있으며 위반 행위를 한 구성원에 대한 상담과 지도로 행동 개선을 돕는 효과가 있다. 만일 예방이나 개선이 불가능할 경우에는 최종적으로 위반 행위를 저지시키고 벌칙을 적용하는 징계 조치를 취하게 된다.

정부가 인증하는 인적자원개발 우수기관

정부에서는 인적자원개발 및 관리에 대한 심사기준을 달성한 기업을 HRD 우수기관으로 인증한다. 기업의 인적자원개발에 대한 투자를 촉진하고 기업 및 국가경쟁력 강화에 기여하고자 실시하고 있다. 인증주체는 고용노동부, 교육부, 산업통상자원부, 중소벤처기업부 등 4개 부처에서 공동으로 이루어지며 인증기업에는 다양한 지원 혜택이 주어진다. 심사기준으로는 대기업과 중소기업으로 구분하여 각 기업 내 인적자원관리(HRM) 분야와 인적자원개발(HRD) 분야의 역량 및 우수성에 대해 심사한다.

인적자원관리 분야는 인사관리체계 수립, 채용 · 인사평가 · 배치 · 승진 등 인사제도 운영, 성과목표 관리, 역량개발 제도 등에 대해 심사한다. 인적자원개발 분야로는 인재 육성계획, HRM과 HRD 연계 정도, 교육훈련 참여도 및 교육훈련 투자 정도, 인적자원개발 및 개인 역량개발 평가 · 피드백 영역을 심사한다.

자료 : 인적자원개발 우수기관인증 홈페이지 https://www.hrd4u.or.kr/hrdcert/main.do

6
노사관계 관리

노사관계

노사관계란 노동자인 종업원(employee)과 사용자(employer)인 기업주 또는 경영자의 관계를 의미한다. 노사 간의 관계는 동반자적 협력 관계인 동시에 임금 등 노동 조건 결정 과정에서는 상호 입장이 상반되는 대립 관계이다. 이것을 노사관계의 이중성 또는 양면성이라고 부른다.

노사관계는 경영자와 노동자 간의 상호관계에만 국한되지 않고 노동조합과 경영자 간의 단체교섭을 전제로 상호관계가 형성된 범위에서 이해하여야 한다. 노사 간의 공통 목적을 달성하기 위한 상호 협력체제를 구축하고 능률적인 개선을 촉구하며 노사간의 대립적인 요소를 제거하여 안정적이고 동반자적인 노사관계를 유지하는 데에서 노사관계 관리의 의의를 찾을 수 있다.

노사관계의 발전 과정

산업혁명 이후 오늘날까지 각국에서 추진된 산업화 과정을 배경으로 노사관계의 형태는 시대와 사회에 따라 다음과 같이 발전해 왔다.

- **전제적 노사관계** : 자본주의 초기 기업은 소유자가 직접 경영하였으므로 절대명령과 근로자의 절대복종이라는 예속적 관계가 유지되었다.
- **온정적 노사관계** : 정착노동이 증대되면서 노동자의 협조를 얻고자 사용자는 근로자 주택, 의료, 후생시설을 제공하는 가부장적 온정주의로 바뀌게 되었다.
- **근대적 노사관계** : 자본과 경영의 분리에 따라 사용자의 전제적 성향을 어느 정도 완화시키고 경영자는 근로자의 요구를 일부 수용하는 관계에 이르게 되었다.
- **민주적 노사관계** : 단체교섭과정은 전문경영자의 영입, 기업규모의 확대, 기계화,

미숙련 노동자의 대거 채용 등에 따라 국가 대중의 문제가 되었으며, 자연적으로 노사는 대등한 사회적 지위를 인정받게 되는 산업민주주의 이념을 형성하게 되었다.

노동조합

(1) 노동조합의 발달

노동조합은 자본주의가 가장 먼저 발달한 영국에서 시작되었다. 1720년 영국의 양복제조 기능공들의 자율적인 모임에서 비롯된 노동조합은 노동자들의 단체행동을 금하는 단결금지법의 탄압에도 불구하고 지속적으로 확대되다가 1824~1825년에 단결금지법의 철폐를 이룩하여 합법성을 쟁취하였다.

미국은 1790년 직업별 조합으로서 노동조합이 발생하였으나 그 후 금지되었고, 1824년에 노동자단결권이 보장되었다. 1880년대 공업화 과정에서 아메리카노동총연맹의 출현으로 노동조합이 본격적인 활동에 접어들었다. 이후 1953년 산업부흥법(National Industrial Recovery Act ; NIRC)과 와그너법(Wagner Act)이 제정되어 시행됨에 따라 노동조합의 합법성이 전적으로 보장되었다.

한국의 노동조합은 1898년 함경남도 성진에서 48명의 부두노동자들이 조직한 성진부두 노동조합으로 출발하여 백 년 이상의 기간 동안 변화를 거듭해왔다. 1953년 노동조합법이 제정되면서 노동조합의 합법성이 보장되었으며, 1960년대 노동3법인 노동조합법, 노동쟁의조정법, 노동위원회법이 개정되고 노사협의체가 도입되었다. 이후 기업의 근대화에 따라 경영권과 노동권에 대한 인식은 많이 새로워졌으나 1980년대 초반까지만 해도 정치적 상황으로 인해 노조의 활동이나 노동쟁의에 대해 많은 제약이 따랐다. 그러다가 1987년 민주화선언 이후 노조에 대한 인식과 노동조합의 위상에도 큰 변화를 가져왔다. 우리나라 노동조합은 여전히 과도기적 특성을 지니고 있으나 점차 선진국처럼 노사협력관계를 구축해가고 있는 상황이다.

(2) 노동조합의 형태

노동조합은 조합에의 가입범위, 가입조건에 따라 다음 표 7-12와 같이 분류된다.

표 7-12 노동조합의 형태

노동조합의 형태	내 용
직업별 노동조합 (craft union)	• 같은 직종이나 직업에 종사하는 노동자가 조직하는 노동조합 • 가장 오래된 노동조합 형태
산업별 노동조합 (industrial union)	• 직종에는 관계없이 동일 산업에 종사하는 노동자가 결성하는 노동조합 • 현대 노동조합의 대표적인 조직 형태 • 고용주에 대한 교섭력이 가장 강력한 특징
일반 노동조합 (general union)	• 직종이나 산업과는 관계없이 하나 혹은 수개의 산업에 걸쳐 흩어져 있는 일반 근로자들이 폭넓게 규합하는 노동조합의 형태 • 흔히 동일 지역 내 중소기업 노동자들이 중심으로 결성
기업별 노동조합 (company uinon)	• 동일 기업에 종사하는 노동자에 의해 결성되는 노동조합 형태 • 노동조합의 단위가 각 기업별로 따로 결성 • 노동시장에 대한 지배력과 조직 내 역량이 취약한 형태

(3) 노동조합의 가입 방식

노동조합은 조합원을 확보하고 자본을 조달하여 조직을 강화하고 조합의 안정을 유지하기 위해 다음 표 7-13과 같은 가입 방식을 취하게 된다.

표 7-13 노동조합의 가입방식

가입방식	내 용
클로즈드 숍 제도 (closed shop)	• 노동조합의 조합원만을 사용자가 고용할 수 있도록 한 제도 • 종업원의 채용, 해고는 모두 노동조합의 통제에 의함 • 강력한 교섭력을 지님 • 미국에서는 산업별 노조의 발달과 함께 클로즈드 숍 제도를 채택
오픈 숍 제도 (open shop)	• 종업원의 채용과 해고가 노동조합의 가입과 무관함 • 사용자에게 고용의 자유가 보장되는 제도 • 노동조합의 교섭력이 약함 • 우리나라에서는 오픈 숍 제도를 원칙으로 하고 있으나(노동조합 및 노동관계조정법 제5조), 노동조합이 근로자 3분의 2 이상을 대표하는 경우에 한하여 유니온 숍 협정이 인정
유니온 숍 제도 (union shop)	• 회사는 조합원뿐만 아니라 비조합원도 자유롭게 고용 • 고용 후 일정 기일 내에 조합에 가입하지 않으면 자동 해고 • 노동조합의 간접적인 유지 확대를 꾀하려는 제도로 일본에서 채택하고 있음

(4) 노동조합의 기능

■ 경제적 기능 : 노동자들이 자신들의 이해를 위하여 단체교섭, 경영참가, 노동쟁의를 통하여 수행하는 교섭기능

- **단체교섭** : 노동조합이 조합원을 대표하여 조합원 전체의 노동력을 가능한 한 좋은 조건으로 판매하기 위해 사용자와 교섭을 행한다. 그 결과 임금 및 작업조건, 근로시간 및 근로조건 등에 관한 단체협약이 체결된다.
- **경영참가** : 노동조합이 경영상의 제반 문제(경영 방침, 경영 조직, 생산 설계 등)에 관한 의사결정에 참가하는 것으로서 노동조합의 사회적 지위가 향상됨에 따라 그 요구가 점점 더 증가하고 있다. 이와 같은 경영 참가제도는 근로자의 이익 유지 및 개선과 경영의 민주화, 협력체제 강화에 따른 노사 분쟁의 해소 효과가 있다.
- **노동쟁의** : 단체교섭이 결렬될 경우 노조나 사용자 측이 실력 행사를 하는 것으로 노동조합측의 쟁의행위로는 파업(strike), 피케팅(piketing), 태업(sabotage), 불매동맹(boycott) 등이 있으며 사용자 측의 행위로는 공장 폐쇄

최저 임금제와 급식업계의 파급효과

최저 임금제(minimum wage system)란 국가가 노사 간의 임금결정 과정에 개입하여 임금의 최저수준을 정하고, 사용자에게 그 이상의 임금을 지급하도록 법으로 강제함으로써 저임금 근로자를 보호하는 제도이다. 최저임금은 매년 노동부에서 최저임금위원회의 심의를 걸쳐 매년 8월 5일까지 최저임금액을 결정한 후에 이를 다음연도 1월 1일부터 1년간 적용하도록 하고 있다.

국내 주요 급식업체들은 최저임금의 가파른 인상에 수익성이 크게 떨어질 것으로 우려하고 있다. 주당 근로시간을 68시간에서 52시간으로 단축하는 근로기준법 시행에 따라 인력 효율화 방안 등 대비책 마련에 분주한 모습이다. 급식업체들은 우선 최저임금 인상과 근로시간 단축 여파를 최소화할 수 있는 가장 현실적인 방안으로 급식비 인상을 꼽았으나, 대다수의 수탁사들은 복지 정책이 줄어드는 상황에서 급식비 인상에 대해 난색을 표하고 있다. 이에 각 업체들은 인력 재배치와 기존 인프라 확대 방안이 꺼낼 수 있는 두 번째 카드라 입을 모은다. 시간대별 인력을 탄력적으로 운영하고 센트럴키친(CK)을 최대한 활용하거나, 대용량 조리에 적합한 급식용 HMR을 개발해 인력 운영을 최소화하는 등 다양한 의견을 내고 있다. 급식용 HMR과 맞물려 CK의 활용폭을 넓히는 방안도 유력하게 거론된다. CK에서 전처리와 반조리된 식재를 각 사업장에 공급하는 방법도 거론되나, CK 활용도를 높이기 위해선 각 지역마다 CK를 세워야 하는 투자비 부담이 뒤따른다. 한편 자금력이 약한 중소업체들은 여러 시도가 실패로 돌아갈 경우 큰 타격을 입을 수 있어 더욱 어려움을 표하고 있다.

자료 : 최저임금위원회 홈페이지, 식품외식경제(2018. 3. 6)

(lock-out)가 있다.

- **공제적 기능** : 노동조합이 조합원의 질병, 재해, 실업, 노령, 사망 등으로 노동력이 상실되었을 경우 조합이 마련한 기금을 이용하여 조합원들에게 도움을 줌으로써 상호부조하는 것
- **정치적 기능** : 국가나 사회단체를 대상으로 노동조합이 노동관계법의 제정 및 개정, 근로시간의 효율적인 조정 등의 역할을 담당

| 활 | 동 |

급식기업의 인사제도를 설계해 보자

현대그린푸드는 학력, 연령, 성별 등 인적 요인에 따른 차별이 없는 능력주의 인사를 기본원칙으로 하여 다양한 인사제도를 도입하여 실시하는 한편 모든 직원들이 가족처럼 화합하는 기업문화 속에서 일할 수 있도록 제도적 지원을 하고 있다.

직속 상사의 인재육성 책임 하에 인제로 성장할 수 있는 여건과 기회를 제공하고 성과를 주된 기준으로 사람을 확보, 육성, 평가하는 인적자원관리 활동을 전개하고 있다. 또한 공평한 기회 제공, 개인의 창의와 자율을 존중하며, 공정한 기준에 따라 평가하여 성과에 상응하는 보상을 실시하고 있다.

자료 : 현대그린푸드 채용정보 홈페이지
https://recruit.ehyundai.com/company-introduction/hyundai-greenfood/hr-Policy/index.nhd

1. 당신이 급식기업의 CEO라면 인사와 관련하여 어떠한 정책적인 변화를 도입할 것인지, 채용, 승진, 평가, 임금체계, 교육 및 훈련 등의 다양한 방면에서 새로운 인사전략을 수립해 보자.

2. 여러 기업에서 활용하고 있는 특징적인 인사제도를 조사하여 보고 각 기업의 문화와 관련하여 어떠한 효과를 발휘하고 있는지 평가해 보자.

| 활 | 동 |

급식기업의 인적자원 확보에 대해 탐색해 보자

단체급식 및 식자재공급 사업을 하고 있는 급식기업들의 인적자원 확보를 위해 홈페이지를 활용한 다양한 채용 관련 자료 등을 제시하고 있다. CJ 프레시웨이는 채용 직군별(식자재 유통 영업-외식/급식/원료, FS 점포 수주영업, MD, 영양사, 조리사, 메뉴 R&D 등) 직무소개, 필요역량, 비전 등을 소개하고 있으며, 현대그린푸드 역시 각 직무별 하루일과 등을 소개하고 있다. 다양한 급식기업의 인적자원 확보를 위한 활동에 대해 탐색해 보자.

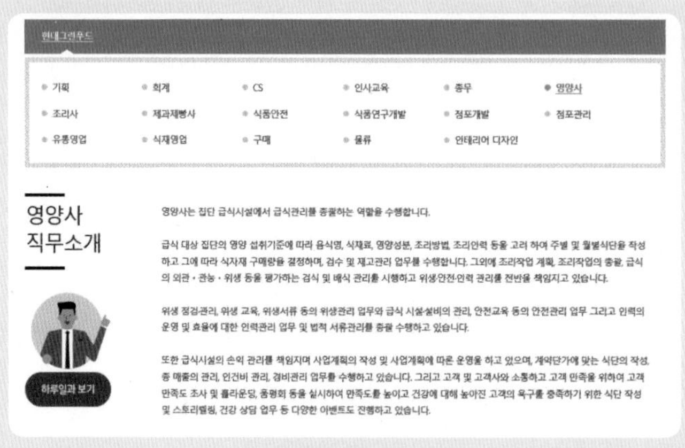

현대그린푸드

1. 관심 있는 급식기업의 채용절차와 직무에 대해 찾아보자.

2. 해당 기업의 급식관리자 채용정보를 찾아보자.

용어·요점 정리

- **인적자원관리의 정의** : 조직 목표 달성에 필요한 인적자원을 확보, 개발, 보상, 유지하여 조직 내 인적 자원을 최대한 효과적으로 활용하고자 하는 관리활동
- **인적자원 계획수립** : 조직의 장기전략과 계획을 중심으로 이에 따른 인력의 구체적인 수급계획을 수립하는 기능
- **인적자원 계획의 주요 활동** : 적정인원 계획, 인력 수급 계획, 구인·해고 계획, 인적자원 개발계획의 네 가지 활동
- **직무** : 조직의 목적을 달성하기 위해 각 사람들에게 주어지는 과업(tasks)의 집합
- **직무분석** : 각 직무의 내용, 특징, 자격요건을 분석하여 다른 직무와의 질적인 차이를 분명하게 하는 절차
- **직무분석의 용도** : 인사관리의 기초 자료 제공, 직무기술서와 직무명세서의 작성
  - **직무기술서(job description)** : 직무에서 수행하는 과업의 내용, 의무와 책임, 직무 수행에서 사용되는 장비 및 직무 환경 등 직무에 대한 정보를 기술한 서식
  - **직무명세서(job specification)** : 직무 담당자가 갖추어야 할 지식, 기술, 능력, 기타 신체적 특성과 인성 등 인적 요건에 관한 정보를 기술한 서식
- **직무분석의 방법**
  - **질문지법** : 직무 분석을 위한 질문지를 개발하여 직무담당자가 자기 직무에 관련된 내용을 응답하도록 함으로써 정보를 수집하는 방법
  - **관찰법** : 직무담당자의 활동을 직접 관찰하여 직무에 관한 정보를 수집하는 방법
  - **면담법** : 직무담당자나 감독자와의 면담을 통해 정보를 획득하는 방법
- **직무설계** : 각 개인 또는 그룹에게 특정한 과업을 부여함으로써 직무를 정의하고 생성하는 과정으로 효율적인 직무성과를 거두면서도 직무 만족도를 증대할 수 있도록 해야 함
- **직무설계 전략** : 직무 단순화(job simplification), 직무 확대(job enlargement), 직무 순환(job rotation), 직무 충실화(job enrichment), 직무 특성(job characteristics)에 의한 직무설계
- **인적자원의 확보** : 인적자원 수급에 대한 계획을 수립하는 일에서 시작하여 모집, 선발, 배치에 이르는 일련의 과정을 통해 조직에서 필요로 하는 인적자원을 확보하는 과정
- **모집** : 자격을 갖춘 직무후보자 집단을 조직으로 유인하기 위한 일련의 활동
  - **내부모집** : 사내공모, 내부승진, 배치전환, 직무 순환, 재고용, 재소환 등을 이용하여 조직 내부에서 인력을 충원하는 방법으로 절차가 간편하며, 종업원들의 사기에도 좋은 영향을 미친다는 장점을 지님
  - **외부모집** : TV, 라디오, 신문, 잡지 등의 대중매체나 인터넷을 이용한 공개모집, 교육기관 추천, 기업설명회 및 취업박람회, 현직 종업원들을 통한 모집 등 외부의 새로운 인재를 모집하는 방법
- **선발** : 모집 활동을 통해서 확보한 후보자 집단으로부터 설정된 선발 기준에 가장 적합한 인재를 선정하는 과정
- **선발 과정** : 공식적인 지원서 접수, 서류 전형 또는 선발시험, 면접, 신체검사, 경력조회, 선

발 결정

- **교육 훈련** : 종업원들이 직무를 수행하는 데 필요한 지식과 업무 기술을 배양시키기 위한 일련의 학습 과정
- **교육훈련의 분류** : 수행장소에 따라 직장 내 훈련(on-the-job training)과 직장 외 훈련(off-the-training), 교육대상에 따라 신입사원 교육훈련, 현직자 교육훈련으로 분류
- **교육훈련의 방법** : 강의법, 세미나법, 프로그램학습, 컴퓨터 조력학습, 사례법, 역할연기, 감수성훈련, 경영게임, 서류함기법 등
- **직무평가** : 임금을 공정하게 결정하기 위해 직무의 중요도와 공헌도의 상대적 가치를 다른 직무와 비교하여 결정하는 것
- **직무평가의 주요 요소** : 기술, 노력, 책임, 작업조건
- **직무평가의 방법** : 서열법, 분류법, 요소비교법, 점수법
- **보상** : 종업원이 제공한 노동에 대한 경제적 및 비경제적인 대가
- **경제적 보상** : 직접적인 보상으로 기본급, 부가급, 상여금이 있으며 간접적인 보상에는 의료지원, 연금보조 등의 복리후생이 있음
- **비경제적 보상** : 교육훈련 기회, 승진기회, 쾌적한 직무환경 제공 등 비금전적인 보상
- **기본급의 결정기준** : 연공급, 직무급, 직능급, 성과급
- **복리후생** : 법정복리후생(의료보험, 연금보험, 산재보험, 고용보험), 비법정복리후생(경제적 복리후생, 보건위생 복리후생, 기타)
- **인사고과** : 조직 구성원의 업무 성과, 능력, 근무 태도 등을 객관적이고 공정한 절차를 통해 평가하는 것
- **인사고과의 단계** : 인사고과제도의 설계, 성과자료의 수집, 성과평가, 고과면담, 최종평가
- **360도 다면평가** : 상급자평가, 자기평가, 동료평가, 상향평가, 고객평가 등을 복합적으로 활용하는 인사고과 형식
- **인사고과 방법** : 상대적 고과방법(서열법, 상호서열법, 짝비교법, 강제할당법), 절대적 고과방법(체크리스트법, 도식척도법, 중요사건기록법, 자유서술법, 자기신고법, 인적평정센터법)
- **인사고과 오류** : 중심화 경향, 관대화 경향, 평가표준의 차이, 현혹효과, 논리오차, 편견, 유사성 오류
- **인사이동** : 전직, 승진, 이직, 징계
- **노사관계** : 노동자(종업원)와 사용자(경영자)와의 관계로서 협력관계이자 대립관계인 이중성을 지님
- **노동조합** : 임금 노동자의 근로조건 및 지위 개선을 목표로 조직된 항구적인 단체
- **노동조합 형태** : 직업별 노동조합, 산업별 노동조합, 일반 노동조합, 기업별 노동조합
- **노동조합의 가입 방식** : 클로즈드 숍 제도, 오픈 숍 제도, 유니온 숍 제도
- **노동조합의 기능** : 경제적 기능(단체교섭, 경영참가, 노동쟁의), 공제적 기능, 정치적 기능
- **단체교섭** : 노동조합과 사용자 사이에 급여와 고용 조건에 관한 교섭

MEMO

chapter

8 급식서비스 마케팅

오늘날 마케팅의 개념은 단순히 기업 활동에서뿐만 아니라 정부나 지방자치단체, 병원, 학교 등 다양한 부문에 응용되고 있으며, 외식업 분야는 물론이고 급식산업에서도 그 중요성이 부각되고 있다. 과거에는 어떤 고객이 어떤 서비스를 원하는가에 대한 고려 없이 막연한 서비스로 전체 고객들을 만족시키고자 하거나 레스토랑을 개업해 놓고 손님들이 찾아오기만을 기대하였고 급식소의 경우 고객들의 안정적 확보가 가능하다는 특성 때문에 마케팅에 대해 큰 관심을 두지 않았다.

그러나 점차 경영 환경이 빠르게 변화하고 외식이나 급식산업 분야의 경쟁이 더욱 치열해지고 있어 마케팅 전략에 대한 고려 없이는 성공적인 운영이 어렵다. 따라서 본 장에서는 서비스와 서비스산업의 특징을 이해하고, 이를 바탕으로 급식서비스 마케팅에 대한 기본 개념과 전략에 대해 공부하기로 한다.

학습 목적

급식산업이 갖는 서비스산업으로서의 특징과 서비스 마케팅 전반에 대한 이해를 통해 급식서비스 마케팅 전략 수립에 활용한다.

학습 목표

1. 서비스의 의의와 특성에 대해 서술한다.
2. 서비스 마케팅의 기본적 특성을 이해하고, 이에 따른 문제점과 대응 전략을 논의한다.
3. 마케팅 활동의 과정을 설명한다.
4. 마케팅 환경의 유형을 설명하고, 소비자 구매행동 분석 단계를 열거한다.
5. 시장 세분화, 표적 시장 선정, 포지셔닝의 개념을 설명한다.
6. 기본적인 마케팅 믹스에 대해 설명하고 각각의 전략에 대해 논의한다.
7. 확장된 마케팅 믹스를 설명한다.

1 서비스의 개념

21세기는 서비스산업의 시대라 할 만큼 서비스산업이 전체 산업 분야에서 차지하는 비중이 점점 더 커지고 있다. 급식산업은 이러한 서비스산업의 한 분야로서 시장규모가 지속적으로 확대되고 더욱 세분화될 것으로 전망되고 있다. 서비스는 여러 가지 측면에서 제품과는 다른 특징을 가지고 있어서 서비스 마케팅에 대한 개념과 바른 이해가 급식산업 종사자에게도 필요하다.

서비스의 정의

일상생활에서 흔히 접하는 '서비스'라는 용어는 쓰임새에 따라 여러 의미를 지니고 있다. 서비스의 의미는 '무상으로 제공됨', '고객을 대하는 자세나 태도', '상품 구매 시 함께 제공되는 편익', '타인에 대한 봉사' 등 상황에 따라 다르게 사용된다.

이 책에서 다루는 서비스는 단순히 일상적인 의미나 좁은 의미의 서비스만을 뜻하지는 않는다. 인간 생활의 유지에서 서비스의 역할이 증대됨에 따라 서비스의 학문적 정의도 다양해지고 있다.

미국 마케팅학회(American Marketing Association ; AMA, 1960)에 의하면 **서비스**란 판매 목적으로 제공되거나 상품의 판매와 관련하여 제공되는 제반 활동, 편익, 만족이라고 하였으며, 코틀러(Kotler)는 본질적으로 무형이며 소유권의 이동 없이 타인에게 제공되는 행위 또는 만족이라고 정의하였다(Kotler, 1972). 급식서비스, 의료서비스, 호텔서비스, 항공 및 수송서비스, 신용서비스 등이 이러한 서비스를 제공하는 예이다. 서비스의 정의에 대한 이해를 돕기 위해 서비스의 특징에 대해 살펴보기로 하자.

서비스의 특성

서비스는 제품과 비교해 볼 때 서로 구별되는 몇 가지 뚜렷한 특성을 갖고 있다(표 8-1).

표 8-1 서비스와 제품의 특성 비교

서비스	제 품
무형성	**유형성**
생산과 소비의 **비분리성** 또는 **동시성**	생산과 소비의 **분리성**
이질성 또는 **비일관성**	**동질성**
저장불능성 또는 **소멸성**	**저장성**

(1) 무형성

서비스는 유형의 제품과는 달리 형태가 없는 무형성(intangibility)을 지닌다. 서비스는 소비자가 구매 전까지 만지거나 볼 수가 없기 때문에 성능을 평가하며 그 가치를 파악하는 것이 어렵다. 예를 들어, 소비자가 미국행 항공권을 구매하면 항공사의 비행기가 그 소비자를 목적지까지 안전하게 수송함(즉, 서비스를 생산함)과 동시에 서비스는 소비되므로 서비스에 대한 실제 소유는 이루어지지 않는다. 루이스(Lewis)는 '서비스를 구매한 사람들은 빈손(empty-handed)으로 돌아가지만 빈 머리(empty-headed)로 돌아가지 않고 자기가 받은 서비스에 대한 기억을 가지고 돌아간다'고 표현하였다.

서비스가 무형성의 특징을 가지기 때문에 고객들은 서비스를 제공받기 전에 앞으로 제공받을 서비스에 대해 불확실성을 느끼게 되어 구매를 주저하게 되기도 하고, 서비스에 관한 정보와 신뢰를 제공받을 수 있는 유형의 증거를 찾으려고 노력하기도 한다. 따라서 이러한 무형적 특성은 서비스기업이 극복해야 할 중요한 과

제품(product), 상품(goods), 서비스(service)

제품(product)이란 고객에게 가치를 제공하는 과정 혹은 대상물의 묶음으로, 엄밀히 구분하자면 유형의 제품인 상품(goods)과 무형의 제품인 서비스(service)로 구분할 수 있다. 하지만 일반적으로 제품이라고 하면 좁은 의미로 상품을 일컫는 말로 사용된다.

제이다. 예를 들어, 레스토랑에 도착한 고객이 처음 대하게 되는 것은 레스토랑의 외형이며 레스토랑 내부 환경과 청결 상태는 그 레스토랑이 얼마만큼 잘 운영되고 있는가를 무언중에 반증해 주기 때문에 여러 가지 유형적 요소들이 무형적 서비스의 질에 대한 신호를 제공해 주고 있다는 것을 인식해야 한다.

(2) 비분리성(동시성)

서비스는 제공자에 의해 만들어짐과 동시에 고객에 의해 소비되는데, 이를 생산과 소비의 비분리성(inseparability) 또는 동시성(simulatenousity)이라고 한다. 식당에서 고객이 음식을 주문하면 주방에서 음식이 생산되고, 생산된 음식은 즉시 고객에 의해 소비된다. 그러므로 유형제품과 달리 서비스의 경우에는 소비가 발생될 때 서비스 제공자가 그 자리에 존재해야 한다. 이러한 서비스 특성은 유통과 관련된 시사점을 제공한다. 유형제품의 경우에는 수송 · 저장과 같은 유통 기능이 중요하다. 그러나 무형적 특성의 서비스는 재고로 유지될 수 없기 때문에 서비스의 유통 측면에서 중요한 것은 고객에서 서비스 제공자가 직접 제공하는 서비스의 질이며, 이는 고객의 반복구매에 크게 영향을 미친다.

예를 들어, 어느 레스토랑에서 음식이 환상적으로 훌륭했다 하더라도 서비스 제공자의 태도가 좋지 않은 경우 고객은 그 레스토랑에 대하여 전반적으로 만족을 느끼지 못할 것이다. 대부분의 외식 · 급식 서비스에 있어서도 서비스 제공자와 고객이 생산과 소비가 동시에 일어나는 곳에 함께 있게 되므로 접객 종업원이 제품의 일부로 간주되는 이유도 여기에 있다.

(3) 이질성(비일관성)

서비스는 유형의 제품처럼 동질적이지 않아서 표준화하기가 어려우며, 이를 이질성(heterogeneity) 혹은 비일관성(inconsistency)이라고 한다. 같은 서비스를 제공하는 경우에도 서비스를 전달하는 사람의 숙련도와 전문성, 시간, 그리고 장소에 따라 차이가 있으며 서비스가 요구되는 상황 또한 각기 다르기 때문에 질적 수준을 관리하는 데에는 한계가 있다.

외식산업은 수요 변동의 폭이 큰 특징을 가지며 성수기에는 일정한 서비스의 품질을 유지하기 어려운 것도 바로 서비스의 이질성 혹은 비일관성 때문이다. 이러한 특징은 고객을 실망시키는 주요 원인이 되고 있다. 따라서 외식업소 서비스 제공자들은 업소나 회사의 이미지와 의견을 묻는 고객만족 조사를 하거나 종업원 교육을 실시하여 이질성을 최소화하고 고객의 확신을 향상시켜 서비스의 비일관성을 극복하려고 노력한다.

(4) 저장불능성(소멸성)

제품은 대량으로 생산한 후 재고로 보관해 두었다가 나중에 판매하여도 제품의 품질에 크게 문제가 생기지 않는다. 하지만 서비스는 재고화한다거나 저장이 불가능한데, 이와 같은 소멸성(perishability)은 급식산업에서도 매우 중요한 측면이 된다. 음식은 비록 유형의 상품이기는 하나 생산된 후 바로 소비하지 않으면 가치가 손상되어 재고화할 수 없으므로 제품이라기보다는 그 자체를 서비스로 보는 것이 더 타당하다.

예를 들어, 어느 뷔페레스토랑에서 100인분의 음식을 생산해 놓았는데 60인분만

표 8-2 급식산업서비스의 특성에 따른 전략의 예

서비스 기본특성	급식산업서비스 특성	전략
무형성	• 급식산업에서 판매하는 제품은 고객의 경험 • 고객이 구매하는 것은 음식만이 아니라 급식서비스 전체임 • 유형의 상품(음식)과 무형의 서비스(분위기, 친절) 모두 포함	• 실체적 단서를 제시 • 고객서비스에 대한 시각적 단서의 예로 식당 내부에 고객 만족을 표방하는 내용의 포스터나 현수막 부착 • ISO나 HACCP 인증 획득
생산과 소비의 비분리성 또는 동시성	• 서비스 제공 과정이 노동집약적 • 종업원의 행동은 제품의 일부분을 구성함 • 종업원 개개인과 고객에 따라 품질이 좌우 • 고객은 모든 서비스 제공 과정에 직접 관여함	• 종업원 선발과 교육에 유의 • 고객과 접촉하는 서비스 요원의 선발 및 교육훈련과 동기부여의 내부 마케팅 필요
이질성 또는 비일관성	• 서비스 유통경로의 중요성이 커지고 있음 • 서비스 제공 과정에 다수의 조직이 함께 관여함	• 서비스의 표준화 또는 개별화 전략 도입 • 단체급식이나 외식업체의 표준레시피 사용 • 단골 고객 개개인의 요구에 맞는 맞춤 서비스 제공
저장 불능성 또는 소멸성	• 서비스의 시간적 · 공간적 수급 조절이 중요 • 수요의 변동(peaks & valleys)이 심함 • 재고로 저장하지 못함	• 수요와 공급 간의 조화를 이룸 • 수요예측기법을 도입한 급식 생산계획 수립 • 임시직원 채용을 통한 인력 활용의 유연성 확보

자료 : Powers(1995)

이 판매되었다고 하자. 남은 40인분을 저장해 두었다가 다음 날 새로 만든 음식과 같이 판매할 수는 없다. 오늘 생산한 음식은 내일이 되면 오늘과 같은 품질을 유지할 수 없기 때문이다. 즉, 생산하였으나 판매되지 않은 40인분에 대한 잃어버린 수익은 영원히 소멸되는 것이다.

이러한 서비스의 소멸성 때문에 과잉생산에 의한 손실과 과소생산으로 인한 이익기회의 상실이라는 문제가 발생한다. 따라서 이를 해결하기 위해서 외식업소나 단체급식소에서는 수요에 따라 생산계획을 변동하고, 종업원에게 교차 직무교육(cross job training)을 시켜 유사시에 서로 도울 수 있는 기반을 마련하는 등 수요와 공급 간에 조화를 이루도록 하는 전략이 필요하다.

표 8-2는 급식산업의 서비스 특성과 그에 따른 제약을 극복하기 위한 전략을 제시한 것이다.

2
서비스 마케팅의 이해

오늘날 마케팅은 기업 운영을 위한 단순한 기능을 넘어서 하나의 철학이고 사고방식인 동시에 기업과 경영자의 사고를 구조화하는 도구라고 할 수 있다. 마케팅은 단순한 광고나 판촉 행위만이 아닌 그 이상의 것으로서 말단의 종업원에서부터 최고경영자에 이르기까지 모든 조직 구성원이 수행해야 하는 직무인 것이다. 여기서는 마케팅의 주요 개념과 마케팅 관리의 철학을 살펴보기로 하자.

서비스 마케팅의 개념

(1) 전통적 마케팅과 서비스 마케팅

전통적 마케팅(traditional marketing)은 생산과 소비의 분리를 전제로 하고 이

표 8-3 전통적 마케팅과 서비스 마케팅의 비교

유 형	전통적 마케팅	서비스 마케팅
전 제	생산과 소비의 분리성	생산과 소비의 동시성
마케팅의 기능	생산과 소비의 매개	상호작용 및 접점관리
마케팅 담당조직	마케팅부서	전 직원이 마케팅 활동 수행
마케팅 사고	거래 마케팅	관계 마케팅

자료 : 이유재(2006)

를 매개하기 위해 마케팅이 필요하다는 시각에서 출발한다. 따라서 마케팅부서는 마케팅 조사를 통해 생산을 위한 수요 분석과 소비를 위한 구매행동 분석을 수행하는 것이 주임무가 된다. 그러나 서비스의 경우는 기업과 소비자 간 상호작용이 발생하고 생산과 소비가 동시에 일어나기 때문에 전통적 마케팅의 견해를 적용하기 어렵다.

서비스 마케팅(service marketing)은 서비스의 생산, 전달 및 소비가 동시에 발생하는 서비스산업의 특성상 판매자와 구매자 간 상호작용 및 서비스 접점을 관리하는 것이 필요하게 되며, 흔히 마케팅부서에 속하지 않은 관리자나 직원이 이를 담당하게 된다는 점을 강조한다. 마케팅 조사, 광고, 판매촉진, 인적판매 등과 같은 전통적 마케팅 활동은 마케팅 전문가가 담당하지만 판매자와 구매자의 상호작용을 관리하는 것은 마케팅 비전문가가 담당하게 된다(표 8-3). 따라서 원활한 서비스 제공을 위해 전 직원 모두 마케팅적 사고와 행동을 하는 것이 필수적이다.

(2) 거래 마케팅과 관계 마케팅

과거 전통적 마케팅에서는 고객과의 지속적인 관계 형성 없이 하나의 거래를 이루는 것을 강조하는 **거래 마케팅**(transaction marketing)에 근본을 두고 마케팅 활동을 수행해 왔다. 하지만 서비스 마케팅에서는 고객과의 관계 관리가 중요하기 때문에 고객과의 관계를 형성, 유지, 발전시키는 것을 강조하는 **관계 마케팅**(relationship marketing)의 사고로 전환하는 것이 필요하다.

관계 마케팅에서는 전통적 마케팅믹스 활동과 함께 상대적으로 상호작용적 마케팅 기능이 중요해진다. 즉, 종업원의 고객 지향적 사고와 참여자로서의 역할, 물리적 환경 등이 중요한 마케팅 기능이 된다. 만일 고객과의 서비스 접점 관리가 잘 이루어지지 못한다면 아무리 전통적 마케팅 노력을 기울여도 고객이 기업과 관계를 유지하지 않을 것이다.

또한 고객이 품질을 인식하는 데 있어서 상품 그 자체의 **결과 품질**만을 중요시하는 거래 마케팅과는 달리 관계 마케팅에서는 **과정 품질**도 중요해진다. 관계 마케팅에서는 서비스 품질에 결과뿐 아니라 과정까지 포함되어 결과 품질이 일정 수준 이상 충족되면 과정과 관련된 품질이 전체 품질 인식을 좌우하게 된다. 또한 관계 마케팅에서는 판매자가 고객과 광범위하고 깊은 관계를 개발, 유지하여 경쟁사가 낮은 가격을 제시한다고 해도 고객이 쉽게 이탈하지 않아 경쟁수단으로서의 가격 역할이 감소하며 가격 민감도가 낮아진다. 결과 품질과 과정 품질에 대해서는 9장에서 좀 더 자세히 다루기로 한다.

서비스 마케팅 삼위일체

서비스기업이 성공하기 위해서는 외부 마케팅, 상호작용 마케팅, 내부 마케팅의 세 가지 유형의 마케팅이 서로 조화를 이루며 지속적으로 노력해야 한다는 것을 마케팅 삼위일체라고 한다(그림 8-1).

그림 8-1 서비스 마케팅 삼위일체

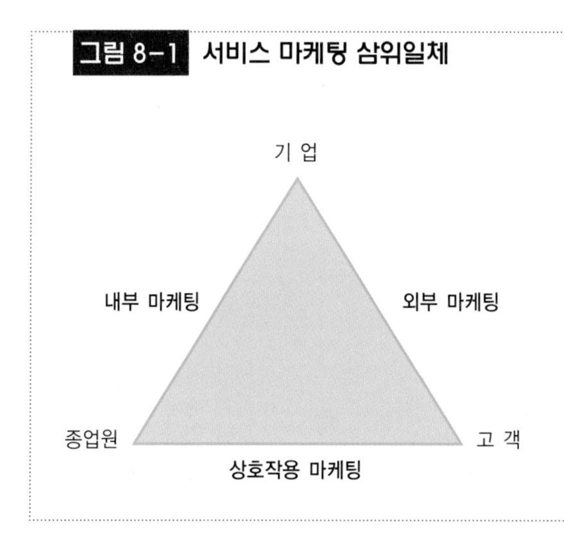

- 외부 마케팅 : 기업이 고객의 기대를 파악하고 서비스가 제공되기 전에 고객에게 의사를 전달하는 것. 예를 들어 광고, 촉진, 판매, 홍보 등 전통적 요소뿐 아니라 물리적 설비 등과 같이 고객들에게 의사를 전달하는 모든 요소를 포함
- 상호작용 마케팅 : 고객과의 약속이 제공, 전달되는 지점으로 실제 서비스를 제공받는 고객과의 접촉점. 고객접점 마케팅 또는 리얼타임 마케팅(real-time marketing)이라고도 함
- 내부 마케팅 : 기업이 고객들에게 했던 약속을 종업원들을 통해 지킬 수 있게 하는 마케팅 활동으로 종업원 교육, 동기부여, 보상 등의 활동

3
서비스 마케팅 활동

현대에 와서 급속한 환경변화에 따라 제품이나 서비스의 수명 주기가 갈수록 짧아지고 있다. 특히, 외식업 분야는 신제품의 수명주기가 다른 서비스업에 비해 더 짧은 편이고 서비스의 모방이 쉽다는 특징을 갖는다. 따라서 늘 새로운 입맛을 찾는 고객들의 취향을 제대로 파악하지 못하면 영업이 잘 되던 외식업소가 일 년도 못되어 고객들의 발길이 끊기는 경우도 허다하다. 하지만 항상 새로운 메뉴 개발로 지속적인 고객을 확보하면서 이윤을 증대시키는 성공적인 업소도 많이 찾아 볼 수 있다.

마케팅 활동이란 생산자와 소비자 사이에서 제품과 서비스를 판매하거나 교환하는 모든 활동을 의미한다. 이를 좀 더 구체적으로 말하자면 표적 시장의 고객들과 제품이나 서비스를 교환하면서 고객의 욕구와 기업의 목적을 만족시키기 위해 가격 결정, 유통, 촉진 등을 계획하고 실행하는 과정이라고 할 수 있다.

마케팅 활동 수행 과정은 그림 8-2에 나타난 바와 같다. 마케팅 환경과 소비자 행동 분석을 통하여 시장 기회를 분석함으로써 마케팅 활동을 시작하게 된다. 그 다음 고객의 특성에 따라 시장을 세분화하고 다양한 고객층 가운데 어떠한 고객을 대상으로 할 것인지를 분석하여 표적 시장을 선정하게 된다. 이렇게 선정된 표적 시장에서 기업이 확고한 위치를 차지하기 위한 전략, 즉 포지셔닝 전략을 수립하게 되며 이에 따

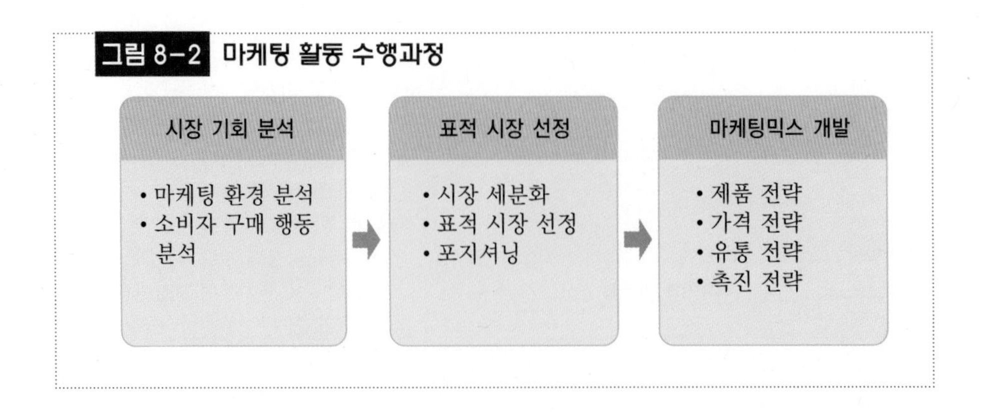

그림 8-2 마케팅 활동 수행과정

라 구체적인 마케팅 믹스를 개발하고 마케팅 활동을 수행하게 된다.

시장 기회 분석

마케팅 활동의 시작인 시장 기회 분석 과정은 **마케팅 환경 분석**과 **소비자 구매 행동 분석**을 통해 이루어진다.

(1) 마케팅 환경

마케팅 환경은 미시적 환경과 거시적 환경요인으로 구성되어 있다. **미시적 환경**은 기업 자체, 공급업자, 마케팅 중개기관 등 기업 가까이에 있는 요소를 말한다. **거시적 환경**은 기업의 경쟁사와 인구 통계학적, 경제적, 자연적, 기술적, 정치적, 문화적 환경 요소들로 구분할 수 있다. 특히 거시적 마케팅의 환경 요소들은 서로 밀접한 상호 관련성을 갖는다. 예를 들어, 사회 환경 변화에 의해 맞벌이부부 가정이 늘어남에 따라 경제적으로 풍족해졌으며 남자들도 가사를 분담하고 식사를 준비하는 문화적 변화를 가져왔고, 기술적 환경 변화로 음식을 재가열하고 조리하는 것이 쉬워졌다. 이러한 제반 환경 변화는 외식의 빈도를 높여서 레스토랑 간의 경쟁이 더욱 심화되고 있으며, 급식의 기회를 보다 확산시키고 있다.

(2) 소비자 구매 행동

시장에서의 기회를 분석하기 위해 또 하나 중요하게 고려해야 하는 것이 소비자의 구매 행동이다. 소비자들은 거시적 환경의 영향을 받아 구매 행동이 계속 변화하기 때문에 이들의 소비 성향과 욕구를 면밀히 파악하지 못한다면 시장 진입에 실패할 수 있기 때문이다.

제품을 구입할 의사가 있는 소비자들은 어떤 제품을 언제, 어디에서 구입할 것인가에 대한 계획을 세우고 다양한 정보탐색 활동을 거쳐 구매에 대한 의사결정을 내리게 된다. 이처럼 구매와 관련된 여러 가지 행동을 **소비자 구매행동**(consumer buying behavior)이라고 한다.

소비자들은 외식·급식 서비스를 이용하는 데 있어서도 일반적인 서비스와 제품의 구매와 유사한 의사결정 과정을 경험하게 된다(그림 8-3). 예를 들어, 초등학

그림 8-3 구매 의사결정 과정

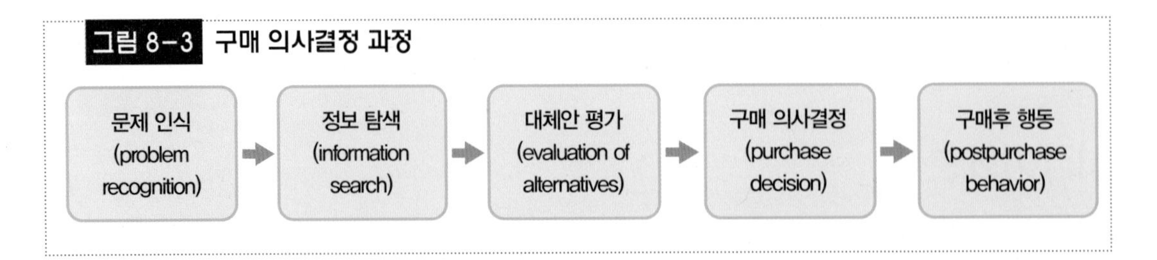

교에 다니는 두 자녀를 둔 맞벌이 부부가 주말에 오붓한 시간을 갖기 위해 외식을 하고자 하는 욕구를 느꼈다고 하자. 이들은 어떤 레스토랑을 선택할 것인지를 주위 사람들의 구전이나 광고를 통해 정보를 얻은 후 자신들의 경제적·지리적 여건에 맞는 레스토랑을 선택하고 그곳에서 식사한 후에 만족 또는 불만족의 경험에 대해 일정한 행동을 나타내게 될 것이다.

의사결정 과정의 모델에서 보다시피 소비자들의 구매행동은 서비스의 이용 이전에서부터 시작하여 이용 후에도 계속된다. 따라서, 마케팅 관리자들은 단지 이용 결정 그 자체에만 관심을 두지 말고 구매의사결정의 전 단계를 이해할 필요가 있다. 모든 소비자들의 구매 과정이 합리적인 절차를 밟아서 이루어지는 것은 아니며 실제 일상적인 이용 과정에서는 일부 단계를 건너 뛰거나 순서가 뒤바뀔 수도 있다. 여기서는 소비자들이 합리적인 의사결정을 한다는 전제하에 이를 설명하기로 한다.

- **문제 인식** : 구매 과정은 소비자가 어떤 문제나 욕구를 인식할 때 시작된다. 욕구는 내부적 자극으로부터 나오지만 제과점을 지날 때 나는 맛있는 빵 냄새 때문에 배고픔을 느끼는 것과 같이 때로는 욕구가 외부의 자극으로부터 일어나기도 한다.
- **정보 탐색** : 욕구를 인식한 소비자들은 더 많은 정보를 탐색하는 경우도 있고, 그렇지 않은 경우도 있다. 만일 소비자의 구매욕구가 강하고 주변에 이를 쉽게 만족시킬 수 있는 대상이 가까이 있으면 이는 쉽게 구매로 연결되지만 그렇지 않을 경우에는 좀 더 시간을 가지고 정보탐색을 하게 된다. 소비자들은 개인적·상업적·대중적 등 여러 원천을 통해 정보를 수집할 수 있다.
- **대안 평가** : 정보 탐색 단계를 통해 수집한 대안 중 어느 하나를 결정하기 위하여 소비자들은 제한된 범위 내에서 일정한 기준에 따라 대안들을 평가하게 되는데, 이때 음식의 품질이나 위치, 가격 같은 서비스 제품의 속성의 중요도가 고려되기도 하고

상표의 이미지 같은 것이 기준이 되기도 한다.

- **구매 의사결정** : 여러 가지 대안을 평가하여 특정 제품에 대한 구매 의도를 가지게 되었다 하더라도 구매 의사를 완전히 결정할 때까지는 두 가지 변수요인이 개입될 수 있다. 하나는 다른 사람이 갖고 있는 태도로 가까운 사람일수록, 강한 태도를 가질수록 구매 의사결정에 많은 영향을 미친다. 다른 하나는 예기치 않은 상황이 발생하게 되어 이로 인해 구매 의도가 변경되는 것이다.
- **구매 후 행동** : 제품 구매 후 소비자들이 경험하는 만족이나 불만족은 구매 후 행동에 영향을 미치게 된다. 만족한 소비자는 다음에 다시 구매하려 하고 그 상품의 중요성을 다른 사람들에게 전하게 되지만, 불만족한 소비자는 이를 감소하기 위해 제품의 반품이나 환불, 교환을 요구하기도 하고 불평(claim)을 제기하기도 한다. 또한 해당 제품의 구매를 중단하거나 가족이나 친구에게 제품에 대한 부정적 구전을 하기도 한다.

시장 세분화, 표적 시장의 선정 및 포지셔닝

시장 세분화와 표적 시장의 선정 그리고 포지셔닝은 마케팅 활동과정에서 가장 중요한 부분으로서 **STP 분석**(**Segmentation → Targeting → Positioning**)이라고 부른다.

(1) 시장 세분화

10대 청소년과 30대 직장인이 좋아하는 음식은 분명 다르다. 또한 직장인이라도 성별, 경제적 수준, 직업, 지역 등에 따라 음식의 선호도가 달라진다. 이처럼 모든 고객들은 각기 다른 욕구를 가지고 있으며 각자의 욕구를 충족시켜 줄 수 있는 제품을 원하게 된다. 이처럼 소비자들의 욕구가 상이하기 때문에 한 제품만으로는 전체 소비자의 욕구를 충족시켜 줄 수 없다는 전제하에 전체 시장을 고객들이 기대하는 제품 또는 마케팅 믹스에 따라 다수의 집단으로 나누는 활동을 **시장 세분화**라고 한다.

앞서 언급한 외부 환경의 변화에 따라 고객의 욕구가 다양해지고 여러 경쟁자들이 시장에 진입하게 되면 전체 시장을 대상으로 막연히 마케팅 활동을 하는 것보다는 고객 특성이나 욕구가 유사한 고객들끼리 세분화하여 세분된 시장들 중 특정 시장을 표적으로 삼아 그들 욕구에 부응하는 마케팅 전략을 수립하는 것이 바람직하다.

(2) 표적 시장의 선정

욕구가 발생한 다수의 세분 시장(고객 집단) 중에서 한 개 혹은 몇 개의 세분 시장을 표적으로 선정할 수 있는데, 이를 위해서는 각 세분 시장의 크기와 성장 가능성, 상대적 경쟁력, 기업의 목표와 자원 그리고 세분화된 시장에 접근하여 마케팅 활동을 수행할 수 있는지에 대한 접근의 용이성 등을 장·단기적으로 분석하여야 한다.

각 세분 시장을 분석한 다음 기업에게 가장 유리한 세분 시장을 표적 시장으로 선정하여 표적 시장별로 마케팅 활동을 수행해야 한다. 시장의 특성에 따라 표적 시장에 접근하는 방법에는 **비차별적 마케팅**(undifferentiated marketing), **차별적 마케팅**(differentiated marketing), **집중적 마케팅**(concentrated marketing)의 세 가지 전략이 있다(그림 8-4).

- 비차별적 마케팅 : 시장을 동질적인 집합체로 이해하기 때문에 소수의 다양한 욕구는 무시하고 다수의 공통적인 욕구에 초점을 맞추어 시장에 접근하게 된다. 즉 가장 많은 고객들이 원한다고 판단되는 제품과 서비스를 개발하는 것이다. 비차별적 마케팅은 제품을 대량 생산, 대량 유통, 대량 촉진하는 형태로 전개되므로 **대량 마케팅**(mass marketing)이라고도 부르며 최소의 비용과 가격으로 최대의 잠재시장을 창출할 수 있는 이점이 있다.
- 차별적 마케팅 : 시장이 다양한 욕구를 가진 고객들로 구성되어 있다고 인식하고 다수의 세분 시장을 대상으로 하여 각 세분 시장별로 마케팅 활동을 차별적으로 수행하는 것이다. 비차별적 마케팅보다는 많은 매출을 올릴 수 있다는 장점이 있으나 각 세분 시장에 맞는 마케팅 활동을 위한 비용이 증가된다.
- 집중적 마케팅 : 이는 시장을 세분화한 후 가장 기업의 목표 달성에 적합한 하나 혹은 소수의 세분 시장을 선정하고 이들 시장에 마케팅 활동을 집중시키는 전략이다. 이는 보다 높은 시장 점유율을 확보하려고 할 때 선택하는 방법이

그림 8-4 표적 시장 전략

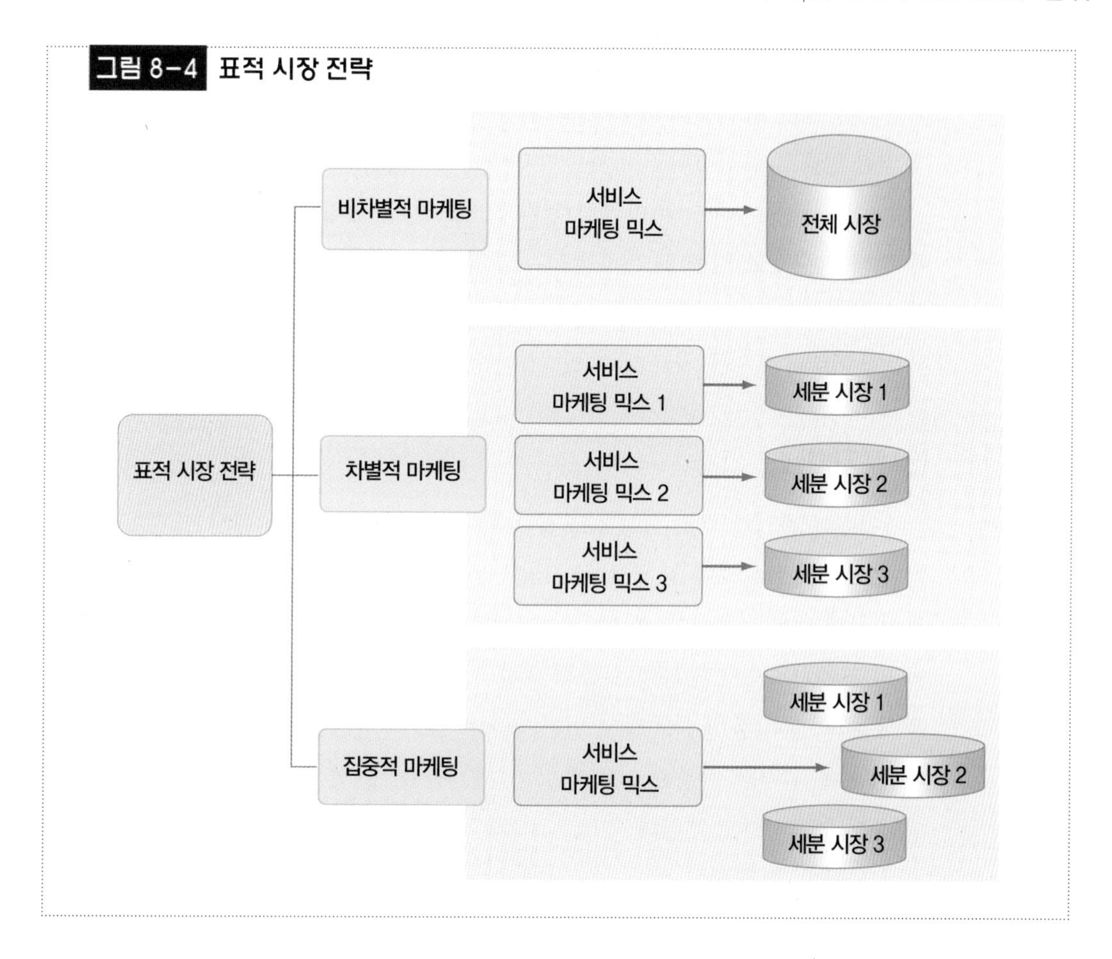

다. 이러한 집중적 마케팅 전략을 사용하게 되면 기업은 세분 시장의 욕구에 대해 보다 많은 지식을 갖게 되고 그 세분 시장에 주의를 집중시킬 수 있기 때문에 강력한 시장 지위를 확보할 가능성이 높아진다. 또한 마케팅 비용이 적게 든다는 이점이 있다.

이상과 같은 세 가지 전략 대안들은 환경변화나 기업의 여건에 따라 적용될 수 있다. 예를 들어, 조직의 자원이 한정되어 있는 단체급식소의 경우는 집중적 마케팅이 적합하다고 볼 수 있으며, 레스토랑이나 호텔과 같이 다양한 서비스 형태가 가능한 업종에서는 차별적 마케팅 또는 집중적 마케팅이 더 적합하다.

또한 제품주기(product life cycle)를 고려했을 때 신제품을 도입하는 단계에서는 비차별적 마케팅이나 집중적 마케팅이 보다 유리한 반면, 성숙단계로 접어들면 차별적 마케팅이 보다 적합해진다. 그리고 시장의 동질성도 고려 요소가 된다. 만일 고객들이 같은 취향을 가지고 있고 일정 기간 동안 구매량이 같으며 마케팅 자극에 대한 반응도 유사하다면 비차별적 마케팅이 적합하다.

마지막으로 경쟁회사의 마케팅 전략도 중요하다. 만약 경쟁자가 적극적인 세분화 정책을 행하고 있을 때 비차별적 마케팅은 자살 행위나 다름없으며, 반면에 경쟁자가 비차별적 마케팅을 하고 있을 때에는 차별적 마케팅이나 집중적 마케팅을 사용함으로써 우위를 확보할 수 있다(Kotler, 1996).

(3) 포지셔닝

기업에서 진입할 세분 시장을 결정한 후에는 그 세분 시장 내에서 어떠한 위치를 차지할 것인가에 대한 포지셔닝(positioning) 단계로 넘어가게 된다. 고객들은 제품이나 서비스를 구매할 때 서비스나 제품의 중요한 속성에 따라 이를 경쟁 제품과 비교 평가함으로써 특정 제품에 대한 인식을 형성하게 된다. 이처럼 고객의 마음 속에 특정 상품이 차지하고 있는 위치를 포지션(position)이라고 부르며, 고객 마음 속에 우수한 제품으로서 확고히 자리잡을 수 있도록 하는 것을 **포지셔닝(positioning)**이라고 부른다.

예를 들어, 고객들이 음식점을 선택하는 가장 중요한 속성은 가격, 맛, 위생, 위치, 분위기 등이며 이러한 속성들의 중요도는 상황에 따라 달라지게 된다. 즉, 당장 배고픔을 면하기 위한 것 또는 중요한 손님을 접대하고자 하는 것과 같은 서비스의 사용 목적, 주중의 점심시간 또는 주말의 가족 외식과 같은 서비스 사용시기에 따라 그 기준이 달라진다. 따라서, 외식업체나 급식서비스 조직에서는 표적고객들이 어떠한 특성을 중요시 여기는가를 고려하여 포지셔닝 전략을 수립해야 한다.

포지셔닝을 위해서는 우선 타사에 비해 어떠한 경쟁적 특성을 지니고 있는가를 확인하고 차별화된 특성을 표적 시장 내 고객들에게 효과적으로 전달하는 작업이 필요하다.

마케팅 믹스 개발

(1) 기본적인 마케팅믹스

기본적인 마케팅믹스는 고객과 의사소통을 하거나 고객만족을 위해 기업이 관리하는 주요 요소로서 **제품**(product), **가격**(price), **유통**(place), **촉진**(promotion)이 종합된 것으로 마케팅 계획에 있어서 핵심적인 결정변수이다.

그리고 이들 요소간에는 상호의존성이 매우 높다. 기본적인 마케팅믹스는 주어진 시점에서 주어진 세분시장 내에 최적의 믹스가 존재한다고 가정한다. 따라서 최적화된 제품(product), 가격(price), 유통(place), 촉진(promotion)의 4P전략은 성공적인 서비스 마케팅에 필수적이라고 할 수 있다.

① 제 품(Product)

서비스산업에서의 제품 또는 상품은 핵심 서비스와 보조 서비스의 묶음으로 구성되어 있다.

- **핵심 서비스** : 고객의 본질적 욕구를 충족시키기 위한 것을 의미한다.
  예) 레스토랑에서 주문한 음식
- **보조 서비스** : 핵심상품의 이용 편의를 도모하거나 그 내용을 확장시킨 것을 의미한다. 즉, 고객이 원하는 정보의 제공에서 서비스 이용의 편리를 도모하는 다양한 활동까지를 모두 포함한다.
  예) 레스토랑의 서비스를 전화, 인터넷으로 예약하거나 쿠폰 및 할인 등의 부대서비스를 제공하는 것

서비스산업에서 상품은 쉽게 모방이 가능하여 핵심상품의 차별화가 점차 불가능해지면서 보조상품을 차별화하는 것이 더욱 중요하다. 즉, 서비스 상품은 특허로 보호받지 못하고 기술발달 속도가 급속히 빨라지면서 대부분의 서비스기업은 하나의 상품을 판매하는 것이 아니라 일련의 상품 묶음을 판매하여 급변하는 시장 변화에 효과적으로 대응하기 위한 핵심상품 및 보조상품을 포함하는 전체 상품 믹스 개발이 요구된다. 특히 대부분의 상품개발의 변화는 기술 발전을 통해 서비스 생산과 전달방법에 컴퓨터와 텔레커뮤니케이션 기술을 이용한 보조상품의 개선이 이루어졌다. 예약 설정, 정보 획득, 청구서 작성과 결제, 문제해결 등의 서비스들이

더 쉽고 빠르고 저렴하게 접근할 수 있게 된 것이다.

■ 서비스의 수명주기에 따른 상품 전략

서비스 수명주기(Service Life Cycle ; SLC)는 제품수명주기(Product Life Cycle ; PLC)와 마찬가지로 시간에 따른 매출을 기준으로 **도입기**, **성장기**, **성숙기**, **쇠퇴기**의 4단계로 구성되며 각 단계의 특성 역시 제품 수명주기와 유사하다. 하지만 서비스는 무형성, 소멸성, 비분리성, 이질성의 특성과 경쟁자들에 의해 쉽게 모방될 수 있다는 특성을 갖고 있어 제품 수명주기와 동일한 전략이 아닌 수정된 전략이 사용된다.

- **도입기** : 새로운 서비스나 현존하는 서비스의 새로운 형태가 처음 제공되는 때를 말한다. 서비스는 제품과는 달리 작은 규모로 도입했다가 고객이 이를 받아들이면 점차 그 규모를 확장할 수 있기 때문에 새로운 서비스의 도입과 관련된 재무 위험이 적다는 이점이 있다. 그러나 경쟁사가 이를 쉽게 모방하거나 동일한 서비스를 제공할 수 있으므로 성공적으로 도입된 서비스는 빠르게 성장기로 옮기는 전략을 사용하여야 한다.
- **성장기** : 급속한 성장과 수요의 증가로 산업이 확장되고 지출보다 수입이 많아지는 시기로 기업의 이익 폭도 커진다. 다른 기업들의 시장 진입으로 경쟁이 증가되어 지속적인 경쟁 우위 및 시장점유율 확대 전략이 요구된다.
- **성숙기** : 안정된 매출액을 올리지만 매출액 상승폭은 감소하여 기업의 성장을 위해서는 서로 경쟁기업의 고객을 빼앗아 산업 내 경쟁 심화와 함께 전체 산업 이익은 감소하게 된다.
- **쇠퇴기** : 소비자의 수요 감소, 경쟁 감소, 해당 산업의 매출과 이윤도 감소한다. 이 시기에 기업은 시장에서 '철수(divest) 전략', 지출을 줄이고 가능한 최대한 수익을 얻고자 하는 '수확(harvest) 전략', 이윤을 내는 상품 또는 서비스만을 남기고 나머지는 중단하는 '제거(pruning) 전략', 투자 대비 이윤이 적은 상품이나 서비스의 비용을 줄이는 '비용 절감(retrenchment) 전략', 기존 시장에서 상품 또는 제품의 용도를 변경하거나, 기존 상품 또는 서비스의 새로운 시장을 찾는 '재활성화(rejuvenation) 전략'의 다섯 가지 전략을 선택하여 실시할 수 있다.

■ 서비스 브랜드 관리

브랜드의 본질적인 목적은 해당 기업의 상품 또는 서비스를 다른 기업의 것과 구별하도록 하기 위한 것으로 상품 또는 서비스의 이름, 슬로건(slogan), 심벌(symbols) 등의 요소로 구성된다. 고객들이 자사의 상품과 경쟁사의 것과 구별하도록 하는 것은 서비스 마케팅에서 보다 중요하다. 예를 들어, 고객들이 특정 레스토랑에서 식사를 할 때 음식 자체가 만족스러운 경우도 있지만 그 음식을 제공하는 브랜드나 제품의 차별화된 이미지 때문일 수도 있는 것이다.

서비스는 외형적인 실재를 가지지 않기 때문에 제품의 마케팅에서는 제품브랜드(product brand)가 중요하지만 서비스 마케팅에서는 기업브랜드(company brand)가 중요하다. 즉, 고객들은 서비스를 선택할 때 그 서비스를 제공하는 기업브랜드의 신뢰도를 보고 그 서비스를 선택할 것인가 아닌가를 결정한다.

| 사 | 례 |

브랜드 가치 평가

인터브랜드사는 매년 글로벌 브랜드에 대한 시장점유율, 소비자의 브랜드 인지도, 가격 결정 능력, 매출과 순익 추이 등을 기준으로 브랜드 가치를 평가하여 순위를 발표한다.

2021년 글로벌 브랜드 가치 평가 결과 발표에 의하면, 전 세계에서 가장 가치가 높은 브랜드는 애플로 브랜드 가치가 4,082억 달러로 평가되었다. 10위권 안에 든 식음료 관련 브랜드로는 코카콜라가 6위(574억 달러), 맥도날드가 9위(458억 달러)가 있다. 이 외에도 100위 내에 펩시, 버드와이저, 네스카페, 스타벅스, 네슬레, 다농, 캘로그, 코로나, 하이네켄, KFC 등 다수의 식음료 관련 브랜드가 포함되어 타 분야의 글로벌 브랜드와의 경쟁에서도 뒤처지지 않고 있다. 우리나라 기업 중에는 삼성이 5위, 현대가 35위, 기아가 86위에 랭킹되었다.

01 Apple +26% 408,251 $m	02 Amazon +24% 249,249 $m amazon	03 Microsoft +27% 210,191 $m Microsoft	04 Google +19% 196,811 $m Google	05 Samsung +20% 74,635 $m SAMSUNG
06 Coca-Cola +1% 57,488 $m Coca-Cola	07 Toyota +5% 54,107 $m	08 Mercedes-Benz +3% 50,866 $m	09 McDonald's +7% 45,865 $m	10 Disney +8% 44,183 $m Disney
11 Nike +24% 42,538 $m	12 BMW +5% 41,631 $m	13 Louis Vuitton +16% 36,766 $m LOUIS VUITTON	14 Tesla +184% 36,270 $m TESLA	15 Facebook +3% 36,248 $m FACEBOOK

자료 : 인터브랜드 홈페이지 www.interbrand.com

② 가 격(price)

마케팅 믹스에서 가격 전략은 제품을 구입하기 위해 고객이 치르게 되는 금액을 결정하는 것을 말한다. **가격**은 시장에서 제품의 교환가치로 볼 수 있으며 보다 구체적으로는 고객들이 특정제품을 구매함으로써 얻는 효용에 부여된 가치라고 할 수 있다. 이처럼 가격은 서비스 마케팅 믹스의 다른 요소들보다 쉽게 변화가 가능하고 가장 빨리 변화 결과를 얻을 수 있다. 또한 광고, 신제품 개발, 물리적 환경 조성 등의 다른 마케팅 믹스 요소들과는 달리 가격은 비용을 수반하지 않기 때문에 기업의 수익 실현에 매우 결정적인 마케팅 요소이다.

업체간 경쟁이 심화되면서 고객들은 가격에 민감한 반응을 보이며 다양한 선택을 할 수 있게 되었다. 이러한 경쟁 요소가 가격 정책에 미치는 것은 자사의 판매량이 경쟁사의 가격에 의해 좌우된다는 점과 자사의 가격 정책에 대해 경쟁사의 반응이 달라진다는 점 때문이다.

■ 다양한 경쟁 수준에 따른 가격 전략

모든 기업은 다양한 수준의 경쟁사와 직면하고 있으며, 기업이 성공하기 위해서는 경쟁사보다 고객의 현재 및 잠재 욕구를 더 잘 충족시켜야 한다. 예를 들어, 맥도날드는 유사한 제품과 서비스를 유사한 가격으로 동일 고객에게 제공하며 경쟁하는 **동일 제품 형태**의 경쟁업체들을 고려하게 된다. 롯데리아, 맥도날드, 버거킹, 웬디스 등은 모두 햄버거 패스트푸드점으로서 직접적인 경쟁 관계에 있는 경쟁사들로 맥도날드의 가격은 경쟁사의 가격과 유사하며, 경쟁사의 햄버거 가격변화에 크게 영향을 받는다. **동일 제품 유형**에 해당하는 경쟁사들은 동일 제품 또는 동일한 제품의 부류를 만드는 모든 기업들로서 맥도날드는 KFC나 파파이스, 피자헛과 같은 패스트푸드점들과 경쟁 관계에 있다. **동일한 서비스**를 제공하는 모든 기업을 넓은 의미의 경쟁사로 보면 맥도날드의 경쟁은 모든 레스토랑과 경쟁관계가 된다. 경쟁사를 더욱 더 폭 넓게 보아 동일한 **고객의 예산**을 겨냥하는 기업으로 본다면 유사 가격을 지불하는 모든 대상이 경쟁될 것이며, 식료품점도 경쟁상대가 된다(그림 8-5).

이처럼 가격 경쟁에 대응하기 위한 전략으로 가격차별화 전략이 이용된다. **가격차별화**(price discrimination)는 일반적으로 세분시장의 성격에 따라 가격을 달리 설정하는 것을 의미하며, 수요가 많을 때를 그렇지 않을 때로 옮기거나 수요가 적을 때 이를 자극하기 위해서 실시된다.

그림 8-5 경쟁 수준의 네 단계

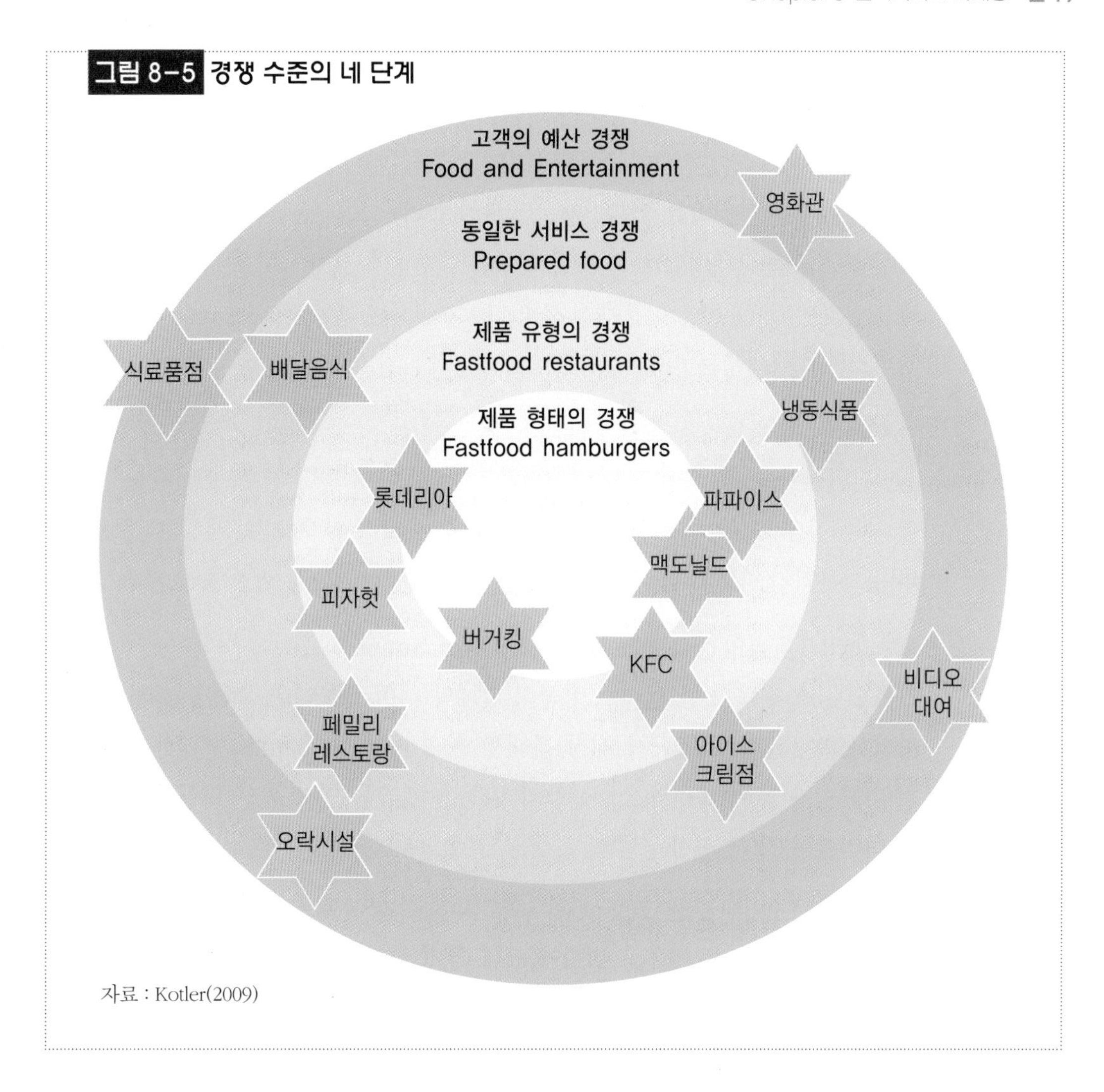

자료 : Kotler(2009)

가격차별화 전략에는 크게 시간에 따른 가격차별화, 구매자에 따른 가격차별화, 구매량에 따른 가격차별화 등 다양한 방법으로 차별화가 가능하다. 서비스의 생산과 소비가 동시에 발생한다는 특성에 따라 이용시간이나 예약시간에 따라 가격을 달리 함으로써 수요를 조절하는 이용시간에 따른 차별화, 구매시간에 따른 차별화가 가능하다. 고객의 소득수준, 교육수준, 성별, 나이 등에 따라 서비스의 가치를 서로 다르게 인식하므로 이에 따른 가격차별화 전략인 구매자에 따른 차별화 전략이 활용된다. 또한 구매 수량 증가에 따른 수량 할인 시 더 많은 양을 구매하거나 대량 구매에 따른 할인을 해주는 구매량에 따른 가격차별화 전략들이 이용된다.

③ 유 통(place)

생산과 소비가 동시에 발생하는 서비스의 특성 때문에 **서비스의 유통경로**는 서비스 생산자와 소비자로만 구성되며 서비스 생산자가 직접 소비자에게 서비스를 전달하므로 중간상이 존재하지 않는 경우가 많다. 그러나 서비스의 경우에도 중간상이 존재하는데, 서비스를 사용할 권리를 제공받은 프랜차이즈 형태, 전화나 TV 혹은 온라인(on-line)을 이용하여 서비스를 제공하는 전자경로, 호텔이나 항공사의 서비스를 대행해주는 여행사 등의 브로커나 에이전트 등이 그 예이다.

■ 서비스 유통의 성장 전략 : 멀티마케팅

멀티마케팅(multi-marketing)은 기업이 제공하는 서비스, 점포, 표적시장을 다양화 하는 것을 의미하며, 복수 점포 전략, 복수 서비스 전략, 복수 시장 전략 등의 3가지 기본적인 방법과 이를 혼합한 4가지 방법의 총 7가지를 말한다(표 8-4).

■ 서비스 유통의 성장전략 : 프랜차이징(franchising)

복수 점포 전략의 한 형태로 상품의 판매와 서비스에 대한 특권을 가지고 있는 가맹사업자(franchiser)에서 시장 확대를 위해 가맹점(chain)을 구성하고 여기에 가입하는 가맹계약자(franchisee)들과 일정한 계약을 맺고 특정 지역에서의 판매를 독점할 수 있는 권한을 주어 브랜드, 표준화된 상품 및 서비스, 판매기술, 마케

표 8-4 서비스 유통 성장전략 : 멀티마케팅

성장전략	특징	사례
복수 점포 전략	• 한 지역에서 성공한 서비스를 다른 지역으로 확대 • 가장 보편적 성장전략 • 서비스 종류 많지 않고 전문적인 경우 적합	• 버거킹, 맥도날드, 롯데리아 등 패스트푸드점의 점포 확대
복수 서비스 전략	• 기존 서비스에 새로운 서비스 추가 • 핵심서비스와 보조서비스 파악 • 고객에게 초점을 맞추고 고객 편의 도모	• 패스트푸드점에서 배달서비스 추가 운영 • 베이커리에서 카페 서비스 추가 운영 • 외식업소에서 밀키트 제작하여 판매
복수 시장 전략	• 서비스를 새로운 세분시장에 제공 • 기존 시장의 수요가 적은 시간대에 이 서비스를 원하는 세분시장 공략	• 산업체 급식소에서 시간대별로 인근 오피스 직원들에게 이용 허용
복합 전략	• 위의 3가지 기본 전략을 혼합하여 복합적으로 사용	• 외식업소에서 여러 점포를 추가로 개점하다가 배달서비스도 추가

자료 : 이유재(2019). 저자 재정리

팅 노하우 등을 전수해 주고 일정한 로열티, 보증금, 가입금을 포함한 대금을 받는 것을 의미한다. 종로김밥, 스타벅스, 놀부 부대찌개, 롯데리아 등이 이러한 프랜차이징 시스템에 의한 것들이다.

프랜차이징을 통해 표준화된 서비스와 상품, 광고, 촉진, 보증 등을 전해줄 수 있

프랜차이징 시스템의 도입

19세기 중반 미국의 Singer 미싱기 회사가 처음으로 라이센스/프랜차이즈 형태를 동비한 후 1920년대와 1930년대 주유소들과 도소매업자들이 발전시켰다. 이후 1940년대와 50년대를 거치면서 성장하여 1952년 KFC가 패스트푸드에 이 방법을 이용하였고, 1953년 ARA가 병원급식사업에, 세계적 프랜차이즈 운영의 맥도날드가 1955년 창업, 1958년 피자헛이 프랜차이징을 시작하였다.

국내에는 롯데리아와 같은 패스트푸드점을 비롯하여 피자전문점, 양념통닭체인, 아이스크림업체 등이 진출하여 시장이 확대되었고, 외국계 패밀리레스토랑 등에 의해 업종과 규모가 확대되었다.

| 사 | 례 |

인스타그램 마케팅으로 고객과 소통하는 외식 브랜드

인스타그램은 가장 빠르게 확산되고 있는 SNS 채널 중 하나로 외식 브랜드를 운영하는 대부분의 기업들은 인스타그램을 통해 고객과 소통하고 있다. 스타벅스는 2020년 7월 공식적으로 블로그 운영을 중단하고 인스타그램을 집중적으로 마케팅에 활용하고 있다. 개인 외식업소들도 인스타그램을 직접 운영하며 점포를 홍보하고 공지사항을 안내하는 등 고객들과 소통의 공간의 공간으로 활용하고 있다.

인스타그램은 다른 소셜미디어 채널보다 접근성이 간단하고 사용하기 쉽다는 점이 가장 큰 장점으로 해시태그, 계정태그, 위치태그, DM, 스토리 등 고객에게 브랜드를 노출시킬 수 있는 방법이 매우 다양하다. 인스타그램은 블로그, 페이스북, 유튜브, 스냅챗, 틱톡, 핀터레스트 등 여러 가지 플랫폼의 특징을 복합해 놓은 기능을 구현하고 있어 타 소셜 미디어 채널로의 확장성도 가능하다.

스타벅스는 주고객층인 20~30대 젊은 여성층이 인스타그램 주 이용자층과 겹치면서 인스타그램을 적극적으로 활용하고 있다. 80만명의 팔로워를 확보하고 있으며 각종 신메뉴 출시 홍보, 이벤트 행사, 공지사항 등을 인스타그램을 통해 고객과 소통하고 감각적인 디자인의 사진 피드 등이 타겟 고객층에게 호응을 얻고 있다.

자료 : 농림축산식품부 · 한국농수산식품유통공사, 외식업체 마케팅 트렌드 조사, 2019. 스타벅스 코리아 인스타그램

고 많은 자본을 들이지 않고 가맹사업자와 계약자가 위험을 공유함으로써 효과적인 수익성을 창출할 수 있다는 점에서 정보통신의 발달과 경제 사회적 여건의 성숙으로 전국 어디서든 동일한 서비스와 상품을 원하는 고객의 요구를 충족시키는데 적절하게 활용되고 있다.

④ 촉 진(Promotion)

촉진(promotion)은 고객들에게 기업이 자사의 상품을 알리고 고객들이 자사의 상품을 선택하게 하려는 마케팅 커뮤니케이션이라고 정의할 수 있다. 정보를 제공하고 호의적인 태도를 가지도록 설득하며, 최종적으로는 소비자의 행동에 영향을 주어 구매를 이끌어 내기 위함이다.

서비스기업은 기존 고객뿐 아니라 잠재 고객에게도 서비스가 존재한다는 사실을 알리고, 언제, 어디서 이용이 가능하며 서비스를 통해 얻는 혜택이 무엇인가, 서비스를 어떻게 이용하는가를 알려야 한다. 고객을 설득한다는 것은 경쟁브랜드가 아닌 자사의 상품을 구매하고 사용함으로써 만족과 효용을 얻을 수 있음을 고객이 깨닫게 하는 것을 의미한다.

서비스기업은 일반적으로 이용할 수 있는 광고매체, 판촉, 홍보, 인적 판매 외에 이용 가능한 다른 가능성이 존재하므로 제조기업에 비해 다양한 의사소통 수단을 가질 수 있다.

(2) 확장된 마케팅믹스

최근에는 전통적 마케팅믹스에 **물리적 증거**(physical evidence), **프로세스**(process), **사람**(people : employee & customer)을 포함한 확장된 마케팅 믹스(7P)의 개념이 제안되고 있다.

① 물리적 증거(physical evidence)

기업과 고객이 접촉하는 서비스가 전달되는 시점의 환경으로 무형적인 서비스를 전달하는 데 요구되는 모든 유형적 요소를 포함한다. 즉, 고객과의 의사소통을 원활하게 하고 서비스의 성과를 높이기에 용이하도록 도와주는 유형적 요소를 의미한다. 이는 고객에게 기업의 일관된 이미지와 강력한 메시지를 제공함으로써 고객이 서비스 품질에 대한 기대와 평가를 하기 위한 단서로 구매의사결정에 영향을 줄 뿐만 아니라 종업원의 태도와 생산성에도 영향을 주는 유형적 요소로 작용한

뉴 미디어와 마케팅 커뮤니케이션

기술이 발달하면서 새로운 커뮤니케이션 채널들이 등장하여 타겟팅을 보다 정교하게 할 수 있는 기회를 제공하고 있다. 뉴미디어를 활용한 마케팅 커뮤니케이션 채널로는 팟캐스팅, 모바일 광고, 유튜브, 블로그, 웹툰, 소셜 네트워크 커뮤니티 등이 있다.

뉴미디어	특징
팟캐스팅	• 인터넷상의 배포-구독 모델을 통해 오디오나 비디오 프로그램을 배포하는 기술 • 사용자가 특정 피드를 구독하기 시작하면 자동적으로 새로운 에피소드를 받아보게 됨 • 타겟 시청자의 취향을 고려한 세분화된 광고메시지 제작 · 전달 가능
모바일 광고	• 핸드폰이나 다른 모바일 무선기기를 통한 광고 • 인터넷, 비디오, 문자, 게임, 음악 등을 포함하는 상당히 복잡한 형태 • 고객들은 모바일 광고를 통해 상품정보, 쿠폰, 할인 제공 정보 등 습득
유튜브	• 비디오를 공유하는 웹사이트 • 24시간, 매 분, 매 초마다 비디오들이 업로드 • 영상내 in-stream 광고, 유튜브 메인 페이지 배너광고, 특정 키워드 검색 시 추천 영상 광고 등 다양한 광고 • 기업은 다수의 팔로워를 보유한 인기 유튜버와의 제휴를 통해 협찬 제품의 후기 영상 등을 업로드하는 인플루언스 마케팅 수행
블로그	• 온라인 저널, 일기, 개인적으로 좋아하는 것을 올릴 수 있는 웹페이지 • 블로그를 통해 상품 정보 공유하고 사용 촉진 • 동영상과 블로그를 결합한 브이로그(Vlog)가 빠르게 확산
웹툰	• 웹툰의 높은 접근성과 흥미 유발 요소에 집중하여 젊은 고객층을 공략하기 위한 마케팅 전략으로 활용 • 최근 등장하는 브랜드 웹툰은 노골적으로 제품과 서비스를 홍보하기보다는 만화적 재미를 느낄 수 있는 독창적 이야기를 통해 기업 정보를 자연스럽게 전달
소셜네트워크 커뮤니티	• 페이스북, 인스타그램, 트위터, 링크드인 등 소셜 네트워크는 마케터들에게 커뮤니케이션과 배움의 기회 제공 • 서비스에 대한 구전 확산에 있어 영향력이 큰 인물 탐지, 이들의 영향력을 마케팅에 활용해 잠재고객들과 소통 • 소셜네트워크를 이용하려는 마케터들에 대한 커뮤니티 구성원들의 반감이 있으므로 주의 필요

자료 : 이유재(2019). 저자 재정리

다. 물리적 증거는 **물리적 환경**(physical environment)과 **기타 유형적 요소**(other tangibles)로 구성된다.

- 물리적 환경
  - 외부 환경 : 시설의 외형, 간판 등의 안내 표지판, 주차장, 주변 환경 등
  - 내부 환경 : 내부 장식과 표지판, 벽의 색상, 가구, 시설물, 실내 공기 등
- 기타 유형적 요소
  - 종업원 유니폼, 광고 팸플릿, 메모지, 티켓, 영수증 등

② 프로세스(process)

프로세스는 서비스가 실제로 수행되는 절차나 활동의 흐름을 의미한다. 서비스의 동시성으로 인해 고객이 제품 또는 서비스를 제공받는 전달과정에서 고객의 평가가 이루어지므로 프로세스는 서비스 상품 그 자체이면서 동시에 서비스 전달과정인 유통의 성격을 갖는다.

즉, 고객이 급식소에 도착하여 음식을 먹는 것뿐만 아니라 고객이 급식소에 도착하여 배식 받고 자리에 앉아 식사를 하고 퇴식하는 전 과정과 거기에서 얻어지는 경험이 중요하다. 이와 같은 프로세스 단계에서 배식원의 배식속도나 홀 담당 조리종사원의 정리정돈 능력 등은 고객에게 가시적으로 보이고 느껴지며 이러한 것들은 고객이 서비스 품질을 결정하는 데 중요한 역할을 하고 구매 후 고객만족에 결정적인 영향을 끼칠 수 있다.

③ 사 람(people)

서비스 전달과정에서 구매자의 지각에 영향을 주는 모든 행위자로 종업원, 서비스 환경 내의 다른 고객들을 의미한다. 기업의 고객과의 좋은 관계를 유지하기 위한 대고객 활동과 이를 위한 선결조건으로 내부 종업원을 대상으로 한 내부 마케팅 활동은 서비스 기업의 사람관리이다.

| 사 | 례 |

CJ프레시웨이, 빅데이터 플랫폼 구축으로 데이터 경영 본격화

최근 급식업계는 푸드테크(FoodTech)를 적극적으로 도입하여 단순히 단체급식을 제공하는 것을 넘어서 첨단기술을 바탕으로 건강관리와 식습관 개선 등을 지원해주는 기업들이 증가하고 있다.

식자재 유통 및 단체급식 전문기업 CJ프레시웨이는 업계 최초로 빅데이터 플랫폼을 구축하고 디지털로의 전환을 추진한다. 이러한 변화는 시장에서의 기업 경쟁력을 강화하기 위하여 상품기획 · 영업 · 물류 등 전 업무 영역에서 데이터를 적극 활용하기 위한 노력의 일환이다. CJ프레시웨이는 데이터 기반 경영을 본격화하기 위해 2022년까지 전 사업 분야의 주요 정보를 데이터베이스화하고 이를 분석 · 활용할 수 있는 플랫폼을 개발할 계획이다. 20여년간 축적해 온 데이터를 모으고 중요도에 따라 데이터를 선별, 표준화하는 작업을 시작했다. 데이터는 고객, 상품, 매출 등 내부 정보와 트렌드, 상권, 날씨 등 외부 정보까지 모두 포함된다. 또한 업무 효율성 향상을 위해 사업 연관성이 높은 유의미한 고품질 데이터만을 자산화한다.

빅데이터 플랫폼을 활용하면 마케팅 부서에서 조사한 최근 외식 트렌드와 영업부서가 보유한 주문량이 많은 식자재 정보를 실시간으로 파악해 상품기획 부서에서 새로운 메뉴와 레시피를 개발할 수 있다. 단체급식 분야에서는 고객에게 가장 최적화된 메뉴를 자동 추천하는 인공지능(AI) 기반 메뉴 큐레이션을 진행한다. 온라인을 통해 습득한 트렌드를 메뉴 데이터에 접목하여 분석해 보다 편리하게 메뉴를 기획할 수 있도록 돕게 된다.

CJ프레시웨이 관계자는 '사업 전반에 걸쳐 데이터 분석 기반 시스템을 도입하기 위해 적극적인 투자와 인프라 확장에 박차를 가하고 있다'며 '지속적인 정보기술(IT) 고도화, 제품 및 서비스 차별화에 주력하는 것은 물론 디지털 전환을 발판 삼아 근본적인 경영 혁신을 실현하겠다'고 하며, 식자재 유통업계의 디지털 리딩 기업으로 도약하겠다는 포부를 밝혔다.

자료 : 문화일보(2021.10.25.), CJ프레시웨이 홈페이지 www.cjfreshway.com

식품 · 외식업계, 라이브커머스 마케팅으로 고객과 소통

최근 식품 · 외식업계에서 모바일 동영상 생방송을 통해 상품을 판매하는 라이브커머스 마케팅이 적극적으로 활용되고 있다. 소비 트렌드가 비대면으로 전환되고 모바일 비중이 증가하면서 라이브커머스 플랫폼을 통해 새로운 판로를 개척하고 있는 것이다.

치킨 프랜차이즈 'BHC치킨'은 '배민쇼핑라이브'에 참여하여 'BHC 배민 상품권'을 라이브방송을 통해 판매했는데 약 90분간 진행된 방송을 통해 누적 거래액 2억 원을 돌파하는 등 폭발적인 반응을 얻었다. 커피 프랜차이즈 '엔제리너스'도 롯데홈쇼핑 모바일TV '엘라이브(Llive)'를 통해 라이브커머스 마케팅을 활용하고 있다. 방송된 상품은 3가지 종류의 반미샌드위치를 커피와 세트 구성을 한 상품이었다.

국내 맥주 업계 최초로 라이브커머스 플랫폼을 통해 굿즈를 판매한 '오비맥주'는 오비라거 시그니처 캐릭터인 '랄라베어' 이미지가 담긴 글라스 세트, 아이스 버킷, 혼술 프레이트 세트 등 총 6가지 상품을 합리적인 가격에 구매할 수 있도록 방송을 기획했다.

라이브커머스 마케팅을 전개한 'BHC치킨' 관계자는 "라이브방송 참여를 통해 고객과 실시간 소통하며 정보를 교류할 수 있어 의미가 남달랐고 앞으로도 온택트 방식을 비롯한 다양한 채널을 통해 고객과의 접점을 지속 확대해 나갈 것"이라고 전했다.

자료 : 식품외식경영(2021.05.09.)

| 사 | 례 |

식품·외식업계 MZ세대 소비촉진 마케팅

식품 · 외식업계 소비 시장의 주요 고객층으로 MZ세대가 떠오르면서 MZ세대의 특징을 파악하여 마케팅 활동을 전개하는 사례가 늘고 있다. MZ세대는 최신 트렌드와 이색적인 경험을 중시하며 자신의 소비를 SNS를 통해 확산하고 공유하여 소비 시장에서의 파급력이 점차 증가하고 있다.

자기관리를 중시하는 MZ세대 공략

MZ세대의 대표적인 특징 중 하나가 건강한 식단과 운동을 통한 자기 관리이다. 건강 지향적이면서도 맛도 중시하는 MZ세대를 겨냥한 다양한 제품들이 출시되고 있다. 채선당 도시락&샐러드의 인기메뉴인 '하와이언 연어 포케'는 안정적인 당일 물류 시스템을 갖춘 채선당의 강점을 바탕으로 신선한 야채 위에 훈제연어, 곤약밥, 삶은 달걀, 블랙 올리브, 파인애플, 방울 토마토, 청오이 등 영양과 색감을 모두 고려한 메뉴로 든든하고 건강하게 즐길 수 있도록 개발했다.

체험형 특화 공간으로 MZ세대 공략

경험을 중시하는 MZ세대를 위해 브랜드를 다양한 방식으로 직접 경험할 수 있는 체험형 특화 공간이 만들어지고 있다. 오뚜기는 소비자와의 접점을 확대하고 브랜드 경험을 제공하기 위해 체험형 특화매장인 약 300평 규모의 '롤리폴리 꼬또'를 오픈했다. CJ제일제당도 '햇반컵반' 오프라인 팝업스토어를 운영했다. '명탐정 사무소'라는 콘셉트로 소비자가 소셜 추리게임 '명탐정 컵반즈'에 참여해 직접 햇반컵반 제품과 브랜드를 경험할 수 있는 공간으로 기획되었으며, 포토존, 코스튬존, 브랜드존, 퀴즈존, 금고존 등으로 구성되었다.

크리에이터 협업으로 MZ세대 공략

유튜브 크리에이터와의 협업을 통해 MZ세대와 친숙하게 소통하려는 시도도 이루어지고 있다. 프레시지는 박막례 할머니 유튜브 채널에 노출된 국수를 밀키트 제품으로 구현한 '박막례 국수' 밀키트를 출시했다. 마이셰프는 유튜브 크리에이터 '허챠밍'과 '나를 위한 소중한 한 끼'를 콘셉트로 '허챠밍 매콤 로제 스테이크'와 '허챠밍 청귤&딜 냉파스타' 밀키트를 개발해 MZ세대에게 요리의 즐거움을 제안했다.

이색적인 브랜드 간 이색 컬래버로 MZ세대 공략

색다른 브랜드 이미지와 재미요소를 전달하기 위한 식품×패션업계 간 이색 컬래버가 이루어지고 있다. 농심은 영 타깃 패션 편집숍 'BIND', 라이프스타일 브랜드 "EARP EARP'와 '배홍동비빔면 한정판 굿즈'를 출시했다. 롯데푸드의 '돼지바'는 MZ세대에게 인기 있는 스트리트 패션 브랜드 '널디(NERDY)'와 협업 제품을 선보였다. 동원F&B의 유산균 음료 '쿨피스'와 여성 의류 브랜드 '써스데이아일랜드(Thursday Island)'가 협업하여 의류브랜드 디자인을 제품 패키지에 담은 한정판 쿨피스 2종을 출시했다.

자료 : 월간호텔&레스토랑(2021 .8.11.)

| 활 | 동 |

글로벌 소비자 맞춤 마케팅으로 빠르게 성장하는 외식 브랜드

글로벌 외식업 전문지 '네이션스 레스토랑 뉴스(Nation's Restaurant News)'는 전년 대비 매장 수, 매출, 매장당 매출을 기준으로 미국 내에서 가장 빠르게 성장하는 외식브랜드를 25위를 발표했는데, 해외진출 국내 외식프랜차이즈 BBQ가 5위에 선정되었다.

코로나19 팬데믹으로 글로벌 외식업계가 유례없는 장기 불황을 맞고 있지만, BBQ는 미국 등 해외에서 매장 수를 꾸준히 늘리며 성장하고 있다. BBQ는 뉴욕, 뉴저지, 캘리포니아, 텍사스, 일리노이 등 미국 15개 주에 진출해 있으며, 운영 중인 51개 가맹점을 포함하여 150여개의 매장을 선보일 예정이다.

BBQ는 글로벌 시장 진출 초기에 사업을 전개하면서 한국에서와 같은 메뉴와 운영방식을 그대로 적용했는데 시행착오를 겪으며 현지 맞춤형 마케팅 및 운영의 필요성을 절감하게 되었다. 직영점인 뉴욕 맨해튼과 보스턴 매장을 통해 현지 소비자 유형별 성향과 선호 메뉴를 파악하여 사업 운영에 적용했다. 뉴욕 맨해튼의 경우 회전율이 빨라야 하기 때문에 '그랩앤고(Grab&Go)' 시스템과 같은 현지에 맞는 판매 방식을 도입해서 큰 성과를 얻었다. 그랩앤고는 제품이 조리될 때까지 기다려야 하는 기존 테이크 아웃 방식과는 달리 진열대(온장고, 냉장고)에 미리 준비된 제품을 구매하여 즉시 먹을 수 있는 것이 특징이다. 보스턴점은 20대 젊은 학생들이 많은 대학가인만큼 안주류와 치킨 메뉴를 선보여 호응을 얻었다.

BBQ는 중·장기적으로 미국시장에서 피자처럼 치킨도 집에서 배달해 먹는 아이템이 될 수 있도록 온·오프라인 시스템을 구축하고 홍보를 진행했다. 배달 및 포장 전문 매장으로 국내에서 성공한 노하우를 바탕으로 BSK(BBQ Smart Kitchen) 타입의 비즈니스 모델을 현지 상황에 맞춰 적용했다.

BBQ 관계자는 "이번 네이션즈 레스토랑 뉴스의 빠르게 성장하는 브랜드 순위에서 5위에 오른 것은 BBQ 제품만의 뛰어난 맛과 품질을 토대로 한 현지화 전략이 주효한 것으로 분석된다"며 "앞으로도 차별화된 전략으로 2025년 전 세례 가맹점 5만개 개설 목표를 향해 나아가겠다"고 포부를 밝혔다.

자료 : 중앙일보(2021.09.17.)

1. 우리나라 식품 · 급식 · 외식 브랜드가 글로벌 시장에 진출하면서 현지 상황에 맞게 메뉴나 서비스 운영 전략을 변경한 사례를 찾아보자.

2. 글로벌 시장 진출 성공 요인에 대해 토의해 보자.

용어·요점 정리

- **서비스의 일상적 정의** : 무상 제공, 태도, 봉사, 편리함 등의 의미
- **서비스의 학문적 정의** : 무형의 제품으로서 사람들의 욕구를 충족시켜 주기 위해 제공되는 행위, 활동, 편익
- **서비스의 기본적 특성 네 가지** : 무형성, 비분리성, 이질성, 소멸성
- **서비스 마케팅의 특징** : 서비스의 생산, 전달 및 소비가 동시에 발생하여 판매자와 구매자 간 상호작용 및 서비스 접점을 관리가 필요하다는 점을 강조
- **서비스 마케팅 삼위일체** : 서비스 기업이 성공하기 위해서는 외부 마케팅, 상호작용 마케팅, 내부 마케팅이 서로 조화를 이루며 지속적으로 노력해야 함
- **마케팅 활동** : 생산자와 소비자 사이에서 제품과 서비스를 판매하거나 교환하는 모든 활동
- **구매 의사결정 과정** : 문제 인식 → 정보 탐색 → 대체안 평가 → 구매 의사결정 → 구매 후 행동
- **시장 세분화** : 전체 시장을 욕구가 유사한 고객 집단별로 나누는 과정
- **표적 시장** : 시장 세분화 및 시장 분석을 통해 기업에게 가장 유리한 조건을 갖추고 있다고 판단되는 주고객 집단
- **표적 시장 선정의 세 가지 전략** : 비차별적 마케팅, 차별적 마케팅, 집중적 마케팅
- **표적 시장 선정 시 고려 요소** : 기업의 자원, 제품 주기, 고객의 특성, 경쟁사의 마케팅 전략
- **포지셔닝** : 특정 조직에서 제공하는 제품이나 서비스를 고객이 우수한 것으로 인식하도록 하기 위하여 표적 고객의 마음 속에 경쟁 제품과 구별될 수 있는 우위를 찾아내어 개발하고 고객과 커뮤니케이션하는 것
- **기본적인 마케팅 믹스** : 제품(product), 가격(price), 유통(place), 촉진(promotion)
- **확장된 마케팅 믹스** : 물리적 증거(physical evidence), 프로세스(process), 사람(people)

chapter

9 급식서비스 품질경영

국내 급식산업의 향후 과제 중 하나로 대두되고 있는 것이 바로 급식 품질의 향상이다. 미국의 50대 기업 연구에 의하면 이들 기업의 최우선 과제는 품질(quality)과 고객만족이었다고 한다. 특히 서비스 산업의 품질은 제조업과 다른 특징으로 인해 통제가 어렵기 때문에 서비스 품질경영의 중요성을 이해해야 한다.

본 장에서는 급식산업의 전문성을 높이고 경쟁력 확보에 필수적이라고 할 수 있는 급식서비스 품질경영에 대해 살펴보기로 한다.

학습 목적

서비스 품질의 중요성과 개념을 이해하고, 서비스 품질 관리 및 측정 방법을 학습하여 이를 급식 품질경영에 적용한다.

학습 목표

1. 서비스 품질의 중요성을 설명한다.
2. 품질관리 개념의 역사적 변천 과정을 나열한다.
3. 기술적(결과) 품질과 기능적(과정) 품질을 비교 · 설명하고 사회적 품질의 개념을 설명한다.
4. 서비스 품질의 갭 모형의 갭 1~갭 5를 설명한다.
5. 서비스 품질 측정에 사용되는 평가 도구들(SERVQUAL, DINESERV)을 설명한다.
6. 국제 품질 인증제도와 국내 품질 인증제도를 나열한다.

1
서비스 품질의 이해

서비스 품질의 중요성

품질에 대한 문제는 제조업뿐만 아니라 서비스업에서도 매우 중요한 문제로 인식되고 있다. 품질(quality)에 대한 개념은 시대에 따라 그 정의가 변화되어 왔다. 과거에는 주로 제품의 상태, 즉 내구성이 좋다든지, 잘 만들어졌다든지, 오랫동안 사용할 수 있다든지 하는 점을 서술하는 것이었으나, 근래에 들어서는 보다 전략적인 차원에서 고객의 요구를 만족시킬 수 있는 것을 품질이라고 정의하고 있다(Tenner 외, 1992).

국제표준화기구(International Organization for Standardization ; ISO)에 의하면 **품질(Quality)**이란 내재되어 있는 고객의 요구를 충족시키는 제품과 서비스의 총체적 특성을 의미한다. 더욱이 제품의 서비스화 경향이 두드러지고 고객들은 과거에 비해 보다 나은 서비스를 제공받으려는 기대가 크기 때문에 서비스 산업에서 품질관리는 대단히 중요한 과제로 부각되고 있으며, 서비스 품질을 향상시켜야 하는 이유는 다음과 같다(이유재, 1999).

- **품질경영 요구의 증대** : 고객들이 보다 좋은 서비스를 요구하게 되면서 서비스기업에서는 서비스 전달과정 전반에 걸쳐 품질 향상에 대한 압력을 받고 있다.
- **경쟁력 확보** : 경쟁사보다 더 좋은 신기술을 도입하거나 더 나은 서비스를 제공함으로써 경쟁력을 확보하고 이를 통해 시장 점유율을 증가시킬 수 있다.
- **고객 유지** : 만족한 고객은 구전으로 그 상품과 서비스에 대해 주위 사람들에게 선전을 하게 된다. 만족한 한 명의 고객은 자신의 경험을 다섯 명에게 말하는 반면, 불만족한 한 명의 고객은 열 명 이상에게 자신의 불쾌한 경험에 대해 이야기한다. 즉, 광고비를 투자하지 않고도 살아있는 광고 효과를 얻을 수 있다는 것이다.

- **가격 경쟁 회피** : 고객들은 좋은 품질의 상품과 서비스를 얻고자 할 때 가격을 크게 고려하지 않기 때문에 고품질을 유지하면 가격 경쟁을 염려하지 않아도 되고 일정한 잠재 수익을 확보할 수 있다.
- **이익 증대** : 서비스 제품의 철저한 품질관리를 통해 발생가능한 오류를 사전에 방지하면 서비스 실패율을 감소시킴으로써 이익이 증대될 수 있다.
- **우수한 종업원 보유** : 품질 수준이 낮으면 종업원의 결근, 이직, 사기 저하를 야기하게 된다. 고품질의 서비스를 제공하는 것 그 자체만으로도 우수한 직원을 보유하고 직원 선발을 용이하게 하는 효과가 있으며, 교육 · 훈련 비용을 절감하는 방편이 될 수 있다.

서비스 품질의 발전 과정

품질관리의 개념은 역사적으로 계속 발전하며 변모하여 왔다(표 9-1). 품질관리는 20세기 초 제품의 균질성을 보장하기 위해 검사자가 생산 후에 품질을 검사

표 9-1 품질관리 개념의 역사적 변천

품질개념	시 대	특징
품질 검사 (inspection)	20세기 초	균질한 제품의 생산을 목적으로 한 검사 과정
통계적 품질관리 (statistical quality control)	~2차 대전	샘플링 검사를 통해 '평균 출하 품질 한계'를 설정하고 최대 허용가능한 불량률을 제시
품질 확인 (quality assurance)	~60년대 초	고객과 종업원이 품질의 중요한 투입 요소임을 인정하고 품질 비용을 줄이기 위한 종합적 품질 통제를 강조
전략적 품질경영 (strategic quality management)	~80년대 초	일본을 중심으로 품질을 해결해야 할 문제가 아닌 전략적 무기로 인식하여 품질 개선을 전략적으로 활용
종합적 품질경영 (total quality management)	~현재	고객만족과 가치창출을 목표로 최고 경영자의 리더십을 통해 조직의 전 부문이 경쟁무기로서의 품질을 차별화하고 유지, 향상시키는 데 기업의 에너지를 집중

자료 : 이유재(1999)

종합적 품질경영 : TQM(Total Quality Management)

종합적 품질경영(TQM)은 조직의 모든 기능영역에서 지속적인 개선을 추구하는 종합적인 경영철학으로 정의할 수 있으며, 고객 중심, 공정 개선, 전사적 참여의 세 가지 원칙하에 지속적인 품질개선을 달성하고자 한다. 품질은 고객에 의해 정의된다는 것과 고객만족을 창출하기 위해 제품이나 서비스의 생산 과정을 중시하여야 하며, 인간 위주의 경영 시스템(people-focused management system)을 지향한다는 경영철학에 기반하고 있다.

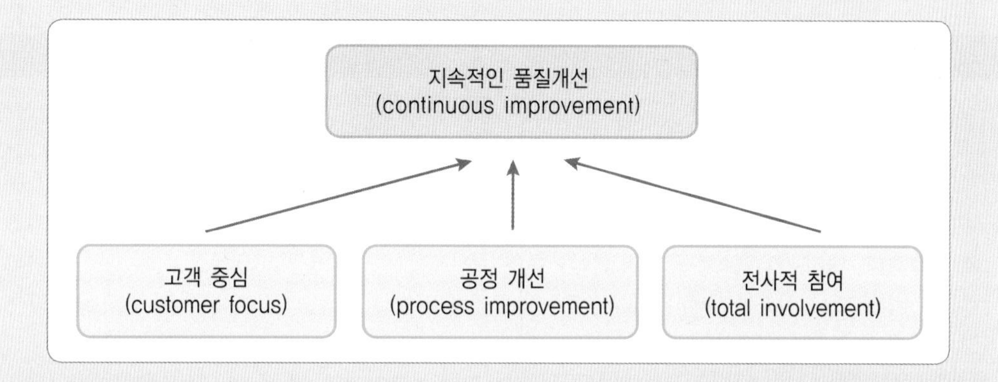

- **고객 중심** : TQM에 있어서 고객 중심 원칙이란 고객으로부터 계속적인 정보, 즉 고객이 어떠한 점을 요구하고 있고 어떠한 점에 불만족 또는 만족하는지를 파악하는 체계를 확립함을 의미한다. 고객이 급식서비스에 대해 기대하고 느끼고 있는 바를 파악할 수 있는 다양한 채널을 확보함으로써 급식시스템을 고객에게 보다 밀착시킬 수 있다.
- **공정 개선** : 공정 개선은 고객의 요구를 충족시켜 줄 수 있는 급식 시스템이 이루어질 수 있도록 단지 일회적인 점검만이 아니라 발생한 문제에 대해 보다 구체적인 실행 공정을 개발하여 이를 지속적으로 시행하고 모니터링하는 후속조치(follow-up)를 마련하는 것이다. 즉, 어떤 문제점이 발생했을 때 현재 어떠한 공정으로 진행되는지를 다양한 도식으로 분석해 보고 수행 기준(performance standard)과 비교, 평가하여 문제가 발생하게 된 보다 근본적인 원인을 규명하도록 하여, 이로부터 해결책을 제시 · 도입하고 평가하는 단계로 공정 개선이 이루어진다.
- **전사적 참여** : 조직을 구성하는 모든 사람들의 참여는 종합적 품질경영에서 매우 중요한 부분으로 모든 사람의 참여를 유도하기 위하여 흔히 팀을 구성하게 된다. 가장 일반적으로 이용되고 있는 팀의 종류는 문제해결 팀(problem solving team)이며, 팀은 일반적으로 팀 리더와 구성원, 그리고 컨설턴트(consultant)로 구성된다. 해결해야 할 문제가 한 부서에 국한되는 경우에는 부서 내 팀으로 충분하지만 여러 부서와 관련된 문제일 경우에는 문제점에 대한 실무 지식을 가지고 있는 관련 부서 직원들이 공동으로 참여하는 부서간 문제해결 팀을 구성하는 것이 바람직하다.

(inspection)하는 '품질검사'의 개념에서 시작되었다. 이후 '통계적 품질관리', '품질 확인'의 시기를 거쳐 품질 개선을 전략적으로 활용하고자 하는 '전략적 품질경영'의 개념이 등장하였다. 최근에는 조직의 모든 기능영역에서 지속적인 개선을 추구하는 종합적인 경영철학인 종합적 품질경영(Total Quality Management)이 널리 적용되고 있다.

| 사 | 례 |

경기도, 학교급식 친환경농산물 '품질·유통·안전' 통합 관리 시스템 운영

경기도 친환경농산물유통센터는 도내 학교급식의 안전한 친환경 농산물 공급을 위해 실시간 품질(Quality)·유통(Transportation)·안전(Safety) 관리 통합시스템인 'QTS 관리시스템'을 전국 최초로 구축했다. 대지 2만1000평 규모로 건립·운영되는 센터는 저온저장고, 냉동창고, 일반창고, 집배송자, 선별포장장, 식품안전센터, 친환경교육장 등 효율적인 친환경농산물 유통을 위한 시설을 갖추고 도내 학교 등에 친환경농산물을 공급하고 있다.

센터의 'QTS 관리시스템'을 통한 관리는 다음과 같이 이루어진다. 품질(Quality) 관리는 최첨단IT 기술을 통해 농산물의 운송 또는 보관 중 온도와 습도를 실시간으로 체크한다. 운송(Transportation) 관리는 차량운행정보를 실시간 모니터링하여 농산물이 품질 저하 없이 신속하게 운송되도록 한다. 안전(Safety) 관리는 잔류농약 및 유해물질 검사체계를 통합 관리한다.

QTS 시스템은 쌍방향 관리 시스템으로 농산물의 관리를 담당하는 친환경농산물유통센터 관리부서 뿐만 아니라, 소비자 기능을 하고 있는 학교의 영양사들도 실시간으로 정보를 확인할 수 있어 각 학교에 신뢰를 더하고 있다.

경기도는 센터 부지 내에 2023년까지 '경기도 유기농산업 복합센터'를 조성하여 소비자에게 볼거리, 먹거리, 즐길거리 등 유기농산업과 관련된 다양한 체험, 관광, 식생활 교육 등을 제공해 친환경농업의 가치를 알리고 관련 농산물 소비를 확대할 계획이다.

자료 : 경인일보(2018.3.28.), 아시아경제(2018.8.16.), 한국경제(2021.3.17)

서비스 품질의 개념

(1) 기술적(결과) 품질과 기능적(과정) 품질

상품의 경우는 가시적인 형태를 지니고 있기 때문에 상품의 물리적인 속성이 설계 규격에 부합하는지 측정함으로써 객관적인 품질 수준을 평가해 볼 수 있다. 그러나 서비스는 가시적인 형태가 없는 무형성의 특성을 지니고 있기 때문에 객관적인 품질수준 평가기준을 사용하기가 어렵다. 따라서 서비스 품질의 개념은 고객이 평가 속성에 대한 주관적인 지각에 의존해 설명할 수밖에 없다(유영목, 2010).

서비스 품질의 개념은 서비스가 제공하는 결과와 서비스가 이루어지는 과정으로 나누어 볼 수 있다. Gronroos(1984)는 이를 기술적 품질(결과 품질, technical quality)과 기능적 품질(과정 품질, functional quality)로 나누어 설명하였다. **기술적 품질(technical quality)**은 고객이 서비스 기업과의 상호작용에서 무엇(what)을 제공받는가에 대한 것이다. 즉, 서비스와 관련해서 생산 과정이나 구매자와 판매자의 상호작용이 끝난 뒤 고객에게 남는 것을 나타낸다. 기술적 품질을 제공된 서비스의 결과로 고객이 받게 되는 것에 의해 평가가 이루어지기 때문에 **결과 품질(outcome quality)**이라고도 한다. 예를 들면, 호텔의 객실 또는 레스토랑에서 고객이 제공받은 식사의 품질은 기술적(결과) 품질에 해당된다(그림 9-1).

그림 9-1 품질수준의 인지

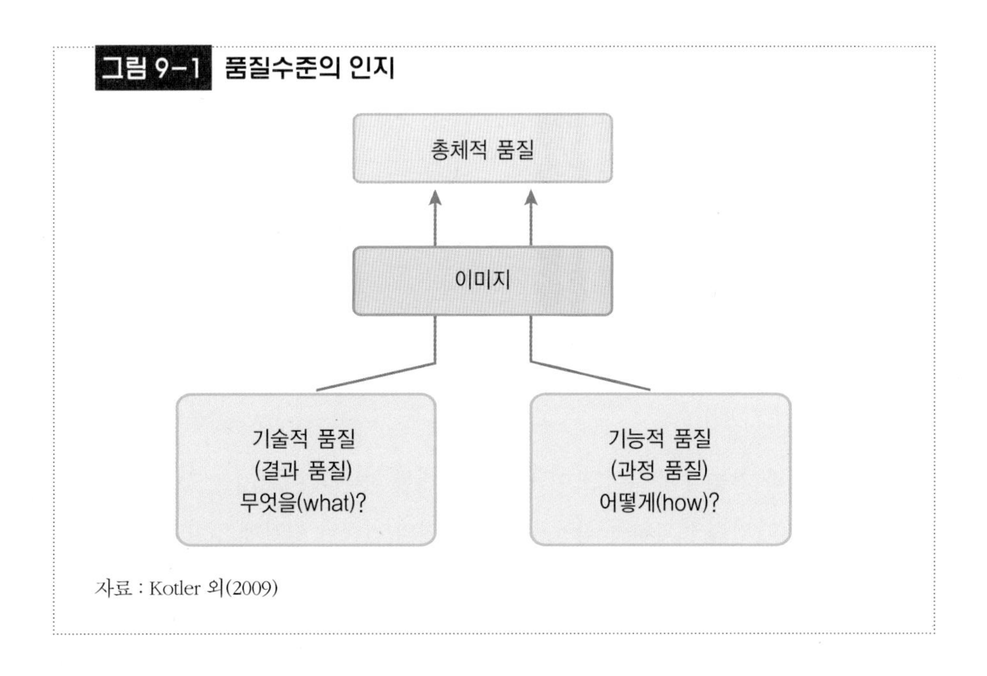

자료 : Kotler 외(2009)

서비스 접점에서의 진실의 순간

대부분 서비스는 서비스를 제공하는 사람(종업원)과 제공받는 사람(고객) 사이의 접점(encounter)에서 제공된다. 서비스 접점에서의 종업원과 고객 간의 상호작용은 고객의 마음 속에 기대된 서비스에 대한 품질의 평가를 내리는데 결정적인 역할을 하게 되므로 이를 진실의 순간(Moment of Truth ; MOT)이라고 부른다.

진실의 순간이라고 하는 용어는 노만(Normann)이 고객과 서비스 제공자 사이의 상호작용을 일컫는 말로 처음 사용하였으며, 이를 서비스산업의 고객만족 기법에 도입한 사람은 스칸디나비아 항공사의 최고경영자였던 칼슨(Carlzon)이었다. 그는 바로 이 진실의 순간이 서비스 품질에 대한 명성을 높일 수 있는 중요한 관리 포인트가 된다는 점에 착안하여 서비스 접점을 집중적으로 관리하도록 하였으며, 이를 일컬어 고객접점관리(MOT)라고 부른다. 그는 고객접점 관리의 성패를 좌우하는 것은 바로 일선종업원들의 우수한 서비스 수행과 이를 뒷받침해줄 수 있는 서비스 조직이라고 보고 종업원 훈련의 중요성과 서비스 시스템을 구축할 것을 강조하였다.

서비스 품질의 또 한 가지 중요한 측면은 과정이다. 예를 들어, 레스토랑의 종업원들이 어떻게 일을 수행하는가 등이 품질에 대한 고객의 인식을 바꿀 수 있다. 이와 같이 기능적 품질은 서비스가 어떻게 제공되는가에 의해 고객의 평가가 이루어짐을 전제로 한다. 그러므로 **기능적 품질**(functional quality)은 고객이 서비스를 어떻게(how) 제공받는가에 대한 것으로 서비스 제공 과정에서 고객이 경험하는 바를 나타내므로 **과정 품질**(process quality)이라고도 한다. 서비스 제공자와 고객 간의 상호작용에서 **진실의 순간**(Moment of Truth ; MOT)이 어떻게 다루어지며 서비스 제공자가 어떻게 기능을 수행하는가가 기능적 품질(functional quality)의 좋은 예이다.

Gronroos는 이 두 가지 측면에 대한 고객의 기대와 실제 결과에 대한 지각의 수준이 궁극적으로 서비스 품질을 결정하게 된다고 하였다. Gronroos는 기술적 품질이 최소한의 만족감을 줄 수 있으나 고객이 느끼는 서비스 품질에 대한 총체적인 이미지는 기술적 품질과 기능적 품질의 상호작용에 의해 결정된다고 주장하였다.

기술적 품질과 기능적 품질이 모여 서비스에 대한 하나의 이미지를 형성하고 형성된 이미지는 필터처럼 여과하는 작용을 거쳐 품질의 인식과 평가에 영향을 준다.

(2) 사회적 품질 또는 윤리적 품질

품질의 또 다른 차원으로 **사회적**(societal) 혹은 **윤리적**(ethical) **품질**을 들 수 있다. 사회적 품질은 신용품질이라고 할 수 있는데, 이는 측정하거나 평가하기가 매우 어렵다. 어떤 상품들은 단기간에는 고객들에게 만족을 줄 수 있지만 장기적으로는 역효과를 내는 경우가 있다. 예를 들어, 과거에 맥도날드의 감자튀김은 다른 패스트푸드점의 것보다 인기가 있었다. 그 이유는 쇠기름에 튀겨서 독특한 풍미를 갖도록 했기 때문인데 사람들 사이에 동물성 기름이 좋지 않다는 인식이 확산되어 고객의 선호 양상이 변화하자 맥도날드는 튀김 기름의 종류를 바꿀 수밖에 없었다. 즉, 상품의 어떤 요인들은 단기적으로는 고객들에게 만족을 줄 수 있지만 장기적으로는 문제를 야기할 수 있다는 것이다.

따라서 사회적 품질은 고객과 사회에 안전한 상품을 계획하고 전달하는 것과 관련이 있다. 기업은 사회에 안전한 상품을 전달할 의무가 있으며 사회적 품질을 고려하는 것이 장기적으로 그 회사에 대한 좋은 이미지를 형성하는 데 도움이 된다(Kotler 외, 2009).

(3) 서비스 기대와 인지의 비교

흔히 '서비스 품질은 서비스 기대(expected service)와 서비스 인지(perceived service)의 비교에 의해 결정된다'고 말한다(Zeithaml · Parasuraman · Berry, 1990)(그림 9-2). 고객들은 여러 가지 영향 요소에 의하여 서비스의 구매 이전에 서비스에 대한 기대를 가지며, 이러한 기대와 고객들이 실제로 제공받는 서비스의 성과를 인지하여 이를 비교함으로써 서비스의 품질을 인식한다. 이는 서비스 품질에서

그림 9-2 서비스 품질의 인식

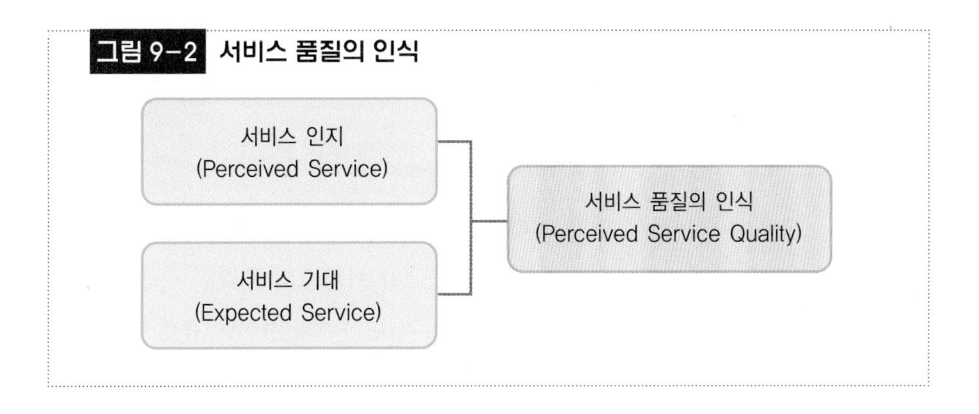

상당히 중요한 개념으로 서비스 품질 측정을 위한 SERVQUAL 모형과 서비스 품질 관리를 위한 GAP 모형의 기초개념으로 사용된다.

2 서비스 품질 관리

서비스 품질 갭(GAP) 모델

서비스 품질의 개념을 설명하는 대표적인 제안으로는 Parasuraman 등(1988)이 실증적인 심층면접을 통해 개발한 **서비스 품질 갭(GAP) 모델**을 들 수 있다. 이들은 일련의 심층면접을 통해 얻어진 주요 발견사항을 바탕으로 그림 9-3과 같은 서비스 품질 모델을 제안하였다. 또한 이 모델은 서비스 품질상 문제점의 원인을 분석하고 경영자들에게 서비스 품질을 어떻게 개선할 수 있는가를 제시해 준다. 이 모형은 어떻게 서비스 품질이 달성되고 있는가를 보여주면서 모형의 윗 부분은 고객과 관련된 현상들을 다루고, 아랫부분은 서비스 제공자(기업)과 관련된 현상들을 나타낸다.

그러므로 서비스의 품질을 관리하기 위해 고객의 기대와 고객이 실제로 받은 서비스 사이의 차이를 줄이면서 품질에 있어서 고객의 기대를 지속적으로 만족시키는 것이 경영자의 역할이다. 즉, 품질을 개선하고 관리하기 위해서는 네 가지 갭의 원인들을 밝혀내고 그 갭을 줄일 수 있는 전략을 개발해야 한다.

(1) 갭 1 : '고객의 서비스 기대'와 '경영자 인식'의 차이

- 개념 : 고객이 서비스에 대해 기대하는 내용과 이에 대해 경영자가 지각하고 있는 내용의 차이이다. 유형적 제품과는 달리 서비스의 무형적 속성 때문에 고객의 기대와 경영자가 생각하는 고객의 기대 사이의 차이는 유형적 제품보다 더 큰 경향이 있다.

■ **발생원인과 배경** : 기업에서 고객이 기대하는 바를 알지 못할 때, 마케팅 조사가 효과적으로 이루어지지 못할 때, 고객과 접촉하는 종업원이 의견을 잘 받아들이지 못할 때, 관리계층이 복잡하여 상층으로의 의견 전달이 어려울 때 발생한다. 즉, 고객이 기대하는 바를 제대로 규명하지 못하거나, 규명된 내용이 상층에 잘 전달되지 못할 때 결과적으로 경영자는 고객이 기대하는 바에 대하여 잘못 생각하게 된다는 것이다.

(예) 레스토랑의 경영자는 고객이 줄을 서서 15분 이상 지체하면 인내심을 잃어버릴 것이라고 생각해서 시스템을 개발했는데, 고객은 10분이 지났을 때 화를 낸다면 아무리 잘 개발된 시스템이라도 고객은 불만을 갖게 될 것이다.

그림 9-3 서비스 품질 갭(GAP) 모델

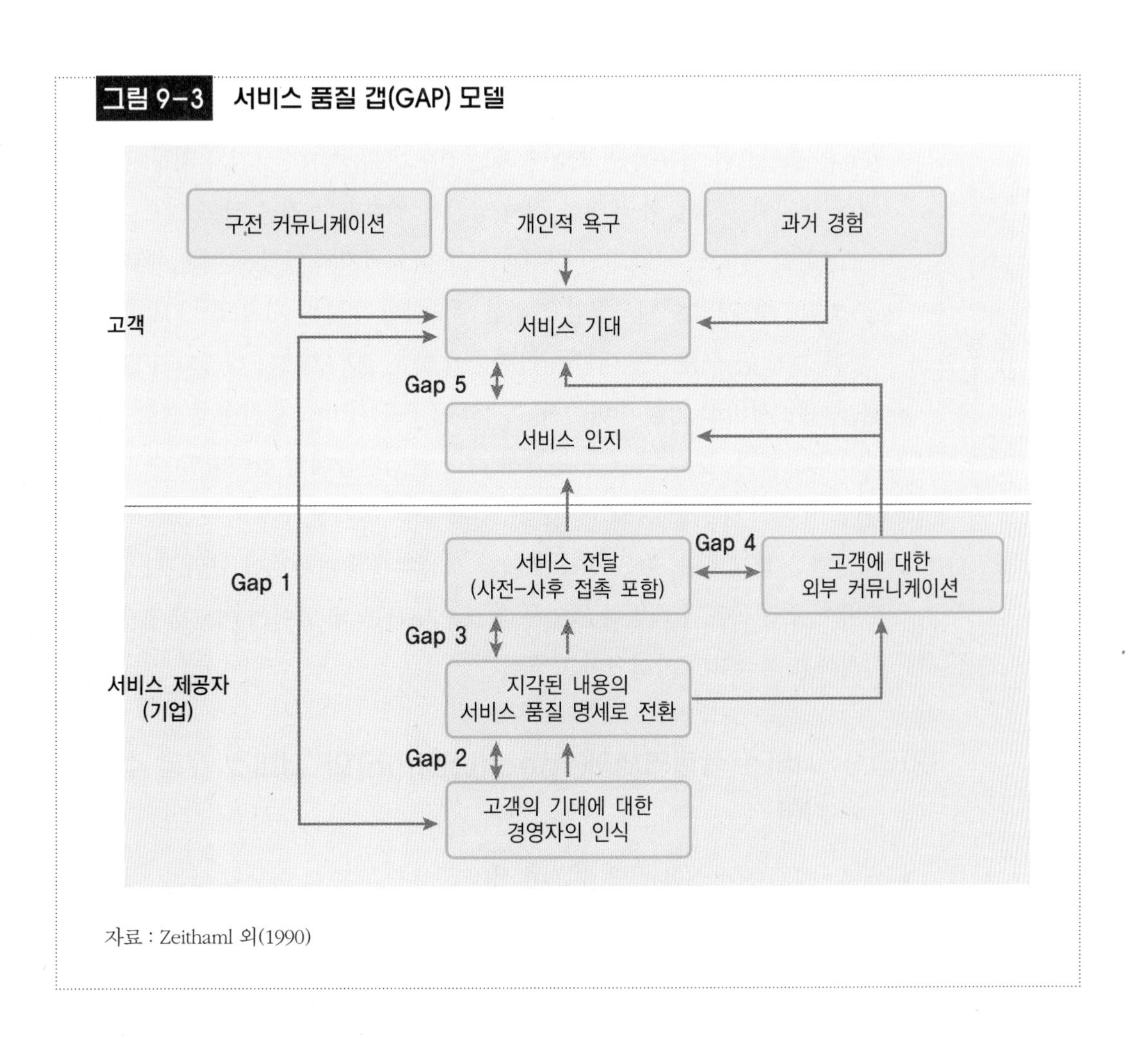

자료 : Zeithaml 외(1990)

- 해결방안 : 시장조사와 고객과의 지속적인 커뮤니케이션을 통해 경영자가 고객의 기대를 명확히 파악하도록 하고 관리계층을 축소하고 상향적 커뮤니케이션을 활성화하여 경영자가 일선의 목소리를 쉽게 들을 수 있는 조직 구조가 필요하다.

(2) 갭 2 : '경영자 인식'과 '서비스 품질명세서(specification)'의 차이

- 개념 : 고객이 기대하는 서비스 내용에 대해 경영자가 지각하고 있는 바와 실제 이를 서비스 설계의 내용으로 전환하는 과정에서 발생하는 차이를 말한다.
- 발생원인과 배경 : 서비스 품질에 대한 경영자의 의지가 부족할 때, 체계적인 목표수립 과정이 존재하지 않을 때, 서비스 창출과업의 표준화가 부족할 때 혹은 지각된 서비스 충족 가능성이 낮을 때에 발생하게 된다. 경영자가 단기적인 이윤 창출만을 생각하고 인력, 기기 도입 등 장기적인 투자를 하지 않을 경우에는 서비스의 문제가 발생하여 고객이 좋지 않은 경험을 하게 되고 종업원들은 불필요한 업무를 반복해야 하는 경우가 발생하여 사기가 저하된다.
  (예) 경영자가 고객들이 쾌적한 식사 공간을 원한다는 것을 알고 있으나 이를 실현할 수 있는 구체적인 계획과 목표가 세워지지 않았을 때를 예로 들 수 있다. 즉, 쾌적한 식사공간을 위한 냉·난방기 구비 계획, 환기 및 청소 업무 지침 등 구체적인 대안이 마련되지 않은 경우 갭 2는 해결되지 않는다.
- 해결방안 : 서비스 품질에 있어서 고객의 욕구를 서비스 품질 표준으로 옮기는 것이 중요하다. 또한 목표를 명확히 하여 종업원들에게 받아들일 수 있도록 하며, 서비스 증진을 위해 직원들과 업무 수행 결과를 검토하여 효율적인 개선 방안을 모색하고, 좋은 성과에 대한 보상체계를 마련해야 한다. 이를 위해 서비스 품질 목표를 개발하고 업무를 표준화 하는 데 있어서 최고경영자의 헌신적이고 적극적인 리더쉽이 요구된다.

(3) 갭 3 : '서비스 품질명세서(specification)'와 '서비스 전달 수준'의 차이

- 개념 : 실제 서비스의 전달 수준이 설정된 품질 표준에 미달될 때 발생하는데 주로 종업원과 고객 간의 접점에서 발생한다.

- 발생원인과 배경 : 경영자는 고객의 욕구를 이해하고 구체적으로 서비스를 전달하는 데 필요한 것이 무엇인지를 알고 있으나 종업원이 서비스를 전달할 능력이 없거나 기꺼이 하려고 하지 않을 때 발생한다. 종업원들이 고객에게 서비스하는 데 있어서 스트레스를 많이 받게 되면 갭 3이 빈번히 발생한다.

  (예) 외식업소에서 서비스 매뉴얼이 잘 갖추어져 있으나 그 내용이 고객을 대면하는 일선 종업원들에게 체계적으로 교육되지 않았을 때 발생할 수 있다. 또한 교육을 잘 받았다고 하더라도 일선 종업원이 과도한 업무로 지쳐 있거나 좋은 서비스를 제공한 데 대한 적절한 보상체계가 갖추어져 있지 않다면 아무리 서비스 매뉴얼이 잘 갖추어졌다 하더라도 실제 고객에게 전달되는 서비스 수준은 떨어질 수밖에 없다.
- 해결방안 : 유능한 종업원을 확보하여 훈련하고 제공되는 서비스의 수준을 지속적으로 모니터링하는 것이 필요하다. 또한 작업 조건을 개선하고 보상체계를 마련하는 등 내부 마케팅 프로그램을 통해서도 갭 3을 줄일 수 있다.

(4) 갭 4 : '서비스 전달'과 '외부 의사소통'의 차이

- 개념 : 고객에게 제공된 서비스의 내용과 매스 미디어 광고와 같은 외부 커뮤니케이션을 통해 고객에게 알려진 서비스 내용 사이의 불일치 정도를 나타낸다.
- 발생원인과 배경 : 기업이 광고 등 고객과의 외부 의사소통을 통하여 실제보다 많은 것을 제공하겠다고 약속한 경우에 발생할 수 있다. 이러한 공약들은 고객들의 기대 수준을 높이기 때문에 실제 서비스 제공 수준이 약속한 수준에 미치지 못할 때 고객들은 불만을 갖게 된다.

  (예) 고객들에게 주문 후 15분 내에 음식을 가져다 준다고 약속하였으나 실제로 그 시간을 지키지 못한 경우 등 사전에 약속한 서비스 수준을 실행하지 못했을 때 발생할 수 있다.
- 해결방안 : 마케팅 관리자들은 기업이 광고나 캠페인을 통해 제공하겠다고 약속한 서비스를 제대로 전달할 수 있는지를 확인해야 한다. 또한 제공하는 서비스의 일관성이 부족할 때도 발생할 수 있다.

(5) 갭 5 : '서비스 기대'와 '서비스 인지'의 차이

■ 개념 : 고객이 서비스에 대해 기대하는 정도와 서비스를 제공받은 후 그 서비스에 대해 인지한 정도의 차이이다. 즉, 갭 5는 갭 1~4까지의 크기에 따라 달라진다.

갭 5 = f (갭 1, 갭 2, 갭 3, 갭 4)

3 서비스 품질의 측정

서비스 품질의 평가는 서비스 전달 과정 중에 일어나며 이것은 고객과 서비스 제공자 사이의 접점(encounter)에서 발생하며, 제품 품질과는 달리 객관적인 척도에 의한 측정이 어렵다. 따라서, 고객 인식을 측정하여 서비스 품질과 이에 따른 고객 만족을 측정하는 것이 일반적이다.

서브퀄(SERVQUAL)

Zeithaml, Berry and Parasuraman(1988)이 개발한 **서브퀄(SERVQUAL)**은 갭 모델에 근거한 대표적인 서비스 품질 측정도구이다. 이들은 기존의 품질 개념에 대한 연구 결과들을 바탕으로 품질 속성을 10가지로 종합 제시하였으며, 이후 5개의 차원으로 수정하여 22개 측정항목을 개발하여 제시하였다(표 9-2). 각 문항에 대해 기대도와 인식도를 7점 척도로 평가하도록 하고 그 갭을 근거로 하여 서비스 품질을 측정하였다(표 9-3).

표 9-2 서브퀄 모델의 서비스 품질 차원

차 원	의미
신뢰성 (reliability)	• 서비스를 정확하고 신뢰할 수 있는 수준으로 제공할 수 있는 능력을 의미 • 정확한 계산, 정시 서비스 전달 등 일관성 있는 서비스 수행
대응성 (responsiveness)	• 고객 응대와 신속한 서비스를 제공하겠다는 의지와 준비성을 의미 • 고객을 기다리게 하는 경우 뚜렷한 이유를 설명해 주거나 서비스 실패가 발생했을 때 이에 대해 신속하게 회복할 수 있는 능력을 갖추는 것
확신성 (assurance)	• 믿음과 확신을 주는 직원 능력과 직원의 지식 및 호의를 의미 • 서비스 수행 능력, 고객에 대한 정중함, 고객과의 효과적인 의사소통, 서비스 제공자의 고객에 대한 진심
공감성 (empathy)	• 고객에 대한 배려와 개별적인 관심을 보일 준비를 갖추는 것을 의미 • 고객의 요구를 이해하기 위한 접근 가능성, 민감성, 노력
유형성 (tangibles)	• 서비스 제공자의 세심한 관심과 배려를 나타내는 유형적 증거를 의미 • 물리적 시설, 종업원 외모, 설비 및 도구, 통신의 확보 등

표 9-3 서브퀄(SERVQUAL, 부분 발췌)

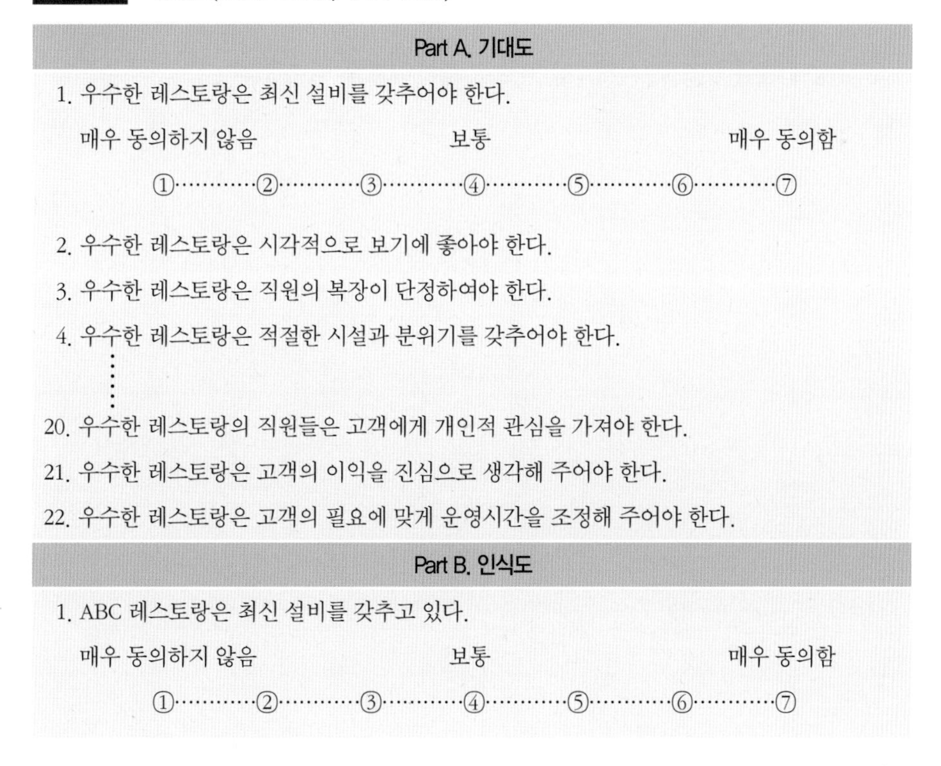

Part A. 기대도

1. 우수한 레스토랑은 최신 설비를 갖추어야 한다.

매우 동의하지 않음 보통 매우 동의함

①··········②··········③··········④··········⑤··········⑥··········⑦

2. 우수한 레스토랑은 시각적으로 보기에 좋아야 한다.
3. 우수한 레스토랑은 직원의 복장이 단정하여야 한다.
4. 우수한 레스토랑은 적절한 시설과 분위기를 갖추어야 한다.

⋮

20. 우수한 레스토랑의 직원들은 고객에게 개인적 관심을 가져야 한다.
21. 우수한 레스토랑은 고객의 이익을 진심으로 생각해 주어야 한다.
22. 우수한 레스토랑은 고객의 필요에 맞게 운영시간을 조정해 주어야 한다.

Part B. 인식도

1. ABC 레스토랑은 최신 설비를 갖추고 있다.

매우 동의하지 않음 보통 매우 동의함

①··········②··········③··········④··········⑤··········⑥··········⑦

(계속)

⋮

2. ABC 레스토랑은 시각적으로 보기에 좋다.
3. ABC 레스토랑은 직원의 복장이 단정하다.
4. ABC 레스토랑은 적절한 시설과 분위기를 갖추고 있다.

20. ABC 레스토랑의 직원들은 고객에게 개인적 관심을 가진다.
21. ABC 레스토랑은 고객의 이익을 진심으로 생각한다.
22. ABC 레스토랑은 고객의 필요에 맞게 운영시간을 조정한다.

자료 : Zeithaml 외(1988)

다인서브(DINESERV)

서브퀄(SERVQUAL)은 다양하게 응용되어 호텔과 레스토랑 등의 서비스 품질 측정에도 적용되고 있다. 이 중에서도 **다인서브(DINESERV)**는 레스토랑에서 서비스 품질의 다섯가지 차원을 측정하기 위한 평가도구이다(Stevens 외, 1995). 1~10번 문항은 유형성, 11~15번 문항은 신뢰성, 16~24번 문항은 확신성, 25~29번 문항은 공감성에 관한 것으로 역시 7점 척도로 평가하도록 되어 있다.

다인서브(DINESERV)

이 레스토랑은...

1. 주차장이 잘 확보되어 있고 건물의 외관이 좋다.
2. 식당의 미관이 보기 좋다.
3. 종업원이 단정하고, 깔끔하며, 알맞는 복장을 갖추었다.
4. 레스토랑의 이미지와 가격대에 맞는 실내장식이 되어 있다.
5. 메뉴가 읽기 쉽게 명시되어 있다.
6. 메뉴판은 레스토랑의 이미지를 시각적으로 잘 반영하고 있다.
7. 식당이 편안하고 내부에서 이동이 용이하다.
8. 화장실이 청결하다.
9. 식당이 청결하다.
10. 의자가 편안하다.
11. 서비스가 적정시간 내에 이루어진다.
12. 실수가 있으면 바로 수정된다.
13. 신뢰할 수 있는 서비스가 일관되게 제공된다.
14. 정확한 고객관리가 이루어진다.
15. 주문한 음식이 정확하게 서비스된다.
16. 바쁜 시간에는 종업원들을 이동배치하여 서비스가 지체되거나 품질이 떨어지지 않도록 한다.
17. 신속한 서비스를 제공한다.
18. 고객의 특별한 요구가 있을 때에는 별도로 이를 따르기 위해 노력을 기울인다.
19. 종업원들이 고객의 질문을 완벽하게 대답해줄 수 있다.
20. 고객을 대할 때 편안하고 신뢰가 느껴지도록 한다.
21. 종업원이 메뉴의 음식, 재료 및 조리방식에 관한 정보를 제공하며 그러한 의지를 갖고 있다.
22. 종업원이 고객에게 안정감을 느끼게 한다.
23. 종업원이 잘 훈련되어 있으며 유능하며 경험이 풍부하다.
24. 종업원들은 자신들의 업무를 잘 수행하기 위한 노력을 하는 것 같다.
25. 종업원이 정책이나 절차보다는 고객 개인의 요구에 맞춰 준다.
26. 고객에게 특별한 기분을 느끼게 해준다.
27. 고객의 개인적인 요구를 미리 예측하여 처리한다.
28. 문제가 발생했을 때 종업원들이 진심으로 사과하고 문제를 해결한다.
29. 고객들을 진심으로 대하는 것 같다.

자료 : Stevens 외(1995)

4
품질 경영 인증

1980년대 들어서면서 상품과 서비스 시장의 글로벌화가 급속도로 진행되고, 국가 경쟁력에서 기업 경쟁력이 차지하는 비중이 커짐에 따라 상품과 서비스의 경쟁력 제고를 위한 제도적 노력과 지원이 적극적으로 이루어지기 시작했다. 경쟁력의 핵심요소로 품질의 중요성을 인식하게 되면서 각 나라마다 국가 품질 인증 제도 및 품질경영 수상 제도를 통해 품질 향상을 도모하고 있다.

국제 품질 인증

(1) ISO 국제품질표준

유럽은 다른 지역과는 달리 경제적 · 사회적 · 문화적으로 밀접한 위치에 있어 국가 간 교류가 빈번하다. 유럽은 하나의 경제 체제를 유지하면서 국가간 무역 촉진을 위해 공통으로 사용할 수 있는 품질에 대한 표준화의 필요성을 절실히 느끼게 되었다. 그 결과 1987년 스위스 제네바에 본부를 두고 현재 91개의 국가로 구성된 **국제표준화기구**(International Organization for Standardization ; ISO)가 조직되었다.

① ISO 9000 시리즈

ISO 9000 시리즈는 품질 문제의 원인을 조사하여 이를 사전에 예방하고, 고객의 요구에 부합하는 올바른 제품의 생산과 서비스를 제공할 수 있는 통일된 품질경영 체계를 만드는 것이다. ISO 9000 인증을 위해서는 기업에서 품질 시스템을 구축하여 최소 3개월 이상 이를 시행, 유지하고 내부 품질 감사를 실시하도록 하고 있다.

ISO 인증은 기업에서의 품질경영 혁신과 직결되어 있다고 할 수 있다. ISO는 제품의 설계에서 애프터서비스까지 얼마나 체계적으로 구축되어 있으며 또한 최고경영자에서 현장 말단사원에 이르기까지 모든 구성원들이 품질에 대한 개념을 가지고 얼마만큼 실천하고 있는가가 보장되도록 하는 품질경영(quality management) 제도이기 때문이다.

ISO 인증은 제조업에 이어 서비스 업계에도 급속히 확산되었고 위탁급식회사들 중에서는 (주)아워홈, (주)신세계푸드시스템, 삼성에버랜드(주), (주)현대그린푸드, 아라코(주) 등 여러 회사들에서 ISO 9000 시리즈 인증을 받았다.

② ISO 14000 시리즈

ISO 9000 시리즈가 품질 보증 제도인 데 비해 ISO 14000 시리즈는 환경 경영 보증 제도이다. ISO 14000 시리즈는 국가마다 다르게 운영되어 오던 환경 관리에 대한 방법 및 체제를 통합하기 위해 제정된 국제적인 환경 규격이다. 이 제도의 궁극적 목적은 환경오염 물질의 방출을 최소화하기 위한 환경보호이며, 국내 위탁급식회사들 중에서는 (주)아워홈, 삼성에버랜드(주), 아라코(주), (주)신세계푸드, 한화호텔앤드리조트(주) 등이 ISO 14001 인증을 받았다.

③ ISO 22000 시리즈

ISO 22000은 ISO 9001 품질경영시스템의 일환으로 식품이 소비시점에서 안전하다는 것을 보장하기 위해 식품안전 위해요소를 관리하는 능력을 실증하는 데 필요로 하는 식품안전경영시스템이다. ISO 22000은 ISO 9001(품질경영시스템 요구사항)을 기본 틀로 하고 있으며, 제품설계 대신 HACCP(7원칙 12단계)을 모두 포함한 '안전한 제품의 기획 및 실현'에 대한 요구사항을 규정하고 있다. CJ 프레시웨이(주)는 국내 위탁급식업계 최초로 ISO 22000 인증을 획득하였다.

④ ISO 26000 시리즈

ISO 26000은 국제표준화기구 ISO가 제정한 기업의 사회적 책임(Corporate Social Responsibility ; CSR)에 대한 국제표준이다. 기업, 정부, NGO 등 사회를 구성하는 모든 조직이 7개 핵심주제인 지배구조, 인권, 노동, 환경, 소비자, 공정운영, 지역사회 참여와 발전에 대해 준수해야 할 사항을 포괄적으로 규정하고 있다. ISO 26000은 조직이 지속가능발전에 기여하도록 돕고, 사회적 책임이 필수 요소임을 인식시키며, 법 준수 이상의 활동을 하도록 권장하고 있다.

(2) 말콤 발드리지 품질 대상

말콤 발드리지 품질 대상(The Malcolm Baldrige National Quality Award)은 1987년 미국의 레이건 정부 때 상무장관을 역임했던 말콤 발드리지(Malcom Baldrige)의 이름을 따서 제정된 상이다.

말콤 발드리지 품질 대상은 품질의 중요성에 대한 인식을 고취시키고 성공한 품질 전략과 기법을 미국 내의 다른 기업들에게 전파하여 품질 향상에 대한 지침서와 기준을 설정하기 위한 범국가적 운동의 일환으로 제정되었다. 이 상의 평가 기준이 되는 7가지 영역은 리더십, 전략기획, 고객과 시장 중시, 측정 · 분석 및 지식경영, 인적자원 중시, 프로세스 관리, 경영성과이다.

말콤 발드리지 품질 대상의 평가 모델이 강조하고 있는 것은 리더십의 구현을 통한 경영성과의 달성으로 심사 항목에서 경영성과의 비중이 가장 크며, 이를 결정하는 원인적 요인이라고 할 수 있는 리더십 항목이 그 다음으로 비중이 크다. 평가항목의 비중이나 세부 항목의 구성은 매년 적절한 검토를 거쳐서 바뀌고 있다.

(3) 데밍상

1950년 7월 일본 과학기술자연맹(The Union of Japanese Scientist and Engineers ; JUSE)에서는 데밍(W. Edwards Deming)을 일본으로 초청하여 일련의 강연과 세미나를 개최하여 일본 산업체의 경영자와 관리자 및 엔지니어들에게 기본적인 통계적 품질 관리의 원리를 교육하였다. 그의 교육은 참가자들에게 매우 깊은 인상을 심어 주었고, 일본에서 품질관리를 실행하게 만드는 중요한 계기가 되었다. 데밍은 강연자료의 판매 수익금을 JUSE에 기부하였으며 JUSE 이사회에서는 이 기부금을 상의 제정기금으로 사용하는 것으로 의견을 모아 **데밍상(Deming Prize)**이 탄생하게 되었다.

데밍상은 데밍 개인상, 데밍 응용상, 운영사업단위 품질관리상의 3부문으로 나누어져 있다. 데밍상의 심사 주안점은 경영원칙과 산업유형, 사업범위 및 사업 환경을 반영하여 명확한 경영 리더십 하에 높은 수준의 고객지향적인 경영목표와 전략을 설정하고 있어야 한다는 점과 이를 달성하기 위해 TQM을 적절하게 시행하고 있는가 하는 점, 이를 통해 경영목표와 전략에 대해 뛰어난 업적을 달성했는가 하는 점이다.

국내 품질 인증

(1) 한국서비스품질 우수기업 인증제도

우리나라는 서비스산업 품질경쟁력을 한 차원 높이기 위하여 산업통상자원부

주관으로 2001년부터 한국서비스품질 우수기업 인증제도를 시행하고 있다.

서비스품질인증을 신청한 기업(사업장) 및 기관에 대하여 각 분야별 전문 평가단의 평가를 거쳐 해당 기업 및 기관의 전반적 서비스품질 수준을 진단하고 개선방향(feedback report)을 제시한다. 성과가 탁월한 기업 또는 기관을 공표함으로써 기업경쟁력 제고 및 소비자의 삶의 질 향상을 도모하고자 하는 제도이다. 그간 보건서비스의 병원, 공기업, 통신서비스, 유통서비스 등의 업종에 속하는 기업 및 기관들이 한국서비스품질 우수기업 인증을 받았으며, 외식서비스 부문에서는 2021년 삼성웰스토리가 인증을 받은 바 있다.

(2) 국가품질상

최초의 국가품질상 수여는 1975년 개최된 제1회 전국품질관리대회로 당시에는 품질관리상과 분임조상을 국무총리 명의로 포상하였다. 이후 여러 번의 명칭변경을 거쳐 2000년에는 '국가품질상'으로 바뀌었다.

품질경영 및 공산품 안전관리법 제6조 및 동법시행령 제5조에 의거 품질경영 우수기업의 선정을 실시하고 있으며(산자부 공고 제 2007-128호), 국가품질대상, 국가품질경영상, 국가품질혁신상, 품질경영추진 우수지자체상, 분임조우수기업상, 서비스품질우수상으로 세분하여 선정하고 있다.

선정 기준은 국가품질대상의 경우 국가품질경영상 수상 후 전사적 품질경영활동을 지속적으로 추진하여 품질혁신 및 생산성 향상에 매우 탁월한 성과를 거둔 기업 및 단체이며, 국가품질혁신상은 전사적 품질경영활동을 추진하여 품질혁신 및 생산성 향상에 탁월한 성과를 거둔 기업 및 단체이다(한국표준협회, 2021).

(3) 한국서비스품질지수

한국서비스품질지수(Korean Standard Service Quality Index ; KS-SQI)는 국내 최초로 서비스 산업의 품질 평가를 위해 개발된 서비스 품질평가지수이다. KS-SQI는 국민행복을 위한 고품질 서비스 요구 증가에 부응하고 급속한 세계화에 따른 선진서비스 접촉 기회가 증대되면서 한국 실정에 맞는 서비스 품질 측정방안의 도입이 필요해지면서 한국표준협회 주관으로 개발되어 2000년부터 사용되고 있다. 매년 산업별 · 기업별 KS-SQI 품질지수가 발표되므로 동일 산업분야 혹은 동일 기업의 품질 수준의 변동상황 파악이 가능하다(한국표준협회, 2021).

| 사 | 례 |

스타벅스, 한국서비스품질지수(KS-SQI) 11년 연속 1위

스타벅스커피코리아는 한국표준협회가 발표한 한국서비스품질지수(KS-SQI) 평가에서 11년 연속 커피전문점 부문 1위를 차지했다.

KS-SQI는 우리나라 서비스 산업과 소비자의 특성을 반영하여 개발된 모델로 해당 기업의 제품 및 서비스를 구매하여 이용해 본 고객을 대상으로 서비스 품질에 대한 만족도 정도를 조사하여 발표하는 서비스 품질 수준 평가 지표이다. KS-SQI는 '성과 영역'의 본원적 서비스, 예상 외 부가서비스 2개 요인과 '과정 영역'의 신뢰성, 친절성, 적극지원성, 접근용이성, 물리적 환경의 5개 요인, 총 7개 요인에 대해 측정된다.

KS-SQI는 한국표준산업분류에 기초한 서비스 관련 산업 78개 업종, 공공행정서비스 1개 부문에서 서비스 품질 순위가 발표되는데, 식음료 산업 관련 업종으로는 패밀리레스토랑, 패스트푸드, 제과점, 커피전문점 등이 있다.

자료 : 한국서비스품질지수 홈페이지 www.ksa.or.kr/ks-sqi

(4) 국가고객만족지수

국가고객만족지수(National Customer Satisfaction Index ; NCSI)는 개별 기업, 산업, 경제부문, 국가차원의 품질경쟁력을 향상시키기 위해 한국생산성본부가 미시건대학(University of Michigan) 국가품질연구소(National Quality Research Center)와 공동으로 개발한 지수이다. NCSI는 거시경제적 측면에서 국가 품질경쟁력을 측정할 수 있는 지표 개발과 기업적 측면에서 기업의 정확한 고객만족도 측정과 활용이라는 두 가지 목적을 지닌다. 2021년 가장 높은 NCSI 점수를 받은 기업은 패스트푸드 부분에서는 롯데리아, 베이커리 부문에서는 파리바게뜨, 음료 부분에서는 롯데칠성음료였다(국가고객만족지수, 2021).

(5) 대한민국지속가능성지수

대한민국지속가능성지수(Korea Sustainability Index ; KSI)는 기업이 지속가능성 트렌드에 대해 얼마나 전략적으로 대응하는지 여부와 사회와 환경에 미치는 기업 경영활동의 영향을 얼마나 적극적으로 관리 · 개선하는지 여부를 조사하는 모델이다. 지속가능성 트렌드는 지속가능경영의 해외 전문가 및 전문기관의 트렌드를 바탕으로 국내에 적합한 트렌드가 선정되며, 지속가능성 영향의 항목들은 사회적 책임 국제표준 ISO 26000을 기반으로 개발되었다.

2020년 대한민국지속가능성지수 업종별 1위 기업으로 유가공업종 매일유업, 음료업종 롯데칠성음료, 종합식품업종 오뚜기, 커피전문점업종 스타벅스코리아가 선정된 바 있다.

| 활 | 동 |

외식기업은 고객접점 서비스 품질 향상을 위해 어떻게 노력하고 있는가?

㈜파리크라상의 대표 브랜드 파리바게뜨는 한국능률협회컨설팅이 주관한 '2021 한국산업의 서비스품질지수(Korean Service Quality Index)' 고객 접점 부문 11년 연속 제과제빵 분야 1위 기업으로 선정됐다.

파리바게뜨는 1988년 첫 매장을 연 이래 국내 프랑스풍 베이커리 문화를 소개하고 발전시키며 베이커리 시장을 선도해 왔다. 최근에는 소통의 주체이자 소비의 주축으로 주목받는 MZ세대의 특성과 취향을 적극 반영하여 재미와 특별한 경험을 제공하는 등 고객과의 접점 서비스를 위해 다양한 노력을 기울이고 있다. MZ세대를 겨냥해 원재료나 음식 모양을 그대로 재현한 '페이크 푸드(Fake Food)'를 기획하여 치킨의 맛과 모양을 그대로 구현한 치킨빵 '파바닭'을 출시했다. 이 제품은 만우절을 맞아 일부 직영점에서 선보인 제품이 SNS상 화제가 되자 정식으로 출시한 제품이다. 무안 양파 농가를 돕기 위해 선보인 '무안 양파빵'도 양파의 모양을 위트 있게 구현한 페이크푸드 형태로 선보여 보는 재미를 더했다.

MZ세대 사이에서 신흥 밈(meme)으로 주목받는 '민트초코'를 활용해 빵, 케이크, 디저트, 음료 등 다양한 제품 라이업을 완성한 '쿨 민초 컬렉션'을 선보이며 민초단(민트초코를 좋아하는 사람)의 관심을 끌고 있다. 파리바게뜨는 매장과 SNS 채널 등에도 민초 테마를 강조하고, 해피오더와 배달의 민족, 카카오 쇼핑라이브 등을 통해 고객 대상의 다양한 프로모션도 진행하며 마케팅 활동을 적극적으로 펼치고 있다.

자료 : 이데일리(2021.07.21.)

1. 당신이 이 기업의 대표라면 각종 품질인증제도에서 수상한 실적을 기업 홍보 및 경영혁신에 어떻게 활용하겠는지 생각해 보자.

2. 위 기업의 사례를 토대로 외식기업들이 서비스 접점에서 서비스 품질을 높이기 위해 어떠한 노력을 할 수 있는지 토의해 보자.

용어·요점 정리

- **서비스 품질 향상의 의의** : 품질경영 요구의 증대, 경쟁력 확보, 고객 유지, 가격 경쟁 회피, 이익 증대, 좋은 종업원 보유
- **품질 개념의 역사적 변천** : 품질 검사 → 통계적 품질 관리 → 품질 확인 → 전략적 품질경영 → 종합적 품질경영
- **종합적 품질경영의 구성 요소** : 고객 중심, 공정 개선, 전사적 참여
- **서비스 품질의 유형** : 기술적 품질(결과 품질, 무엇을 제공받는가)과 기능적 품질(과정 품질, 어떻게 제공받는가)
- **서비스 품질** : 서비스 기업이 제공하여야 한다고 느끼는 고객의 서비스 기대(expected service)와 서비스를 제공한 기업의 성과에 대한 고객의 서비스 인지(perceived service)와의 차이
- **서비스 품질의 갭 모델**
  - **갭 1** : 고객의 서비스 기대와 경영자 인식의 차이
  - **갭 2** : 경영자 인식과 서비스 품질 표준의 차이
  - **갭 3** : 서비스 품질 표준과 서비스 전달 수준의 차이
  - **갭 4** : 서비스 전달과 외부 의사소통의 차이
  - **갭 5** : 서비스 기대와 서비스 인지의 차이
- **서비스 품질의 차원** : 신뢰성, 대응성, 확신성, 공감성, 유형성
- **품질 인증 제도** : ISO9000 시리즈, ISO14000 시리즈, ISO22000 시리즈
- **국제 품질경영상** : 말콤 발드리지 품질 대상, 데밍상
- **국내 품질경영상** : 한국서비스품질 우수기업 인증제도, 국가품질상, 한국서비스 대상, 한국서비스품질지수, 국가고객만족지수

MEMO

부록

부록 5-1. 미국 병원급식, 학교급식, 대학급식 조직도

미국 병원급식의 조직도

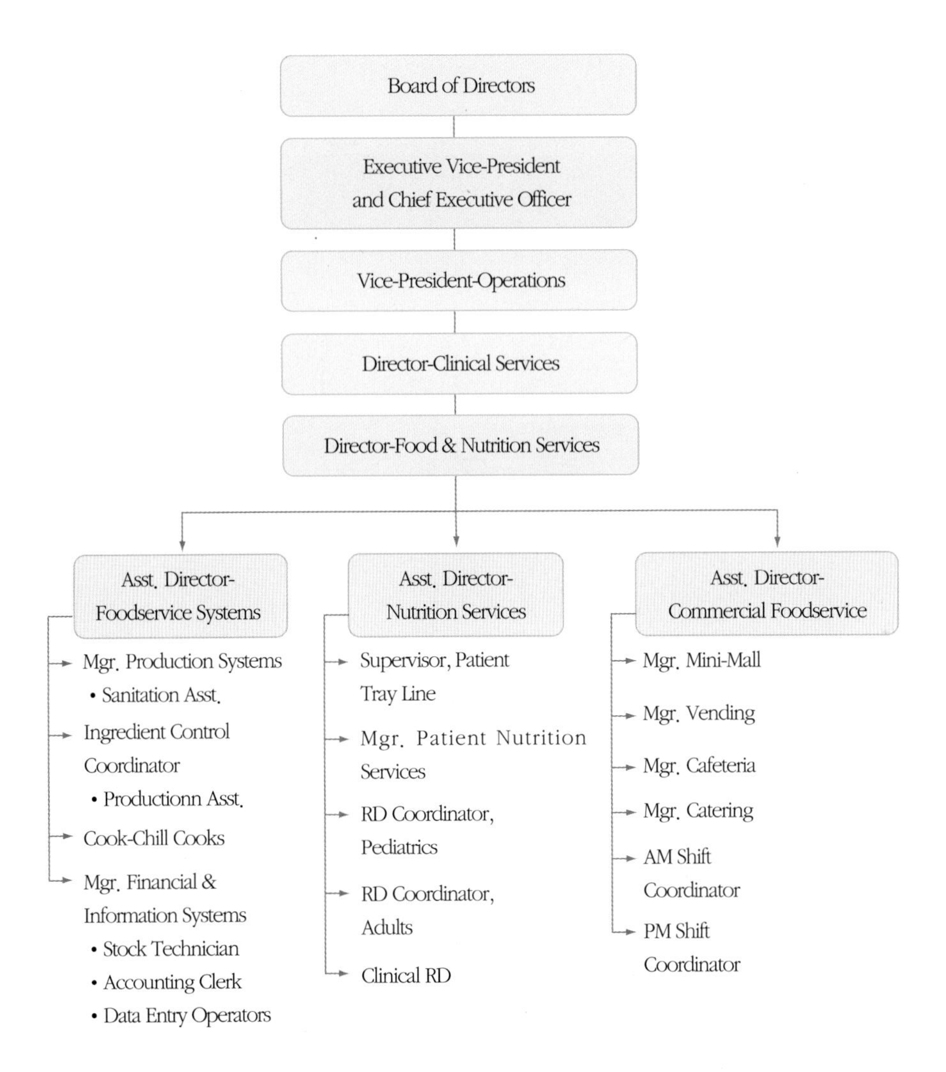

자료 : Warner(1994)

미국 학교급식의 조직도

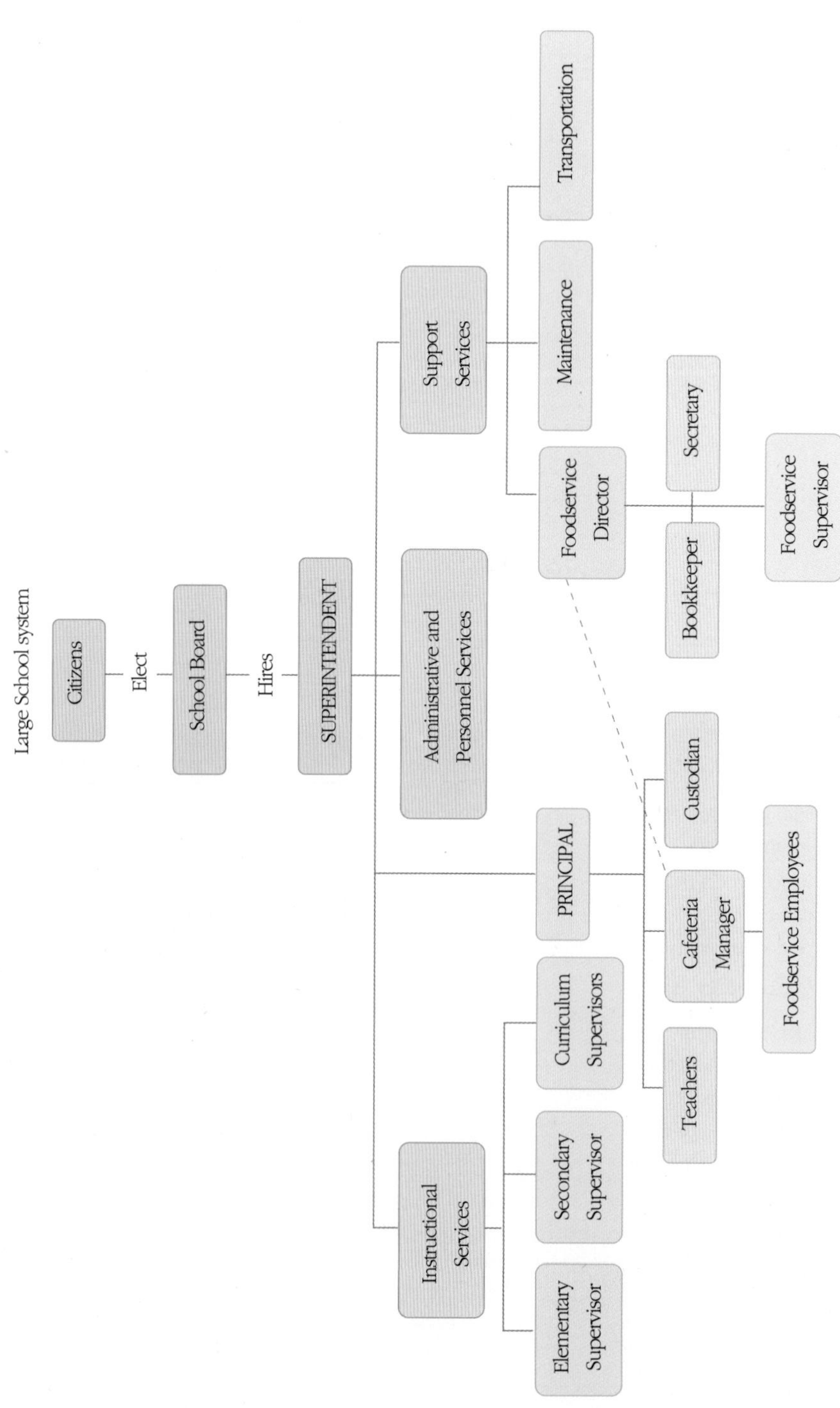

자료: Pannell(1990)

미국 대학급식의 조직도

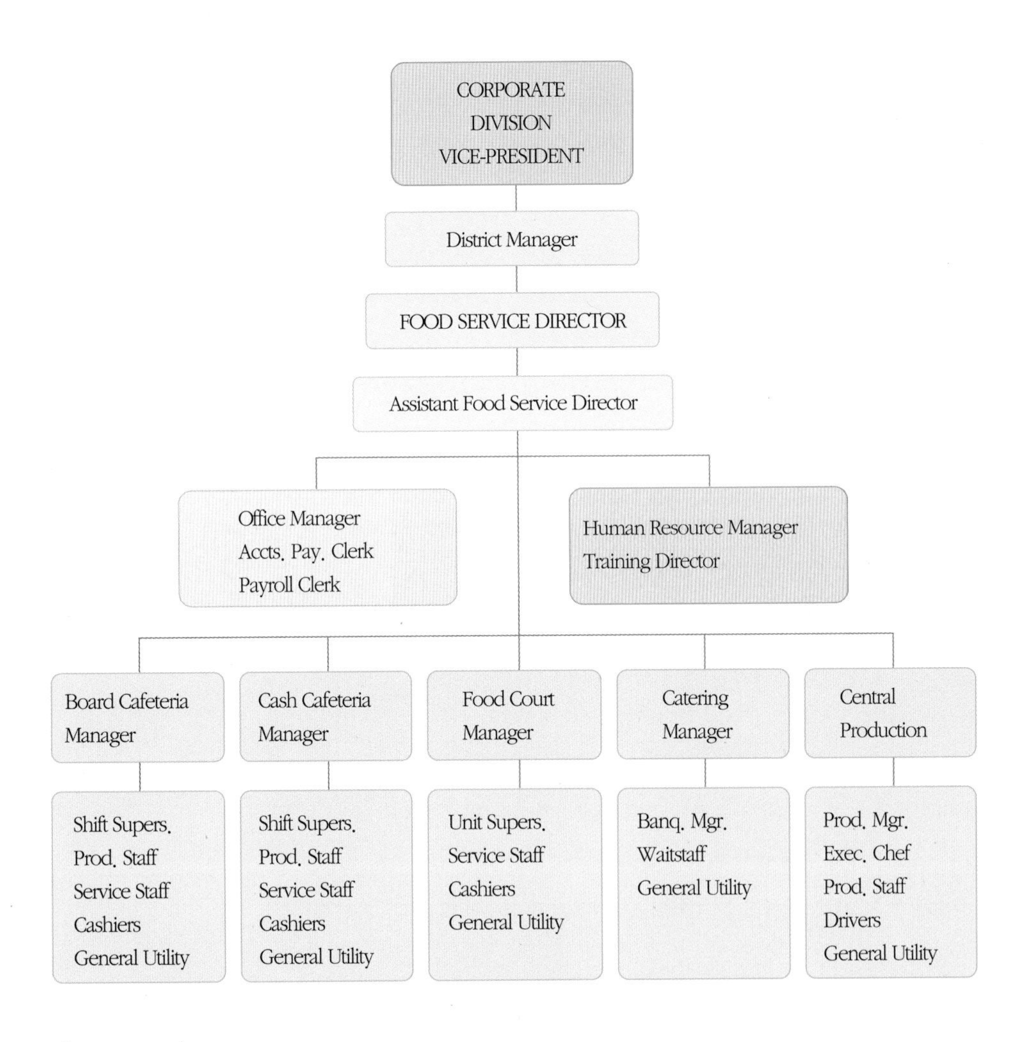

자료 : Warner(1994)

부록 6-1. 매슬로우의 5가지 욕구 계층 이론에 의한 동기부여 요인

+3	+2	+1	0	−1	−2	−3
매우 그렇다	그렇다	약간 그렇다	모르겠다	약간 그렇지 않다	그렇지 않다	전혀 그렇지 않다

내 용	+3	+2	+1	0	-1	-2	-3
1. 담당한 직무를 매우 잘 수행한 종업원에게는 특별히 추가적인 임금이 주어져야 한다.							
2. 보다 좋은 직무기술서는 종업원에게 무엇이 기대되는지를 정확하게 알도록 도움을 준다.							
3. 종업원은 그의 직무가 효과적으로 경쟁할 수 있는 회사의 능력에 의존하고 있음을 깨달을 필요가 있다.							
4. 감독자(관리자)는 종업원의 물리적 작업환경(조건)에 지대한 관심을 가져야 한다.							
5. 감독자는 종업원간의 우호적인 작업분위기를 조성하기 위해 열심히 노력하여야 한다.							
6. 표준 이상의 업적을 달성한 종업원에게 대한 개인적 인정은 그에게 큰 의의를 지닌다.							
7. 무관심한 감독은 자주 감정을 상하게 할 수 있다.							
8. 종업원은 자신의 실제적인 기능(기술)과 능력이 자신의 업무에 활용되고 있다는 사실을 느끼기 원한다.							
9. 회사의 퇴직금 계획은 종업원이 일을 계속하는 데 중요한 요인이다.							
10. 현재 거의 대부분의 직무는 보다 자극적이고 도전적인 것으로 될 수 있다.							
11. 많은 종업원은 그가 하는 모든 일에 최선을 다하려 한다.							
12. 관리자는 일과 후에 사회적 활동을 지원함으로써 종업원에게 더 많은 관심을 보여줄 수 있다.							
13. 자기가 하는 일에 대한 자부심은 실제로 중요한 일상이다.							
14. 종업원은 그가 담당하는 직무에 제일 적임자라고 스스로 생각하려 한다.							
15. 비공식 집단에서의 인간관계의 질은 매우 중요하다.							
16. 개인별로 차등을 두는 자극적인 보너스 제도는 종업원의 업적을 증대시킬 것이다.							
17. 보다 상급직위의 관리자를 만나볼 수 있음은 종업원에게 중요하다.							
18. 종업원은 대체로 최소의 감독을 받으면서 자신의 일을 계획하고 직무에 관련된 의사결정을 하기 원한다.							
19. 직무(일)에 대한 안정은 종업원에게 중요하다.							
20. 작업수행을 위해 좋은 설비가 마련되는 것은 종업원에게 중요하다.							

(채점표)

① 다음 각 항목별로 체크한 점수를 다음 표에서 문항 번호를 찾아서 기재하고 합계한다.

생리적 욕구	안전 욕구	사회적 욕구	존경 욕구	자아실현 욕구
1 : ________	2 : ________	5 : ________	6 : ________	10 : ________
4 : ________	3 : ________	7 : ________	8 : ________	11 : ________
16 : ________	9 : ________	12 : ________	14 : ________	13 : ________
20 : ________	19 : ________	15 : ________	17 : ________	18 : ________
계 : ________	계 : ________	계 : ________	계 : ________	계 : ________

② 위에서 산출된 각 욕구별 점수들을 아래 표에 기재된 점수란에 ×표로 정리한다.

	−12	−10	−8	−6	−4	−2	0	+2	+4	+6	+8	+10	+12
자아실현 욕구													
존경 욕구													
사회적 욕구													
안전 욕구													
생리적 욕구													

(해석)

- ▶ 이 표의 점수는 5가지 욕구들의 상대적인 강도를 보여준다.
- ▶ 정답은 없으나 대부분의 학자들은 많은 수의 종업원들이 상위수준(사회적, 존경 및 자아실현)의 욕구에 주로 관심을 가진다고 주장한다.

부록 6-2. 맥클리랜드의 성취 동기 이론에 의한 동기부여 요인

1	2	3	4	5
나와 전혀 같지 않다	나와 약간 같다	나와 어느 정도 같다	나와 같다	나와 매우 많이 같다

내 용	1	2	3	4	5
1. 나는 현실적인 목표를 정하여 이를 달성한다.					
2. 나는 다른 사람들이 내 방식대로 일하도록 설득하려고 노력한다.					
3. 나는 많은 집단과 조직에 속해 있다.					
4. 나는 열심히 일한다.					
5. 나는 경쟁에서 이기는 것을 좋아한다.					
6. 나는 친구가 많다.					
7. 나는 과업을 수행하면서 진척된 정도를 알고 싶다.					
8. 나는 내 생각과 다른 일을 하는 사람들과 맞선다.					
9. 나는 자주 파티를 즐긴다.					
10. 나는 어려운 과업을 수행해냈을 때 만족을 느낀다.					
11. 나는 정해진 지도자가 없는 상황에서 책임을 맡으려는 경향이 있다.					
12. 나는 혼자 일하는 것보다 다른 사람과 함께 일하는 것이 좋다.					
13. 나는 어려운 도전을 즐긴다.					
14. 나는 책임감을 가지고 지도한다.					
15. 나는 다른 사람들이 나를 좋아해 주기를 원한다.					

(채점표)

성취 욕구	권력 욕구	친화 욕구
1. ________	2. ________	3. ________
4. ________	5. ________	6. ________
7. ________	8. ________	9. ________
10. ________	11. ________	12. ________
13. ________	14. ________	15. ________
계 : ________	계 : ________	계 : ________

(해석) 합계한 점수에서 어떤 욕구를 더 강하게 가지는지 판단할 수 있다.

부록 6-3. 맥그리거의 XY 이론에 의한 인간관

다음의 10개 문항은 서로 대조적인 A, B 문장으로 구성되어 있습니다. 각 문항을 읽고 이에 대한 당신의 생각을 상대적인 정도에 따라 0점에서 10점까지 주십시오. 한 문항의 두 개 문장에 주어진 총점은 10점입니다.

예컨대 앞 문장(A)에 전적으로 동의하고 다음 문장(B)에 전적으로 동의하지 않는다면 A에 10점을, 그리고 B에 0점을 주고 두 문장에 같은 비중을 두면 각각 5점씩 주면 됩니다.

1. A. (___ 점) 대부분의 종업원들은 상당히 창의적임에도 불구하고 직무상에서 이를 발휘할 기회를 갖지 못하고 있다.
   B. (___ 점) 대부분의 종업원들은 전혀 창의적이지 못하며 직무수행에서도 창의력을 발휘하려 하지 않는다.

2. A. (___ 점) 만일 당신이 종업원들에게 충분한 돈을 준다면 흥미롭고 도전적이며 보람있는 일을 하려는 욕구를 크게 상쇄해 버리게 된다.
   B. (___ 점) 만일 당신이 종업원들에게 흥미롭고 도전적이며 보람있는 일을 주면 그들은 돈이나 유급휴가 · 보험 · 연금 등 부가 급부에 관해 덜 불평하게 된다.

3. A. (___ 점) 종업원들은 자신의 목표나 업적 표준을 정함에 있어 관리자가 설정하려는 수준보다 더 높이 설정하려 한다.
   B. (___ 점) 종업원들은 자신의 목표나 업적 표준을 관리자가 설정하려는 수준보다 더 낮게 설정하려 한다.

4. A. (___ 점) 종업원들은 그들이 옳다고 믿는 방법으로 일 할 수 있는 자유를 원한다.
   B. (___ 점) 종업원들은 자신들이 무엇을 해야 할 것인가를 다른 사람이 말해 주길 원하며, 자유는 실제로 그들을 초조하게 만든다.

5. A. (___ 점) 종업원들은 자신이 할 일을 더 잘 알면 알수록 관리자가 용납하는 최소한의 일만 하려 한다.
   B. (___ 점) 종업원들은 자신이 할 일을 더 알면 알수록 일에서 만족을 찾으며 적어도 조직(집단) 내의 다른 사람들이 하는 평균 정도를 하려 한다.

6. A. (___ 점) 오늘날 조직에서 일하는 대부분의 종업원들은 그들의 직무에서 필요로 하는 지적 잠재력이 충분하지 못하다.
   B. (___ 점) 오늘날 조직에서 일하는 대부분의 종업원들은 그들의 직무를 수행하는데 필요한 것 이상의 지적 잠재력을 지니고 있다.

7. A. (___ 점) 대부분의 종업원들은 일하기 싫어하며 기회가 주어지기만 하면 책임을 회피하려 한다.
   B. (___ 점) 대부분의 종업원들은 일하기 좋아하며, 일이 흥미있고 도전적이면 더욱 좋아한다.

8. A. (___ 점) 대부분의 종업원들은 통제가 느슨할 때(under the loose control) 일을 가장 잘 한다.
   B. (___ 점) 대부분의 종업원들은 통제가 심할 때(under the close control) 일을 가장 잘 한다.

9. A. (___ 점) 무엇보다도 종업원들은 직무가 보장되기를 원한다.
   B. (___ 점) 종업원들은 직무가 보장되기를 바라기는 하지만 이는 그들이 원하는 많은 것들 중 하나에 불과할 뿐이다.

10. A. (___ 점) 부하가 옳고 그름을 관리자에게 말할 수 있을 때 관리자의 권위가 증대된다.
    B. (___ 점) 관리자는 부하보다 더 많은 존경을 받을 자격이 있으며 부하가 옳고 그름을 말하는 것은 관리자의 권위를 낮춘다.

(채점표)

X론적 인간관	Y론적 인간관
1-B : ___ 점	1-A : ___ 점
2-A : ___ 점	2-B : ___ 점
3-B : ___ 점	3-A : ___ 점
4-B : ___ 점	4-A : ___ 점
5-A : ___ 점	5-B : ___ 점
6-A : ___ 점	6-B : ___ 점
7-A : ___ 점	7-B : ___ 점
8-B : ___ 점	8-A : ___ 점
9-A : ___ 점	9-B : ___ 점
10-B : ___ 점	10-A : ___ 점
계 : ___ 점	계 : ___ 점

(모형도)

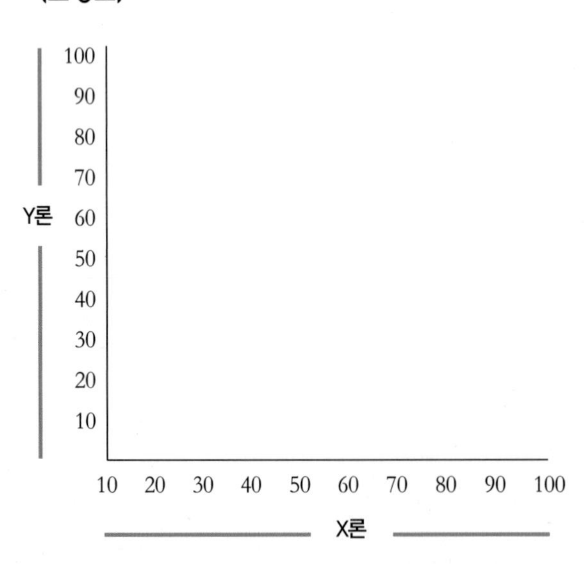

부록 6-4. 블레이크와 뮤턴의 관리 격자(managerial grid) 이론에 의한 리더십 유형

다음의 25개 문항은 서로 대조적인 A, B 문항으로 구성되어 있습니다. 각 문항을 읽고 이에 대한 당신의 생각을 상대적인 정도에 따라 각 문항마다 0점에서 10점까지 주십시오. 한 문항의 두 개 문장에 주어진 총점은 10점입니다.

예컨대 앞 문장(A)에 전적으로 동의하고 다음 문장(B)에 전적으로 동의하지 않으면 A에 10점을, 그리고 B에 0점을 주고 두 문장에 같은 비중을 두면 각각 5점씩 주면 됩니다.

1. 명령, 지시를 할 때에는 …
   A. (___ 점) 명령받는 사람에게 의견을 제시하도록 하지 않는다.
   B. (___ 점) 명령받는 사람에게 의견을 제시하도록 한다.

2. 부하를 꾸중할 때에는 …
   A. (___ 점) 인물을 잘 파악하고 필요하다면 사람에 따라 말투를 바꾼다.
   B. (___ 점) 반드시 신상 필벌주의로 편협되지 않게 누구에게나 가리지 않고 똑같이 꾸짖는다.

3. 부하의 성적을 평가할 때에는 …
   A. (___ 점) 부하들의 평판을 참고로 하면 대개 실수는 없다.
   B. (___ 점) 항상 관찰을 게을리하지 않고 객관적 사실과 척도에 근거하며, 주관적 평가나 감정 개입을 피한다.

4. 부하가 태만할 때에는 …
   A. (___ 점) 부하의 반감이나 불만이 있더라도 그 자리에서 벌을 준다.
   B. (___ 점) 부하의 반감이나 불만이 일어나는 것은 과히 좋지 않으므로 경과를 지켜본다.

5. 직장에서 회의를 할 때에는 …
   A. (___ 점) 모두가 힘을 합쳐 목표를 만들고 문제를 구체화하고 일의 수행 방법을 구체적으로 정하는 일에 중점을 둔다.
   B. (___ 점) 부하에게 참여 기회를 부여하지만 우선 위로부터의 지시, 명령을

전달하는데 중점을 둔다.

6. 부하들의 협력 일치 체제를 만들기 위해서는 …
   A. (___ 점) 마음가짐, 정신적 측면의 지도에 중점을 둔다.
   B. (___ 점) 가능한 한 전원에게 문제 해결과 계획 수립의 참여 기회를 준다.

7. 부하가 업무상 실패를 했을 경우에는 …
   A. (___ 점) 부하를 감싸고 격려해 준다.
   B. (___ 점) 부하와 함께 실패 원인을 조사하여, 문제 해결과 재발 방지에 협력한다.

8. 부하가 제멋대로 조퇴를 하는 경우 …
   A. (___ 점) 개개인에게는 각기 사적인 사정도 있는 것이므로 너그럽게 봐준다.
   B. (___ 점) 나중에 불러서 일단 주의를 준다.

9. 관리자의 임무는 …
   A. (___ 점) 우선 부하를 즐겁게 일하도록 배려하는 것으로 이는 곧 업적 향상의 수단이 된다.
   B. (___ 점) 기업의 본래 목적인 수익성(업적)에 치중하여 실적을 올리면 부하들은 자연히 따라온다.

10. 목표를 정할 때에는 …
   A. (___ 점) 부하에게 불만이 있더라도 높은 수준으로 정한다.
   B. (___ 점) 불평 불만이 생기지 않을 정도의 수준으로 정한다.

11. 부하의 능력을 충분히 발휘시키기 위해서는 …
   A. (___ 점) 부하의 입장을 이해하여 격려해 준다.
   B. (___ 점) 일에 대한 가치, 목적을 충분히 이해시켜 자발적 · 주체적으로 할 수 있도록 한다.

12. 계획을 세울 경우에는 …
   A. (___ 점) 실행하기 쉽도록 부하 자신에게 만들게 한다.
   B. (___ 점) 부하와 함께 일체가 되어 납득할 수 있는 계획을 세운다.

13. 의사결정을 내릴 때에는 …

A. (___ 점) 합리성을 중시하고 이론, 순서가 맞도록 한다.

B. (___ 점) 상사의 생각에 맞춘다.

14. 부하가 한 가지 일을 완수했을 시에는 …

A. (___ 점) 노고를 위로하며 휴식을 취할 것을 권한다.

B. (___ 점) 계획적으로 차례 차례 절차를 정하고 한가한 시간을 갖지 않도록 다음 업무에 들어가도록 시킨다.

15. 업무를 원활하게 진행시키기 위해서는 …

A. (___ 점) 잔소리를 하지 않고 내버려두는 편이 오히려 낫다.

B. (___ 점) 부하들끼리 수행 방법을 서로 상담하고 모색하도록 두는 편이 좋다.

16. 직장에서 부하들끼리 분쟁이 생겼을 때는 …

A. (___ 점) 자진해서 사이에 끼어들어 해결에 힘쓴다.

B. (___ 점) 중립을 지키고 가능한 한 분쟁에 휘말리지 않도록 한다.

17. 상사에 대한 보고는 …

A. (___ 점) 가능한 한 간략화하고, 상사가 특별히 필요로 하는 것에 한한다.

B. (___ 점) 어떠한 경우에도 상사가 알 필요가 있는 사항은 모두 상세하게 보고한다.

18. 직장에서 중요한 결정을 할 경우에는 …

A. (___ 점) 부서의 부하와 일체가 되어 전원이 일치 협력하여 정한다.

B. (___ 점) 오히려 능력 있는 소수 사람이 모여서 하는 쪽이 능률적이고 책임을 질 수 있다.

19. 부하로부터의 제안에 대해서는 …

A. (___ 점) 언제나 제안에 대해 환영하고 그 노력을 격려한다.

B. (___ 점) 우선 그것이 개인적 감정이나 이기적 입장에서 나온 것인지의 여부를 확인하고 받아들여서 상사에게 올린다.

20. 부하와 의견이 어긋날 경우 …

A. (___ 점) 부하의 의견을 잘 듣고 자신의 의견도 충분히 설명하여 올바른 해결안이 나올 때까지 자주 토의 검토한다.

B. (___ 점) 부하의 의견을 듣고 나서 자신의 의견이 바름을 설명하고, 그 방향으로 이끌어 갈다.

21. 부하가 정한 대로 일을 수행하지 않을 때에는 …

A. (___ 점) 반드시 후에 가까이 불러 사정을 듣는다.

B. (___ 점) 불쾌한 얼굴을 하지만 반감을 사지 않도록 어느 정도 경과를 보며 가만히 있는다.

22. 직장에서 문제를 결정할 때에는 …

A. (___ 점) 먼저 부하로부터 의견을 구하고 충분한 토의를 거친 다음 그 결론을 존중하여 기대하는 방향으로 이끌어 나간다.

B. (___ 점) 자기자신의 판단으로 결론을 내려서 그 결론을 부하에게 제시하고 의견을 구한 다음 때로는 수정을 가하는 일도 있다.

23. 업적을 올리기 위해서 …

A. (___ 점) 부하에게 무리한 일을 강요하지 않는다.

B. (___ 점) 부하에게 무리한 일을 강요하기도 한다.

24. 부하가 변명이나 핑계를 대려고 할 때에는 …

A. (___ 점) 어지간한 일이 아닌 한 받아들이지 않는다.

B. (___ 점) 때로는 받아들인다.

25. 부하의 사소한 실패에 대해서 …

A. (___ 점) 책임을 추궁하지 않는다.

B. (___ 점) 책임을 추궁할 경우도 있다.

(채점표)

문제 \ 형	9.9형	9.1형	5.5형	1.9형	1.1형
1		A ___	B ___		
2		B ___		A ___	
3	B ___				A ___
4		A ___			B ___
5	A ___		B ___		
6	B ___			A ___	
7	B ___			A ___	
8			B ___	A ___	
9		B ___		A ___	
10		A ___			B ___
11	B ___			A ___	
12	B ___				A ___
13		A ___			B ___
14		B ___		A ___	
15				B ___	A ___
16				A ___	B ___
17	B ___	A ___			
18	A ___	B ___			
19			B ___	A ___	
20	A ___		B ___		
21			A ___		B ___
22	A ___		B ___		
23			B ___		A ___
24		A ___	B ___		
25			B ___		A ___
계					

(해석) 5가지 manager type 중 가장 합계가 높은 형이 자신의 지도자형이다.

부록 6-5. 피들러의 LPC척도

당신은 예전에 다양한 사람들과 함께 어떤 목표를 달성하기 위해 일해 본 경험이 있을 것입니다. 직장, 친목 및 종교단체, 봉사단체, 운동경기팀을 비롯하여 많은 상황에서 어떤 동료들은 함께 일하기가 즐겁고 쉬웠지만, 어떤 동료들은 함께 일하기가 매우 어렵고 불유쾌했던 경험이 있을 것입니다.

이 중에서도 함께 일하기가 가장 싫었던 사람들을 생각해 보십시오. 그 사람이 지금 함께 일하는 사람이어도 좋고 과거에 함께 일한 경험이 있는 사람이라도 좋습니다. 하지만 그 사람이 개인적으로 또는 감정적으로 가장 싫어한 사람일 필요는 없고, 다만 함께 일을 수행하기에 가장 힘들었거나 힘든 사람이어야 합니다. 그리고 그 사람의 여러 가지 측면을 평가하는 다음 항목들에 대해 ○표를 하면 됩니다.

예를 들어, 내가 가장 일하기 힘들었던 사람이 쾌활한 사람이었다면 8점을, 쾌활하지 못한 사람이었다면 1점을 주시면 됩니다. 거부적인 사람이었다면 1점을, 수용적인 사람이었다면 8점을 주시면 됩니다.

평가 항목과 점수 척도			점 수
쾌활한 사람	8 7 6 5 4 3 2 1	쾌활하지 못한 사람	
친절한 사람	8 7 6 5 4 3 2 1	불친절한 사람	
거부적인 사람	1 2 3 4 5 6 7 8	수용적인 사람	
긴장하고 있는 사람	1 2 3 4 5 6 7 8	긴장을 풀고 여유 있는 사람	
거리를 두는 사람	1 2 3 4 5 6 7 8	친근한 사람	
냉정한 사람	1 2 3 4 5 6 7 8	다정한 사람	
지원적인 사람	8 7 6 5 4 3 2 1	적대적인 사람	
따분해 하는 사람	1 2 3 4 5 6 7 8	흥미 있어 하는 사람	
싸우기 좋아하는 사람	1 2 3 4 5 6 7 8	화목하게 잘 조화하는 사람	
우울한 사람	1 2 3 4 5 6 7 8	늘 즐거워하는 사람	
서슴치 않고 개방적인 사람	8 7 6 5 4 3 2 1	주저하고 폐쇄적인 사람	
험담을 잘 하는 사람	1 2 3 4 5 6 7 8	너그럽고 관대한 사람	
신뢰할 수 없는 사람	1 2 3 4 5 6 7 8	신뢰할 만한 사람	
사려 깊은 사람	8 7 6 5 4 3 2 1	사려 깊지 못한 사람	
심술 궂고 비열한 사람	1 2 3 4 5 6 7 8	점잖고 신사적인 사람	
마음에 맞는 사람	8 7 6 5 4 3 2 1	마음에 맞지 않는 사람	
성실하지 않는 사람	1 2 3 4 5 6 7 8	성실한 사람	
우호적인 사람	8 7 6 5 4 3 2 1	비우호적인 사람	
	총 점		

(해석)

각 문항의 점수를 합산하여 총점으로 리더십 스타일을 판단한다.

총점 64점 이상 : 관계지향적 리더

58~63점 : 중간형태

57점 이하 : 과업지향적 리더

부록 6-6. 거래적 리더십과 변혁적 리더십 유형

다음의 10개 문항은 서로 대조적인 A, B 문장으로 구성되어 있습니다. 각 문항을 읽고 이에 대한 당신의 생각을 상대적인 정도에 따라 0점에서 10점까지 주십시오. 한 문항의 두 개 문장에 주어진 총점은 10점입니다.

예컨대 앞 문장(A)에 전적으로 동의하고 다음 문장(B)에 전적으로 동의하지 않는다면 A에 10점을, 그리고 B에 0점을 주고 두 문장에 같은 비중을 두면 각각 5점씩 주면 됩니다.

1. A. (___ 점) 지도자의 주된 임무는 안정성을 유지하는 것이다.
   B. (___ 점) 지도자의 주된 임무는 변화이다.

2. A. (___ 점) 지도자는 일을 만들어가는 사람이다.
   B. (___ 점) 지도자는 일의 진행을 돕는 사람이다.

3. A. (___ 점) 지도자는 반드시 추종자들이 그들의 일에 대한 대가를 공정하게 보상받는지 관심을 가져야 한다.
   B. (___ 점) 지도자는 추종자들이 그들의 삶에서 원하는 것이 무엇인지에 대해 관심을 가져야 한다.

4. A. (___ 점) 지도자의 주된 과업은 추종자들의 욕구에 초점을 두어 움직이게 해야 한다.
   B. (___ 점) 지도자의 주된 과업은 종업원들의 책임과 역할을 명확하게 하는 것이다.

5. A. (___ 점) 모든 일에 있어서 정직함이 중요하다.
   B. (___ 점) 모두에게 똑같이 정의로움이 중요하다.

6. A. (___ 점) 리더십이란 사람들의 삶의 환경을 바꿔주는 과정이다.
   B. (___ 점) 리더십이란 지도자와 추종자간의 상호교환이다.

7. A. (___ 점) 지도자는 각각의 관련된 목표를 관리하는 데 상당한 노력을 해야 한다.
   B. (___ 점) 지도자는 추종자들의 희망, 기대, 열망을 일으키기 위해 상당한 노력을 해야 한다.

8. A. (___ 점) 리더십의 중요한 부분은 교사(전형적인 학교의 교사가 아닌)의 역할을 포함한다.
   B. (___ 점) 리더십의 중요한 부분은 운영자의 역할을 포함한다.

9. A. (___ 점) 지도자는 동일한 수준의 윤리의식을 가지고 추종자들을 대해야 한다.
   B. (___ 점) 지도자는 더 높은 윤리의식을 표현해야 한다.

10. A. (___ 점) 지도자가 다른 사람들에게 영향을 주는 권력은 사람들의 자질과 생각을 알아내는 능력에 주로 기인한다.
    B. (___ 점) 지도자가 다른 사람들에게 영향을 주는 권력은 지위와 위치에서 온 것이다.

(채점표)

거래적 리더	변혁적 리더
1-B : ______ 점	1-A : ______ 점
2-A : ______ 점	2-B : ______ 점
3-B : ______ 점	3-A : ______ 점
4-A : ______ 점	4-B : ______ 점
5-B : ______ 점	5-A : ______ 점
6-A : ______ 점	6-B : ______ 점
7-B : ______ 점	7-A : ______ 점
8-A : ______ 점	8-B : ______ 점
9-B : ______ 점	9-A : ______ 점
10-A : ______ 점	10-B : ______ 점
계 : ______ 점	계 : ______ 점

(해석)

합계한 점수에서 리더십 두 가지 유형 중 어느 쪽의 점수가 상대적으로 더 높은가를 판단한다.

부록 6-7. 의사소통 능력 자가평가지

이 평가는 의사소통의 유형에 대한 14가지의 반대되는 문장으로 구성되어 있으며, 각각은 7에서 1까지의 범위로 짝을 이루고 있습니다. 당신의 일상적인 의사소통 능력을 각각의 기술(문장)에서 골라 적합한 숫자에 동그라미 하세요.

일반적으로 다른 사람들과 나의 의사소통은 …		
나의 신뢰도를 높인다	7 6 5 4 3 2 1	나의 신뢰도를 떨어뜨린다.
정확하다	7 6 5 4 3 2 1	부정확하다
분명하다	7 6 5 4 3 2 1	불분명하다
발생되는 질문보다 더 많이 대답한다	7 6 5 4 3 2 1	대답보다 더 많은 질문을 발생시킨다
효율적이다	7 6 5 4 3 2 1	비효율적이다
유능하다	7 6 5 4 3 2 1	무능하다
생산적이다	7 6 5 4 3 2 1	비생산적이다
내가 원하는 결과를 얻는다	7 6 5 4 3 2 1	내가 원하는 결과를 얻지 못한다
깊은 인상을 준다	7 6 5 4 3 2 1	깊은 인상을 주지 못한다
나에 대한 긍정적인 이미지를 창조한다	7 6 5 4 3 2 1	나에 대한 부정적인 이미지를 창조한다
좋다	7 6 5 4 3 2 1	나쁘다
기술적이다	7 6 5 4 3 2 1	기술이 부족하다
자기 보상적이다	7 6 5 4 3 2 1	자기 보상적이지 못하다
나를 당황시키지 않는다	7 6 5 4 3 2 1	나를 당황시킨다

총점 : ______________

(해석)

81점 이상 : 매우 효과적인 의사소통 능력
59 ~ 80점 : 효과적인 의사소통 능력
37 ~ 58점 : 비효과적인 의사소통 능력
15 ~ 36점 : 매우 비효과적인 의사소통 능력

참고문헌

경인일보 기사. 2018년 3월 28일자.

국가고객만족지수 홈페이지(2021). www.ncsi.or.kr

국제표준화기구 홈페이지(2021). www.iso.org

굿모닝경제 기사. 2020년 11월 11일자.

금융감독원 전자공시시스템 홈페이지 dart.fss.or.kr

김식현(2000). 인사관리론. 무역경영사.

김영규(2006). 경영학원론. 박영사.

김재명(2012). 경영학원론. 박영사.

김철호 · 차진아 · 최미경 · 정현영(2011). 향토음식점 이용고객의 구전정보 이용특성 분석 : 전북지역을 중심으로. 한국조리학회지, 17(3):20-32.

농림축산식품부, 한국농수산식품유통공사(2019). 외식업체 마케팅 트렌드 조사.

농림축산식품부 · 한국농수산식품유통공사(2021). 2021년도 식품외식산업 주요통계.

대한민국지속가능성지수 홈페이지(2021). www.ksa.or.kr/ksi

문화일보 기사. 2021년 10월 25일자.

박문경 · 양일선 · 이보숙 · 김영신(2010). 학교유형별 급식 배식장소에 따른 급식 품질 속성 및 전반적인 만족도 분석. 대한영양사협회 학술지, 16(2):83-99.

박오성(2012). 고객만족을 위한 서비스 경영의 이해. 이담북스.

박재홍(2007). 현대품질경영론. 박영사.

박찬수(2010). 마케팅 원리. 법문사.

삼성웰스토리 지속가능보고서(2021)

손춘영 · 양일선(2010). AHP기법을 이용한 병원 환자식 운영 품질 평가 분야의 중요도 분석. 한국식품영양학회, 23(4):470-477.

송민정 · 양일선 · 이해영(2011). 가정식사 대용식(Home Meal Replacement) 이용 고객의 구매행동 분석. 상지대학교 생명과학연구소, 18:75-84.

스타벅스 코리아 인스타그램(2021).

식품산업통계정보 www.aTFIS.or.kr. 금융감독원 감사보고서 dart.fss.or.kr

식품외식경영 기사. 2021년 5월 9일자.

식품외식경제 www.foodbank.co.kr

식품의약품안전처(2021), 2021년도 식품의약품통계연보

식품저널 기사. 2021년 11월 4일자.

신민식 · 권중생(2006). 경영의 이해. 법문사.

신서영 · 이범준 · 차성미(2011). 외식 정보 온라인 구전 특성이 구전 효과에 미치는 영향: 정보원 신뢰도의 매개 역할을 중심으로. 한국식품영양학회지, 24(2): 217-225.

신서영 · 차성미(2013). 외식소비자의 소셜네트워킹서비스(SNS) 활용 동기에 관한 연구. 한국조리학회지, 19(1):121-138.

아시아경제 기사. 2018년 8월 16일자.

안영진(2007). 경영품질론. 박영사.

안지애 · 양일선 · 신서영 · 이해영 · 정유선(2012). 해외 한식당 마케팅 커뮤니케이션 매체 및 한식당 이용에 대한 태도 분석: 한식당 이용 경험 및 국가별 차이를 중심으로. 한국식생활문화학회, 27(6): 666-676.

양일선 · 김은정 · 신서영 · 차성미(2011). 한식 세계화 유관기관 및 해외진출 외식기업의 해외 한식 마케팅 커뮤니케이션 분석. 한국식생활문화학회, 26(6):698-708.

양일선 · 안지애 · 백승희 · 이해영 · 정유선

(2011). 미국, 중국, 일본 소비자의 해외 한식당 마케팅 커뮤니케이션 이용행태 분석. 한국식품영양학회, 24(4):808-816.
양일선 · 조우정 · 최항석 · 이해영(2011). 학교 영양(교)사의 개인적 정서특성이 감정노동에 미치는 영향. 대한지역사회영양학회, 16(5):592-601.
오종석(2000). 인적자원관리(개정판). 삼영사.
오종석(2000). 인적자원관리. 삼영사.
월간호텔&레스토랑 기사. 2021년 8월 11일자.
유로모니터, Ready Meals in South Korea (2020.12.)
윤재홍(2012). 품질경영론. 한경사.
이데일리 기사. 2021년 7월 21일자.
이원우 · 서도원 · 이덕로(1998). 경영학원론(개정판). 박영사.
이유재(1999). 서비스 마케팅(개정판). 학현사.
이유재(2010). 서비스마케팅. 학현사.
이유재(2019). 서비스 마케팅. 학현사.
이재규(2005). 알기 쉬운 경영학의 이해. 박영사.
이진규(2001). 전략적 · 윤리적 인사관리. 박영사.
이진규(2006). 현대경영학. 법문사.
이학식 · 안광호 · 하영원(2012). 소비자행동: 마케팅 전략적 접근. 법문사.
이학종(2000). 전략적 인적자원관리. 세경사.
이학종(2006). 조직행동론. 법문사.
이해영 · 정라나 · 양일선(2005). 델파이 기법을 이용한 한국에서의 Home Meal Replace-ment(HMR) 개념 정립 및 국내 HMR 산업 전망 예측. 한국영양학회지, 38(3):251-258.
이해영 · 정라나 · 양일선(2007). 가정식사 대용식(HMR) 이용자의 편의성향 분석. 외식경영연구, 10(2):285-315.
이훈영 · 박기용(2012). 외식산업 마케팅. 청람.
인터브랜드 홈페이지(2021). www.interbrand.com
임창희(2006). 경영학원론. 학현사.
전용수 · 임태순 · 강대석(2006). 현대경영학의 개관. 법문사.
조동성(2007). 21세기를 위한 경영학. 서울경제경영.
조희영(2004). 현대경영학원론. 민영사.
중앙일보 기사. 2021년 9월 17일자.
지호준(2000). 알기 쉽게 배우는 21세기 경영학. 법문사.
차성미 · 양일선 · 백승희 · 김윤지 · 정진이(2012). 계층분석과정(AHP)을 이용한 해외 한식당 브랜드 커뮤니케이션 전략의 우선순위 결정. 한국식생활문화학회, 27(3):274-284.
차진아 · 양일선(1997). 직영 및 위탁 사업체 급식소 영양사 직무 명세 특성 분석. 대한영양사회 학술지, 3(2):141-158.
채서일(2006). 마케팅. 비앤엠북스.
최병우 · 이건웅(2006). 최신인적자원관리. 무역경영사.
최원영 · 양일선 · 이해영(2011). 온라인 외식 정보 채널의 선택 상황 및 만족도 분석. 한국관광학회 학술대회 자료집, pp. 817-827.
푸드아이콘-FOODICON. www.foodicon.co.kr. (2021.5.25.) 한국농수산식품유통공사 농식품수출정보. 미국 밀키트(Meal Kit) 시장 현황(2019.11.16.)
한국 MBTI 연구소 홈페이지(2013). www.mbti.co.kr
한국경제 기사. 2021년 3월 17일자.
한국농수산식품유통공사 농식품수출정보. 미국 밀키트(Meal Kit) 시장 현황(2019.11.16.)
한국농촌경제연구원(2020). 가정간편식

(HMR) 산업의 국내산 원료 사용실태와 개선방안.

한국산업인력관리공단 홈페이지(2013). www.hrdkorea.or.kr

한국생산성본부 인증원 홈페이지(2021). www.kpcqa.or.kr

한국서비스품질지수 홈페이지(2021). www.ksa.or.kr/ks-sqi

한국외식신문 기사. 2021년 10월 1일자.

한국표준협회 홈페이지(2021). www.ksa.or.kr

CJ프레시웨이 홈페이지(2021). www.cjfreshway.com

Fitzsimmons, J.A.(2010). 스마트 시대의 서비스경영. 서비스경영연구회(역). McGraw-Hill Korea.

Lovelock, C. Wiirtz, J. & Chew, P.(2011). 서비스마케팅. 김재욱 · 김종근 · 김준환(역). 시그마프레스.

Raymaond, AN. John, R.H., Patric, M.W.(2010). Fundamentals of human resource management, 3/e. 정진철 · 고수일 · 백윤정 · 이종건 · 임용창 · 최승준 · 한주희(2010) 공역. 제3판 인적자원관리론. Mc Graw-Hill Korea.

Weihrich, H. & Koontz, H.(1998). 경영관리(개정판). 김세영(역). 범한서적.

Aaker, D.A.(1995). Strategic Marketing Management. 4th ed. NY: John Wiley & Sons.

Argyris, C.(1957). Personality and organization. NY: Harper and Row Publishers, Inc.

Bertalanffy, L.V.(1968). General systems theory. NY: George Braziller.

Blake, R.R. & Mouton, J.S.(1984). The managerial grid III. 3rd ed. Houston: Gulf Publishing.

Drucker, P.F.(1954). The practice of management. NY: Harper & Row.

Fayol, H.(1930). Industrial and general administration. Geneva: International Management Institute.

Go, F.M., Monachello, M.L., & Baum, T.(1996). Human Resource in the Hospitality Industry. NY: John Wiley & Sons.

Gray, D.H.(1986). Uses and misuses of Schermerhorn, J.R.(1996). Management. 5th ed. NY: John Wiley & Sons.

Gregoire, M.(2012). Foodservice organizations: A managerial and systems approach. Prentice Hall.

Gregoire, M.B.(2013). Foodservice Organizations: a managerial and systems approach. Pearson.

Gronroos, C.A.(1984). Service quality model and its marketing implications. European Journal of Marketing, 18(4): 36-44.

Hackman, J.R., Oldham, G.R., Jason, R., & Purdy, K.(1975). A new strategy for job enrichment. California mana gement review, Summer:62.

Hall, S.S.(1990). Quality assurance in the hospitality industry. WI: ASQC Quality Press.

Herzberg, F.(1987). One more time: How do you motivate employees? Harvard Business Review, 65(5):109-120

Khan, M.A.(1991). Concepts of foodservice operations and management. 2nd ed. NY: Van nostrand Reinhold.

Koontz, H.(1980). The management theory jungle. Academy of manage ment review, 5(4):176.

Kotler, P.(1972). A generic concept of marketing. Journal of Marketing, April: 46-54.

Kotler, P., Bowen, J. & Makens, J.(2009). Marketing for hospitality and tourism. 5th ed. NJ: Prentice Hall.

Lovelock, C.H.(1996). Services marketing. 3rd ed. NJ: Prentice Hall.

Luthans, F.(1991). Organizational behavior. 7th ed. NY: Macmillan.

Maslow, A.A.(1954). Motivation and personality. NY: Harper and Row.

McClelland, D.C.(1985). The achieving society. NY: Free Press.

McGregor, D. & Bennis, W.C.(1985). The human side of enterprise. NY: Mc Graw-Hill.

Miller, J.E. & Porter, M.(1985). Supe rvision in the Hospitality Industry. NY: John Wiley & Sons.

Mondy, R.W., & Premeaux, S.R.(1993). Management: Concepts, practices, and skills. 6th ed. MS: Allyn & Bacon.

National Restaurant Association Edu cational Foundation(2007). Hospitality and restaurant management : Com petency guide. NJ: Prentice Hall.

National Restaurant Association(2006) (www.restaurant.org)

National Restaurant Association(2021). www.restaurant.org

Powers, T.(1995). Introduction to management in the hospitality industry. 5th ed. NY: John Wiley & Sons, Inc.

Smith, P.C., Kendall, L.M., & Hulin, C. L.(1969). The measurement of satisfaction in work and retirement: A strategy for the study of attitudes. IL: Rand McNally and Co.

Spears, M.C. & Gregoire, M.B.(2007). Foodservice organization: A managerial and systems approach. 6th ed. NJ: Prentice Hall.

Schermerhorn, J.R.(1996). Management. 5th ed. NY: John Wiley & Sons.

Stevens, P., Kuntson, B., & Patton M. (1995). DINESERV: A tool for measuring service quality in restaurant. Cornell Hotel and Restaurant Admi nistration Quarterly, April:56-60.

Warner, M.(1994). Noncommercial, institutional, and contract foodservice management. NY: John Wiley & Sons, Inc.

Weber, M.(1968). Economy and society. vol.3. NY: Bedminster Press.

Zeithaml, V.A., Berry, L.L., & Parasu raman, A.(1988). Communication and control process on the delivery of service quality. Journal of Marketing, 52(Apr):35-48.

Zeithaml, V.A., Parasuraman, A., & Berry L.L.(1990). Delivering quality service: Balancing customer perceptions and expectations. NY: McMillan, Inc.

찾아보기

ㄱ

ㅈ

ㅊ

ㅋ

ㅌ

ㅍ

ㅎ

기타

저자소개

양일선(梁一仙)

현재 연세대학교 생활과학대학 식품영양학과 명예교수
학교법인 연세대학교 이사

연세대학교 가정대학 식생활과(학사)
연세대학교 대학원 식품영양 전공(석사)
Iowa State University, Hoterl, Restaurant, & Institution Management, M.S & Ph. D

University of Illinois, Illini-Union, Department of Foodservice, Supervisor

연세대학교 생활과학대학 식품영양학과 교수 역임
연세대학교 생활환경대학원 호텔 · 외식 · 급식경영 전공 주임교수 역임
연세대학교 알렌관(Guest House) 관장/여학생 처장/생활관 관장
사회교육원(현 미래교육원) 원장/교무처장/교학부총장 역임
대한영양사협회 회장 역임
대한가정학회 회장 역임
한국식생활문화학회 회장 역임
농림수산식품부, 문화관광부, 외교부 정책자문위원 역임
한식세계화추진단 민간 단장 역임
한식재단 이사장 역임
민관합동 글로벌외식기업 협의체 민간위원장 역임
한국과학기술단체총연합회 부회장 역임
Asia-Pacific Council of Hotel & Restaurant & Institutional Educators(APacCHRIE) President
한국외식산업경영연구원 이사

저서 Inventory Control Systems in Food Service Organizations(1992)
The Practice of Graduate Research in Hospitalithy and Tourism(1999, 공저)
유아를 위한 영양교육(1997, 공저)
급식경영학 4판(2018, 공저)
식품구매 2판(2020, 공저)
외식사업경영 2판(2021, 공저)
단체급식 5판(2021, 공저)

차진아(車眞雅)

서울대학교 식품영양학과(학사)
연세대학교 대학원 식품영양학과(석사) 급식경영학 전공
연세대학교 대학원 식품영양학과(박사) 급식경영학 전공
전주기전대학 식품영양과 교수 역임
대한영양사협회 전라북도 영양사회 회장 역임
전주대학교 문화관광대학장 역임

현재　전주대학교 문화관광대학 한식조리학과 교수
저서　급식관리(1997, 공저)
　　　급식관리지침서 1(2007, 공저)
　　　급식경영학 4판(2018, 공저)
　　　외식사업경영 2판(2021, 공저)
　　　단체급식 5판(2021, 공저)

신서영(申瑞瑛)

연세대학교 식품영양학과(학사)
연세대학교 대학원 식품영양학과(석사) 급식경영학 전공
연세대학교 대학원 식품영양학과(박사) 급식경영학 전공
The HongKong Polytechnic University, School of Hotel & Tourism Management, Research Fellow 역임
연세대학교 생활환경대학원 호텔 · 외식 · 급식경영 전공 객원교수 역임

현재　서일대학교 자연과학계열 식품영양학과 교수
저서　급식경영학 4판(2018, 공저)
　　　외식원가관리(2019, 공저)
　　　영양교육과 상담(2021, 공저)
　　　외식사업경영 2판(2021, 공저)

박문경(朴紋慶)

중앙대학교 식품영양학과(학사)
연세대학교 대학원 식품영양학과(석사) 급식경영학 전공
연세대학교 대학원 식품영양학과(박사) 급식경영학 전공
배화여자대학교 식품영양과 겸임교수 역임

현재　한양여자대학교 식품영양과 교수
저서　보육시설 급식운영관리매뉴얼(2010, 공저)
　　　어린이 급식관리지침서(2015, 공저)
　　　급식경영학 4판(2018, 공저)
　　　외식사업경영 2판(2021, 공저)

5판 **급식경영학**

초판 발행 2001년 8월 25일
5판 발행 2022년 3월 3일
5판 2쇄 발행 2023년 2월 28일

지은이 양일선 · 차진아 · 신서영 · 박문경
펴낸이 류원식
펴낸곳 교문사

편집팀장 김경수 | **책임진행** 심승화 | **디자인** 신나리 | **본문편집** 오피에스디자인

주소 10881, 경기도 파주시 문발로 116
대표전화 031-955-6111 | **팩스** 031-955-0955
홈페이지 www.gyomoon.com | **이메일** genie@gyomoon.com
등록번호 1968.10.28. 제406-2006-000035호

ISBN 978-89-363-2223-6 (93590)
정가 25,000원